“十四五”职业教育河南省规划教材

高等教育融媒体创新教材/省级文化产业项目规划教材

建筑工程计量与计价

JIANZHU GONGCHENG JILIANG YU JIJIA

主编　夏占国

郑州大学出版社

图书在版编目(CIP)数据

建筑工程计量与计价 / 夏占国主编. — 郑州 : 郑州大学出版社, 2020.11
(2024.6 重印)
ISBN 978-7-5645-7554-0

Ⅰ. ①建… Ⅱ. ①夏… Ⅲ. ①建筑工程 - 计量 - 高等职业教育 - 教材
②建筑造价 - 高等职业教育 - 教材 Ⅳ. ①TU723.32

中国版本图书馆 CIP 数据核字(2020)第 231111 号

建筑工程计量与计价
JIANZHU GONGCHENG JILIANG YU JIJIA

策划编辑	祁小冬	封面设计	张　庆
责任编辑	刘永静	版式设计	苏永生
责任校对	王莲霞	责任监制	李瑞卿

出版发行	郑州大学出版社	地　　址	郑州市大学路 40 号(450052)
出 版 人	孙保营	网　　址	http://www.zzup.cn
经　　销	全国新华书店	发行电话	0371-66966070
印　　刷	河南大美印刷有限公司		
开　　本	787 mm×1 092 mm　1 / 16		
印　　张	18.5	字　　数	429 千字
版　　次	2020 年 11 月第 1 版	印　　次	2024 年 6 月第 4 次印刷

书　　号	ISBN 978-7-5645-7554-0	定　　价	45.00 元

编写指导委员会

本书作者

主　编　夏占国

副主编　高光光　周毅英

编　委　颜秉星　段芳草　宋长杰

　　　　张逯见　赵丽平

前言

本书是根据高职高专建筑类专业建筑工程计量与计价大纲和参照建筑类管理人员从业资格要求编写，适用于高职高专建筑工程技术、建筑经济管理、建筑工程管理、建筑工程造价等专业学生，也可供建筑施工一线工作人员及建筑类执业资格考生。

建筑工程计量与计价是一门实践性很强的课程。本书立足于职业能力的培养，以工作任务为载体构建课程体系，打破了传统的以学科体系进行教材编写的模式，坚持“理实”一体，注重培养学生的动手能力、分析能力和解决问题的能力。

本书力求在内容和选材方面体现学以致用，具有系统性和实用性，采用新技术、新材料、新工艺，贯彻新规范，力求内容精炼、表述清楚、图文并茂，便于理解掌握。编者以《建筑安装工程费用项目组成》（建标〔2013〕44 号）、《建设工程工程量清单计价规范》（GB 50500—2013）、《房屋建筑与装饰工程工程量计算规范》（GB 50854—2013）、《工程造价术语标准》（GB/T 50875—2013）、《建筑工程建筑面积计算规范》（GB/T 50353—2013）以及《河南省房屋建筑与装饰工程预算定额（2016）》等资料为依据编写了本书，并加入了增值税内容。内容编写上适当与执业资格和岗位证书考试相结合，融入注册造价师、一级建造师、注册监理工程师等相关章节内容及近几年考试真题。

本书对与建筑工程造价相关的基本知识，对建筑安装工程费用项目组成、定额概念、工程量计算、计价方法与步骤，对工程量清单计价的组成内容、编制格式、编制依据、编制过程等进行了全面系统的阐述，并配有一套完整的定额计价和工程量清单计价的实例，便于在学习和应用时加以参考。

本书由夏占国（河南质量工程职业学院）任主编，高光光（平顶山工业职业技术学院）、周毅英（上海市材料工程学校）任副主编。参加编写的还有颜秉星（河南质量工程职业学院）、段芳草（河南质量工程职业学院）、宋长杰（平顶山工业职业技术学院）、张逯见（安阳职业技术学院）、赵丽平（安阳职业技术学院）。

本书的编写虽经推敲核证，但限于编写时间较紧，编者的专业水平和实践经验有限，书中难免存在不妥和疏漏之处，恳请批评指正。

编　者

2020 年 7 月

目 录

单元一 工程计价基本知识

知识目标 1.了解建筑业、建筑产品的相关知识；

2.掌握两种常用工程计价方法的基本原理及其基本计价思路和步骤；

3.理解工程计价的概念、特点、类型和作用，掌握计价模式的区别。

能力目标 1.能够指出给定的案例所采用的计价方法；

2.能解释两种计价模式的区别；

3.能够清楚列出每种计价方法的大概步骤。

项目一 基本建设概述

一、建筑业及建筑产品

1.建筑业

建筑业的界定取决于行业的分类，而行业分类的目的主要是进行国民经济的管理。我国自 2017 年 10 月 1 日起实施的国家标准《国民经济行业分类》(GB/T 4754—2017)及其第 1 号修改单中，划定建筑业包括“房屋建筑业”“土木工程建筑业”“建筑安装业”“建筑装饰、装修和其他建筑业”等四个大类。

建筑业是指专门从事土木工程、房屋建设和设备安装以及工程勘察设计工作的生产部门。建筑业由劳动者利用机械设备与工具，按设计要求对劳动对象进行加工制作，从而生产出一定的产品，这使它具有工业生产的特征。但是，它又有许多不同于一般工业生产的技术经济特点，因而是一个独立的物质生产部门。其产品是各种工厂、矿井、铁路、桥梁、港口、道路、管线、住宅以及公共设施的建筑物、构筑物和设施。

2.建筑工程

它包括:永久性与临时性的建筑物、构筑物、设备基础的修建;水卫、暖通、照明等的安装;建筑场地的清理、平整、排水,竣工后的整理、绿化;水利、道路、电力线路、防空设施等的建设。

(1)建筑工程费用内容

1)各类房屋建筑工程和列入房屋建筑工程预算的供水、供暖、卫生、通风、煤气等设备及其装设、油饰工程的费用,列入建筑工程预算的各种管道、电力、电信和电缆导线敷设工程的费用。

2)设备基础、支柱、工作台、烟囱、水塔、水池、灰塔等建筑工程以及各种炉窑的砌筑工程和金属结构工程的费用。

3)为施工而进行的场地平整的费用,工程和水文地质勘查的费用,原有建筑物和障碍物的拆除以及施工临时用水、电、暖、气、路、通信和完工后的场地清理的费用,环境绿化、美化等工作的费用。

4)矿井开凿、井巷延伸、露天矿剥离,石油、天然气钻井,修建铁路、公路、桥梁、水库、堤坝、灌渠及防洪等工程的费用。

(2)安装工程费用内容

1)生产、动力、起重、运输、传动,以及医疗、试验等各种需要安装的机械设备的装配费用,与设备相连的工作台、梯子、栏杆等设施的工程费用,附属于被安装设备的管线敷设的工程费用,以及被安装设备的绝缘、防腐、保温、油漆等工作的材料费和安装费。

2)为测定安装工程质量,对单台设备进行单机试运转及对系统设备进行系统联动无负荷试运转工作的调试费。

3.建筑产品

建筑产品是建筑业生产活动的最终产品,通常是指具有一定使用功能或满足特定要求的建筑物和构筑物以及机械设备等的安装工程。建筑物是指供人们生活和生产使用的各类房屋,以及供其他用途的建筑,一般包括:居住建筑,如住宅、宿舍、公寓等供人们居住和生活的房屋;公共建筑,如办公楼、医院、学校、剧院、商店、银行、体育馆等供人们从事各种社会活动的设施和场所;生产性建筑,如厂房、车间、仓库、工棚等场所;纪念性建筑,如墓、陵、塔、碑等建筑物。建筑业不仅负责建造建筑物和构筑物,也负责安装建筑物和构筑物内部的机械、设备等,因此,建筑工程和安装工程都属于建筑产品。

建筑产品具有地点的固定性、类型的多样性和体形庞大等三大主要特点,这决定了其生产与一般工业产品生产相比较,具有自身的特殊性。具体特点如下:

(1)建筑产品生产的流动性。建筑产品地点的固定性决定了产品生产的流动性。一般的工业产品都是在固定的工厂、车间内进行生产,而建筑产品的生产是在不同的地区或同一地区的不同现场或同一现场的不同单位工程或同一单位工程的不同部位,组织工人、机械围绕着同一建筑产品进行生产。因此,建筑产品的生产在地区与地区之间、现场之间和单位工程不同部位之间流动。

(2)建筑产品生产的单件性。建筑产品地点的固定性和类型的多样性决定了产品生产的单件性。一般的工业产品是在一定的时期内,在统一的工艺流程中进行批量生产,而具体的一个建筑产品应在国家或地区的统一规划内,根据其使用功能,在选定的地点单独设计和单独施工。即使是选用标准设计、通用构件或配件,由于建筑产品所在地区的自然、技术、经济条件的不同,也使建筑产品的结构或构造、建筑材料、施工组织和施工方法等要因地制宜,从而使各建筑产品生产具有单件性。

(3)建筑产品生产的地区性。建筑产品的固定性决定了同一使用功能的建筑产品因其建造地点的不同必然受到建设地区的自然、技术、经济和社会条件的约束,使其结构、构造、艺术形式、室内设施、材料、施工方案等方面均各异,因此,建筑产品的生产具有地区性。

(4)建筑产品生产的周期长。建筑产品的固定性和体形庞大的特点决定了建筑产品生产的周期较长,因为建筑产品体形庞大,建筑产品的建成必然耗费大量的人力、物力和财力。同时,建筑产品的生产全过程还要受到工艺流程和生产程序的制约,各专业、工种间必须按照合理的施工顺序进行配合和衔接。又由于建筑产品地点的固定性,使得施工活动的空间具有局限性,从而导致建筑产品生产具有生产周期长、占用流动资金大的特点。

(5)建筑产品生产露天作业多。建筑产品地点的固定性和体形庞大的特点决定了建筑产品的生产露天作业较多,因为体形庞大的建筑产品不可能在工厂、车间内直接进行施工。即使建筑产品生产达到了高度的工业化水平,也只能在工厂内生产其部分的构件或配件,仍然需要在施工现场进行总装配后才能形成最终建筑产品。因此,建筑产品的生产具有露天作业多的特点。

(6)建筑产品生产高空作业多。建筑产品体形庞大,决定了建筑产品生产具有高空作业多的特点。随着城市现代化的发展,高层建筑物的施工任务日益增多,使得建筑产品生产高空作业的特点日益明显。

(7)组织协作具有综合复杂性。在建筑企业内部,建筑产品生产涉及工程力学、建筑结构、建筑构造、地基基础、水暖电、机械设备、建筑材料和施工技术等学科的专业知识,要在不同时期、不同地点和不同产品上,组织多专业、多工种的综合作业。

在建筑企业外部,建筑产品生产涉及各不同种类的专业施工企业及城市规划,征用土地,勘察设计,消防,“七通一平”,公用事业,环境保护,质量监督,科研试验,交通运输,银行财政,机具设备,物资材料,电、水、热、气的供应,劳务等社会各部门和各领域的复杂协作配合,从而使建筑产品生产的组织协作关系错综复杂。

二、工程建设项目阶段的划分

工程建设程序是指工程项目从策划、选择、评估、决策、设计、施工到竣工验收、投入生产和交付使用的整个建设过程中,各项工作必须遵循的先后工作次序。工程建设程序是工程建设过程客观规律的反映,是工程项目科学决策和顺利进行的重要保证。

按照我国现行规定,一般大中型及限额以上工程项目的建设程序可以分为以下几个阶段:

(1)根据国民经济和社会发展长远规划,结合行业和地区发展规划的要求,提出项目建议书。

(2)在勘察、试验、调查研究及详细技术经济论证的基础上编制可行性研究报告。

(3)根据咨询评估情况,对工程项目进行决策。

(4)根据可行性研究报告,编制设计文件。

(5)初步设计经批准后,做好施工前的各项准备工作。

(6)组织施工,并根据施工进度,做好生产或动工前的准备工作。

(7)项目按批准的设计内容完成,经投料试车验收合格后正式投产交付使用。

(8)生产运营一段时间(一般为11年)后,进行项目后评价。

图1-1为×××建设局工程建设基本程序流程图。

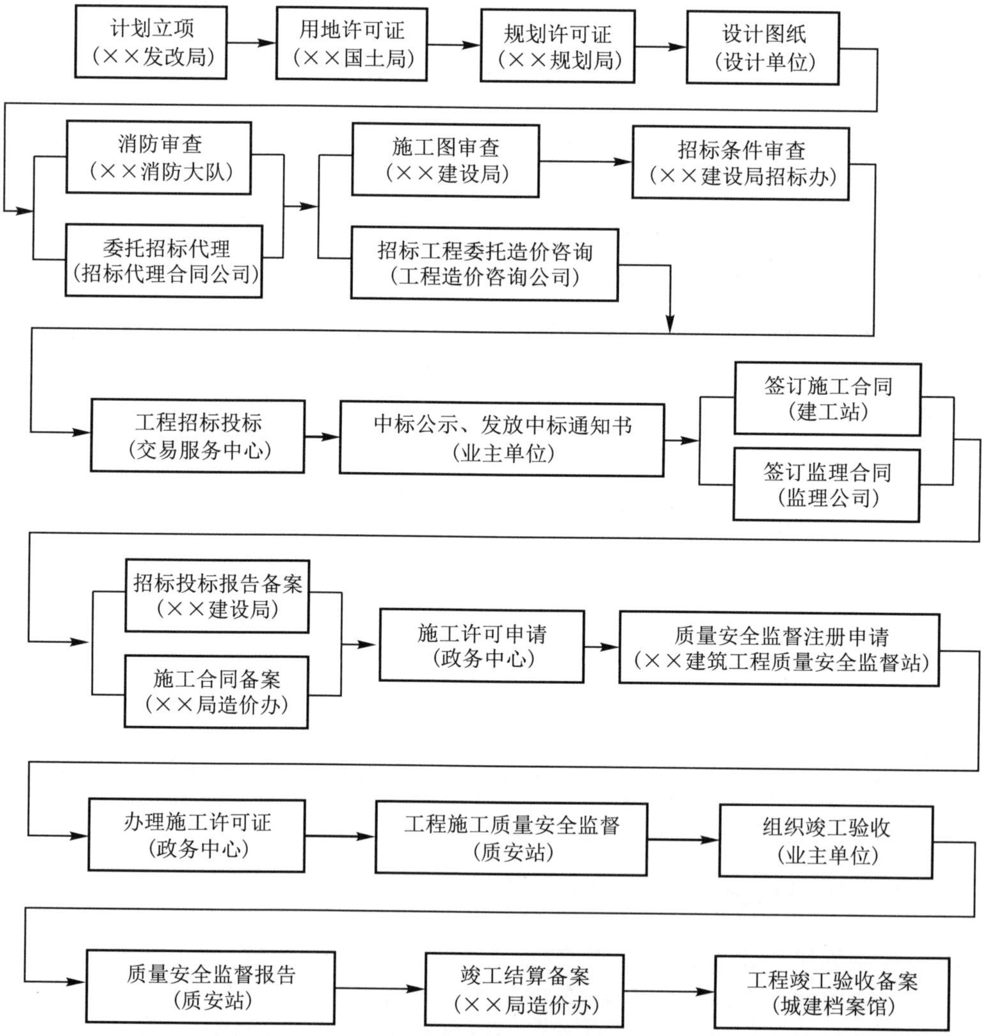

图1-1 ×××建设局工程建设基本程序流程图

三、基本建设项目的划分

一个建设项目是一个完整配套的综合性产品,根据基本建设管理及合理确定工程造价的需要,可将其划分为建设项目、单项工程、单位工程、分部工程、分项工程等五个项目层次。

1.建设项目

建设项目又称基本建设项目,一般是指在一个总体设计或初步设计范围内,由一个或若干个互相有内在联系的单项工程所组成的,经济上实行统一核算、行政上具有独立的组织形式、实行统一管理的建设工程总体。

例如,在工业建筑中,一个工厂为一个建设项目;城市或工业区中,一项给水工程或一项排水工程为一个建设项目;在民用建筑中,一所学校或一所医院为一个建设项目。

不能把不属于一个总体设计内的分别核算的建设项目,作为一个建设项目;也不能把同一总体设计的工程,按行政区划或按施工单位分割为几个建设项目。

在一个总体设计内,分期进行建设的单位,亦应作为一个建设项目。

2.单项工程

单项工程又叫工程项目,是建设项目的组成部分。

一个建设项目可以由一个或几个单项工程组成。单项工程是具有独立的设计文件,建成后能独立发挥生产能力或效益的工程。

生产性建设项目的单项工程,一般是指能独立生产的车间,包括厂房建筑,设备与管道安装,工具、器具、仪器的购置等。

非生产性建设项目的单项工程,是指一所学校的教学楼、图书馆、食堂等。

3.单位工程

单位工程是单项工程的组成部分,它是具有独立的设计文件,可以独立施工,但竣工后一般不能独立发挥生产能力和效益的工程。

通常按照单项工程所包含的不同性质的工程内容,根据能否独立施工的要求,将一个单项工程划分为若干个单位工程。

如:一个生产车间是由厂房建筑、电气照明、给水排水、工业管道安装、机械设备安装、电气设备安装等单位工程组成;民用建筑中的住宅楼是由建筑工程、电气照明工程、给水排水工程、采暖工程等单位工程组成。

4.分部工程

分部工程是单位工程的组成部分,它是按工程部位、使用的材料、设备的种类及型号、工种等的不同来划分的。

如一般土建工程的房屋,可分为基础、墙体、钢筋混凝土、屋面、门窗、楼面、地面、顶棚、装饰等部分。

5.分项工程

分项工程是分部工程的组成部分。按照不同的施工方法、不同的材料、不同的构造及规格,将一个分部工程更细致地分解为若干个分项工程。

分项工程是能用最简单的施工过程生产出来的,并可用适当的计量单位计算和估价的建筑或安装工程产品，它是便于测定或计算的工程基本构造要素。

如在砖石分部工程的砌砖中，又可划分为砌砖基础、砖墙、砖柱、空斗砖墙等几个分项工程。

一个建设项目是一个完整配套的工程综合体，这个综合体可以分解为许多有内在联系的独立和不能独立的工程，如图 1-2 所示。从建设项目分解示意图中可看出建设项目、单项工程、单位工程、分部工程和分项工程之间的内在联系。

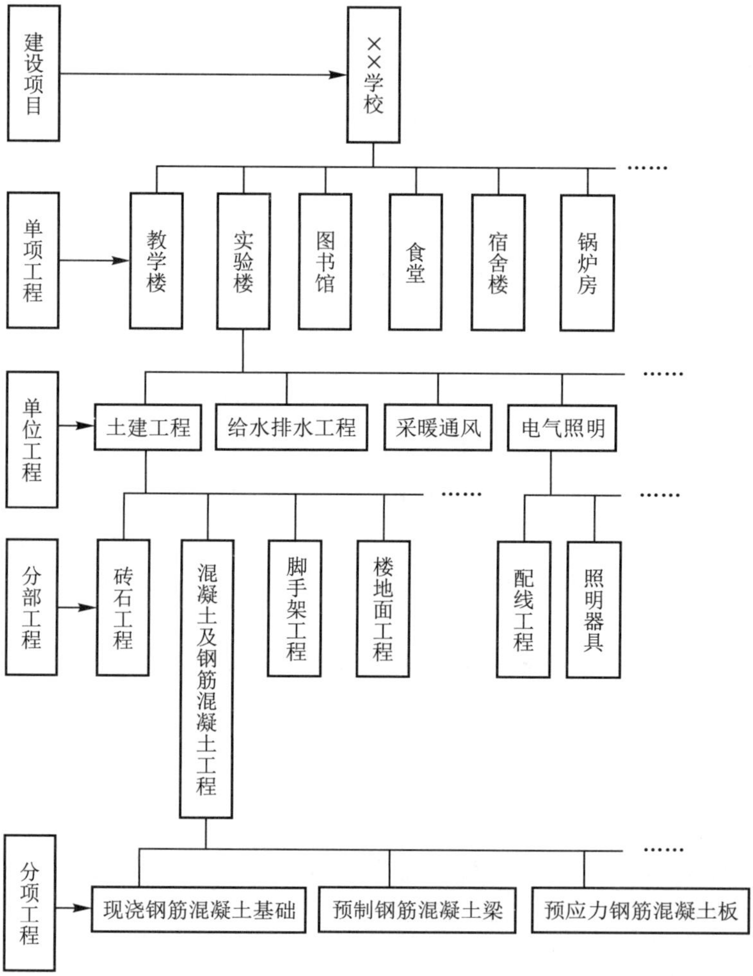

图 1-2 建设项目分解示意图

项目二 工程项目计价文件

一、工程计价相关概念

1.静态投资与动态投资

静态投资是以某一基准年、月的建设要素的价格为依据所计算出的建设项目投资的瞬时值。静态投资包括建筑安装工程费、设备和工器具购置费、工程建设其他费用、基本预备费及因工程量误差而引起的工程造价的增减等。

动态投资是指为完成一个工程项目的建设,预计投资需要量的总和。它除了包括静态投资所含内容之外,还包括建设期贷款利息、投资方向调节税、涨价预备费等。

静态投资和动态投资的内容虽然有所区别,但二者有密切联系:动态投资包含静态投资,静态投资是动态投资最主要的组成部分,也是动态投资的计算基础。

2.建设项目总投资与固定资产投资

建设项目按用途可分为生产性建设项目和非生产性建设项目。生产性建设项目总投资包括固定资产投资和流动资产投资两部分;非生产性建设项目总投资只包括固定资产投资,不含流动资产投资。建设项目总造价是指项目总投资中的固定资产投资总额。

生产性建设项目:建设的项目为了再生产,如工厂、矿场。

非生产性建设项目:建设项目主要不是为了再生产,如小区建设、幼儿园建设。

非生产性建设项目,比如房地产,房子建好以后就直接销售,不像生产性建设项目还需要拿流动资金购买原材料,交生产的水电费、管理费等等,然后等生产了产品以后才能产生营业收入。

固定资产投资是以投资主体为特定目的,达到预期收益的资金垫付行为。我国的固定资产投资包括基本建设投资、更新改造投资、房地产开发投资和其他固定资产投资四种。

建设项目的固定资产投资也称建设项目的工程造价,二者在量上是等同的。其中,建筑安装工程投资也称建筑安装工程造价,二者在量上也是等同的。从这里也可以看出工程造价两种含义的同一性。

3.工程造价

工程造价有两层含义。第一层含义是指建设一项工程预期开支或实际开支的全部固定资产投资费用,包括设备工器具购置费、建筑安装工程费、工程建设其他费、预备费、建设期贷款利息和固定资产投资方向调节税。第二层含义是从承发包角度来定义,工程造价是工程承发包价格。对于发包方和承包方来说,就是工程承发包范围以内的建造价格。建设项目总承发包即建设项目工程造价,某单项工程的建筑安装任务承发包即该单项工程的建筑安装工程造价,某工程装饰分包装饰工程造价等。

4.建筑工程计价

工程计价是指按照法律法规和标准规定的程序、方法和依据,对工程项目实施建设的各个阶段的工程造价及其构成内容进行预测和确定的行为。工程计价依据是指在工程计价活动中,所要依据的与计价内容、计价方法和价格标准相关的工程计量计价标准、工程计价定额及工程造价信息等。

工程计价的含义应该从以下三方面进行解释:

(1)工程计价是工程价值的货币形式。工程计价是指按照规定的计算程序和方法,用货币的数量表示建设项目(包括拟建、在建和已建的项目)的价值。工程计价是自下而上的分部组合计价,建设项目兼具单件性与多样性的特点,每一个建设项目都需要按业主的特定需求进行单独设计、单独施工,不能批量生产和按整个项目确定价格,只能将整个项目进行分解,划分为可以按有关技术参数测算价格的基本构造要素(或称分部、分项工程),并计算出基本构造要素的费用。

(2)工程计价是投资控制的依据。投资计划按照建设工期、工程进度和建设价格等逐年分月制订,正确的投资计划有助于合理和有效地使用资金。工程计价对下一次估算是严格控制的。具体来说,就是后一次估算不能超过前一次估算的幅度。这种控制是在投资者财务能力限度内为取得既定的投资效益所必需的。工程计价基本确定了建设资金的需要量,从而为筹集资金提供了比较准确的依据。当建设资金来源于金融机构的贷款时,金融机构在对项目的偿贷能力进行评估的基础上,也需要依据工程计价来确定给予投资者的贷款数额。

(3)工程计价是合同价款管理的基础。合同价款是业主依据承包方按图样完成的工程量在历次支付过程中应支付给承包方的款额,是发包人确认后按合同约定的计算方法确定形成的合同约定金额、变更金额、调整金额、索赔金额等各工程款额的总和。合同价款管理的各项内容中始终有工程计价的存在:在签约合同价的形成过程中有招标控制价、投标报价以及签约合同价等计价活动;在工程价款的调整过程中,需要确定调整价款额度,工程计价也贯穿其中;工程价款的支付仍然需要工程计价工作,以确定最终的支付额。

计价就是采用一定的货币及货币计量单位计算物质产品和非物质产品的价格。

建筑工程计价就是确定建筑工程产品的价格。建筑工程产品的价格由成本、利润及税金组成,这与工业产品是相同的,但在价格确定方法上存在很大差异。一般工业产品的价格是批量价格,如某种规格型号的计算机价格为 8000 元/台,则所有该规格型号计算机的价格均是 8000 元/台,甚至全国一个价。而建筑工程产品的价格则不能这样,每一套房屋建筑都必须单独定价,这是由建筑产品的特点所决定的。建筑产品有建设地点的固定性、施工的流动性、产品的单件性、施工周期长等特点,每个建筑产品都必须单独设计和独立施工才能完成,即使使用同一套图纸,也会因建设地点和时间的不同,地质和地貌构造的不同,各地消费水平的不同,人工、材料单价的不同,以及各地规费收取标准的不同等诸多因素,带来建筑产品价格的不同。所以,建筑产品价格必须由特殊的定价方式来确定,那就是每个建筑产品必须单独定价。当然,在市场经济的条件下,施工企业的管理水平不同,竞争获取中标的目的不同,也会影响到建筑产品的价格,建筑产品的价格最终是由市场竞争形成的。

二、建筑工程计价的特点

1.单件性

性建筑产品的个别差异性决定了每项工程都必须单独计算造价。

2.多次性

建设项目建设周期长、规模大、造价高,需要按建设程序分阶段多次计价,才能保证工程造价计算的准确性和进行有效的实施控制。如决策阶段的投资估算、初步设计阶段的设计概算、技术设计阶段的修正概算、施工图设计阶段的施工图预算、招标投标阶段的合同价格、施工阶段的结算、竣工阶段的决算等。

3.计价的组合性

工程造价的计算由分部组合而成,这一特征和建设项目的组合性有关。工程建设项目根据投资规模大小可划分为大型项目、中型项目、小型项目,而每个建设项目又可分解为单项工程、单位工程、分部工程和分项工程。建设项目的组合性决定了工程造价计价的过程是一个逐步组合的过程。在确定建设项目设计概算和施工图预算时,则需按工程构成的分部组合由下而上地计价,先计算各单位工程的概(预)算,再计算各单项工程的综合概(预)算,再汇总成建设项目的总概(预)算。其计算过程和计算顺序如下:分部分项工程单价→单位工程造价→单项工程造价→建设项目总造价。

4.计价方法的多样性

工程造价多次性计价有各不相同的计价依据,对造价的精确度要求也不相同,这就决定了计价方法的多样性。计算概(预)算造价的方法有单价法和实物法等。计算投资估算的方法有设备系数法、生产能力指数法等。不同的计价方法适应条件也不一样,计价时要根据具体情况加以选择。

5.计价依据的复杂性

计价依据主要分为以下七类:

(1)计算设备和工程量的依据,包括项目建议书、可行性研究报告、设计文件等;

(2)计算人工、材料、机械等实物消耗量的依据,包括投资估算指标、概算定额、预算定额(消耗量定额)等;

(3)计算工程单价的价格依据,包括人工单价、材料价格和机械台班费等;

(4)计算设备单价的价格依据,包括设备原价、设备运杂费、进口设备关税等;

(5)计算施工组织措施费、间接费和工程建设其他费用的依据,主要是相关的费用定额和指标;

(6)政府规定的税、费依据;

(7)物价指数和工程造价指数依据。

三、建设工程计价文件

建设工程按工程建设阶段的不同,编制的计价文件有投资估算、初步设计概算、修正概算、施工图设计阶段预算、施工预算、工程结算、竣工决算等,如图 1-3 所示。

- 建筑工程计价
  - 投资估算
  - 初步设计概算
  - 修正概算
  - 施工图设计阶段预算
    - 施工图预算
    - 工程量清单计价文件
  - 施工预算
  - 工程结算
  - 竣工决算

图 1-3　建筑工程计价的类型

1.投资估算

投资估算是指在整个建设投资决策阶段，由建设单位或可行性研究单位依据现有的资料和一定的方法，对建设项目的投资数额进行的估计。

项目建议书阶段应编制初步投资估算，作为审批项目建议书的依据之一，经批准后，作为列入中长期计划和开展项目前期工作的依据。

可行性研究阶段的投资估算可对项目是否可行做出初步的决定。

可行性研究报告评审阶段的投资估算可作为对项目是否真正可行进行最后决定的依据；经有权部门批准后，是编制投资计划、进行资金筹措及申请贷款的主要依据，也是控制初步设计概算的依据。

投资估算一般针对一个建设项目来编制。

2.初步设计概算

初步设计概算是指在初步设计阶段，由设计单位根据初步设计图纸预先对工程造价进行的概略计算。初步设计概算是设计文件的组成部分，其内容包括建设项目从筹建到竣工验收的全部建设费用。

初步设计概算是确定和控制建设项目总投资的依据，是编制工程建设计划的依据，是实行投资包干和银行办理工程拨款、贷款的依据，是评价设计方案的经济合理性、选择最优设计方案的重要尺度，同时也是控制修正概算、施工图设计阶段预算，考核建设成本和投资效果的依据。

按照编制工程对象的不同可分为总概算（建设项目）、综合概算（单项工程）、单位工程概算。

3.修正概算

当基本建设工程采用初步设计、技术设计、施工图设计时，在技术设计阶段，随着设计内容的具体化，建设规模、结构性质、设备类型和数量等方面内容与初步设计相比可能有出入，为此设计单位应对投资进行具体核算，对初步设计概算进行调整，这时形成的经济文件，叫作修正概算。

一般情况下，修正概算不能超过原已批准的初步概算投资额。

4.施工图设计阶段预算

施工图设计阶段预算是指在施工图设计阶段，根据施工图纸、计价定额或计价规范、建设地区技术经济条件及其他有关规定等编制的用来确定建筑安装工程造价费用的文件。

按照计价依据的不同,施工图设计阶段所编制的计价文件主要有施工图预算和工程量清单计价文件。

施工图设计阶段预算,不管是施工图预算还是工程量清单计价文件,主要是作为确定建筑安装工程预计价格和承发包合同价的依据,同时也是建设单位与施工单位签订施工合同、办理工程价款结算的依据,是发包单位编制标底的依据,是施工单位加强经营管理、实行经济核算、考核工程成本以及进行施工准备、编制投标报价的依据。

施工图设计阶段预算按照编制工程对象的不同可分为施工图设计阶段总预算(建设项目)、施工图设计阶段综合预算(单项工程)、施工图设计阶段单位工程预算。

一般基层概(预)算人员主要从事的就是施工图设计阶段单位工程预算。施工图设计阶段单位工程预算按专业可以分为建筑工程预算和设备安装工程预算;建筑工程预算又可以分为土建工程预算和建筑安装工程预算(给水排水工程预算、采暖工程预算、电气照明工程预算、卫生工程预算等)。

5.施工预算

施工预算是在施工前,在施工图设计阶段预算的控制下,根据施工图纸、各种标准,结合施工组织设计中的平面布置、施工方案、技术组织措施,以及现场实际情况等,由施工单位编制的反映本企业完成该工程劳动消耗的经济文件。

施工预算是施工企业内部的一种技术经济文件,主要用于计算施工用工、材料数量以及施工机械台班需要量。

施工预算是施工企业进行施工准备、编制施工作业计划、加强内部经济核算的依据,是向班组签发施工任务单,考核单位用工、限额领料的依据,也是企业开展经济活动分析,控制工程成本的主要依据。

6.工程结算

工程结算是指一个建设项目、单项工程、单位工程或分部工程完工,并经建设单位及有关部门验收后,施工企业根据工程合同的条款规定,结合施工过程的设计变更通知、施工变更、材料代换、现场签证、地方现行人材机(人工、材料、机具)价格和各项费用标准等,在合同价的计价文件基础上,按规定编制的反映工程实际造价的文件。

工程结算是结清工程价款,确定工程收入,考核工程成本,进行计划统计、经济核算及竣工决算的依据。同建设单位办理完工程结算后,就标志着双方所承担的合同义务和经济责任的结束。

7.竣工决算

工程竣工决算是在整个建设项目或单项工程完工并经验收合格后,由建设单位根据竣工结算等资料编制的反映整个建设项目或单项工程从筹建到竣工交付使用全过程实际支付的建设费用的文件。

竣工决算是基本建设经济效果的全面反映,是核定新增固定资产价值和办理固定资产交付使用的依据,是考核竣工项目概(预)算与基建计划执行水平的基础资料。

总之,投资估算、初步设计概算、修正概算、施工图设计阶段预算相当于一个建设项目或单项工程在不同建设阶段的期望造价，承发包合同价相当于承发包工程在一级市场的预计交换价，工程结算相当于承发包工程在一级市场的实际交换价，即承发包工程实际造价，在工程结算基础上编制的竣工决算是一个建设项目或单项工程的实际造价，即该建设项目或单项工程的全部费用。

整个过程是一个由粗到细、由浅入深，最后确定工程实际造价的过程，见图 1-4。

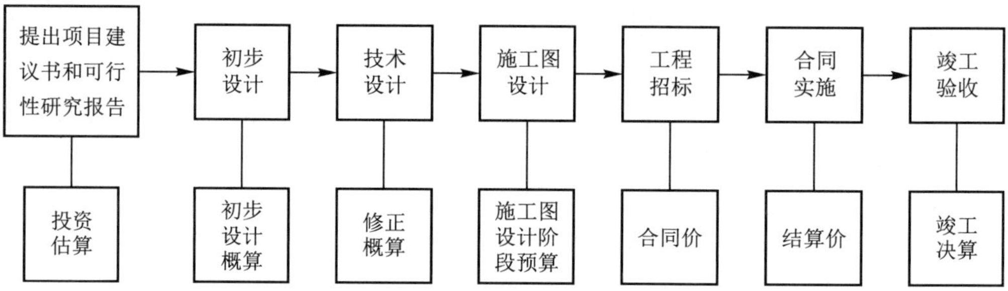

图 1-4　工程计价示意图

四、影响工程造价的因素

影响工程造价的因素很多，主要有政策法规性因素、地区性与市场性因素、设计因素、施工因素和编制人员素质因素等五个方面。

1.政策法规性因素

在整个基本建设过程中，国家和地方主管部门对于基建项目的审查、基本建设程序、投资费用的构成和计取都有严格而明确的规定，具有强制的政策法规性。

概(预)算的编制必须严格遵循国家及地方主管部门的有关政策、法规和制度，按规定的程序进行。

2.地区性与市场性因素

存在于不同地域空间的建筑产品，其产品价格必然受到所在地区时间、空间、自然条件和市场环境的影响。首先，不同地区的物资供应条件、交通运输条件、现场施工条件、技术协作条件，反映到概(预)算定额的基价中，使得各地定额水平不同，亦即各地编制概(预)算所采用的定额不尽相同。其次，各地区的地形地貌、地质条件不同，也会给概(预)算费用带来较大的影响，即使是同一套设计图纸的建筑物或构筑物，由于所建地区的不同，也至少在现场条件处理和基础工程费用上会产生较大幅度的差异，使得工程造价不同。最后，在市场经济条件下，构成建筑实体的各种建筑材料的价格经常发生变化，使得建筑产品的价格也随之变化。

近年来，建筑产品的价格受市场性因素影响，所占的比重也越来越大。

3.设计因素

编制概(预)算的基本依据之一是设计图纸，所以，影响建设投资的关键就在于设计。有资料表明，影响项目投资最大的阶段，是约占工程项目建设周期 1/4 的技术设计结束前的工作阶段。

在初步设计阶段，地理位置、占地面积、建设标准、建设规模、工艺设备水平，以及建筑结构选型和装饰标准等的确定，对工程费用影响的可能性为75%～95%。

在技术设计阶段，影响工程造价的可能性为35%～75%。

在施工图设计阶段，影响工程造价的可能性为5%～35%。设计是否经济合理，对工程造价会带来很大影响，一项优秀的设计可以极大地节约投资。

4.施工因素

在编制概（预）算过程中，施工组织设计和施工技术措施等，同施工图一样，是编制工程概（预）算的重要依据之一，因此，在施工中采用先进的施工技术，合理运用新的施工工艺，采用新技术、新材料，合理布置施工现场，减少运输总量等，对节约投资有显著的作用。但就目前所采用的概（预）算方法而言，在节约投资方面，施工因素影响没有设计因素影响那样突出。

5.编制人员素质因素

工程概（预）算的编制是一项十分复杂而细致的工作，在工作中稍有疏忽就会错算、漏算或重算，所以要求工作人员有强烈的责任感和认真细致的工作作风。

要想编制一份准确的概（预）算，除了熟练掌握概（预）算定额、费用定额等使用方法外，还要熟悉有关概（预）算编制的政策、法规、制度和与定额有关的动态信息。

编制概（预）算涉及的知识面很宽，所以要求编制人员具有较全面的专业理论和业务知识，如工程识图、建筑构造、建筑结构、建筑施工、建筑材料、建筑设备及相应的实践经验，还要有建筑经济学、投资经济学等方面的理论知识，只有这样，才能准确无误地编制概（预）算。

另外，概（预）算编制人员政策观念要强，编制概（预）算要本着公正、实事求是的原则，不能为了某一方利益，高估冒算，要严格遵守行业道德规范。

项目三　建筑工程计价模式

一、工程计价基本原理

1.利用函数关系对拟建项目的造价进行类比匡算

当一个建设项目还没有具体的图样和工程量清单时，需要利用产出函数对建设项目投资进行匡算。在微观经济学中，把过程的产出和资源的消耗这两者之间的关系称为产出函数；在建筑工程中，产出函数建立了产出的总量或规模与各种投入（比如人力、材料、机械等）之间的关系。因此，对某一特定的产出，可以通过对各投入参数赋予不同的值，从而找到一个最低的生产成本。房屋建筑面积的大小和消耗的人工之间的关系就是产出函数的一个例子。

投资的匡算常常基于某个表明设计能力或者形体尺寸的变量，比如建筑面积、高速公路的长度、工厂的生产能力等。在这种类比估算方法下，尤其要注意规模对造价的影响。项目的造价并不总是和规模大小呈线性关系，典型的规模经济或规模不经济都会出现。因此要慎重选择合适的产出函数，寻找规模和经济有关的经验数据，例如生产能力指数法与单位生产能力估算法就是采用不同的生产函数。

2.分部组合计价原理

如果一个建设项目的设计方案已经确定，常用的是分部组合计价法。任何一个建设项目都可以分解为一个或几个单项工程，任何一个单项工程都是由一个或几个单位工程所组成。作为单位工程的各类建筑工程和安装工程仍然是一个比较复杂的综合实体，还需要进一步分解。单位工程可以按照结构部位、路段长度及施工特点或施工任务分解为分部工程。分解成分部工程后，从工程计价的角度，还需要把分部工程按照不同的施工方法、材料、工序及路段长度等，加以更为细致地分解，划分为更为简单、细小的部分，即分项工程。按照计价需要，将分项工程进一步分解或适当组合，就可以得到基本构造单元了。

工程造价计价的主要思路就是将建设项目细分至最基本的构造单元，找到了适当的计量单位及当时当地的单价，就可以采取一定的计价方法，进行分部组合汇总，计算出相应的工程造价。工程计价的基本原理就在于项目的分解与组合：建设项目→单项工程→单位工程→分部工程→分项工程。

将分项工程进一步分解或适当组合，就可以得到基本构造单元了。用公式的形式表达如下：

$$分项工程费 = \sum[基本构造单元工程量(定额项目或清单项目) \times 相应单价] \quad (1-1)$$

工程造价的计价可分为工程计量和工程计价两个环节。

(1)工程计量工作包括工程项目的划分和工程量计算。

单位工程基本构造单元的确定，即划分工程项目。编制工程概(预)算时，主要是按工程定额进行项目的划分；编制工程量清单时，主要是按照清单、工程量计算规范规定的清单项目进行划分。

工程量的计算就是按照工程项目的划分和工程量计算规则，就不同的设计文件对工程实物量进行计算。工程实物量是计价的基础，不同的计价依据有不同的计算规则、规定。目前，工程量计算规则包括两大类：

①各类工程定额规定的计算规则；

②各专业工程量计算规范附录中规定的计算规则。

(2)工程计价包括工程单价的确定和总价的计算。

工程单价是指完成单位工程基本构造单元的工程量所需要的基本费用。工程单价包括工料单价和综合单价。

①工料单价仅包括人工、材料、机具(简称“人材机”)使用费，是各种人工消耗量、各种材料消耗量、各类施工机具台班消耗量与其相应单价的乘积。工料单价计算公式如下：

$$工料单价 = \sum(人材机消耗量 \times 人材机单价) \quad (1-2)$$

②综合单价除包括人工、材料、机具使用费外，还包括可能分摊在单位工程基本构造单元的费用。根据我国现行有关规定，又可以分成清单综合单价与全费用综合单价两种。清单综合单价中除包括人工、材料、机具使用费外，还包括企业管理费、利润和风险因素；全费用综合单价中除包括人工、材料、机具使用费外，还包括企业管理费、利润、规

费和税金。

综合单价根据国家、地区、行业定额或企业定额消耗量和相应生产要素的市场价格，以及定额或市场的取费费率来确定。

工程总价是指经过规定的程序或办法逐级汇总形成的相应工程造价。根据采用的单价内容和计算程序不同,分为工料单价法和综合单价法。

①工料单价法。首先依据相应计价定额的工程量计算规则计算项目的工程量,然后依据定额的人材机要素消耗量和单价,计算各个项目的直接费用,然后再计算直接费用合价,最后再按照相应的取费程序计算其他各项费用,汇总后形成相应工程造价。

②综合单价法。若采用全费用综合单价(完全综合单价),首先依据相应工程量计算规范规定的工程量计算规则计算工程量,并依据相应的计价依据确定综合单价,然后用工程量乘以综合单价并汇总即可得出分部分项工程费(以及措施项目费),最后再按相应的办法计算其他项目费用,汇总后形成相应的工程造价。我国现行的《建设工程工程量清单计价规范》(GB 50500—2013)中规定的清单综合单价属于非完全综合单价,当把规费和税金计入非完全综合单价后即形成完全综合单价。

二、工程计价标准和依据

工程计价标准和依据包括计价活动的相关规章规程、工程量清单计价和工程量计算规范、工程定额和相关造价信息等。

从目前我国的现状来看,工程定额主要作为国有资金投资工程编制投资估算、设计概算和最高投标限价(招标控制价)的依据,对于其他工程,在项目建设前期各阶段,可以用于建设投资的预测和估计;在工程建设交易阶段,可以作为建设产品价格形成的辅助依据。工程量清单计价依据主要适用于合同价格形成以及后续的合同价款管理阶段,计价活动的相关规章规程,则根据其具体内容可能适用于不同阶段的计价活动。造价信息是计价活动所必需的依据。

1.计价活动的相关规章规程

现行计价活动相关的规章规程主要包括《工程造价术语标准》(GB/T 50875—2013)、《建筑工程建筑面积计算规范》(GB/T 50353—2013)和《建设工程造价咨询规范》(GB/T 51095—2015),以及中国建筑工程造价管理协会标准《建设项目投资估算编审规程》(CECA/GC 1—2015)、《建设项目设计概算编审规程》(CECA/GC 2—2015)、《建设项目工程结算编审规程》(CECA/GC 3—2010)、《建设项目全过程造价咨询规程》(CECA/GC 4—2017)、《建设项目施工图预算编审规程》(CECA/GC 5—2010)、《建设工程招标控制价编审规程》(CECA/GC 6—2011)、《建设工程造价咨询成果文件质量标准》(CECA/GC 7—2012)、《建设工程造价鉴定规程》(CECA/GC 8—2012)、《建设项目工程竣工决算编制规程》(CECA/GC 9—2013)、《建设工程造价咨询工期标准(房屋建筑工程)》(CECA/GC 10—2014)等。

2.工程量清单计价和工程量计算规范

工程量清单计价和工程量计算规范由《建设工程工程量清单计价规范》(GB 50500—2013)、《房屋建筑与装饰工程工程量计算规范》(GB 50854—2013)、《仿古建筑工程工程量计算规范》(GB 50855—2013)、《通用安装工程工程量计算规范》(GB 50856—2013)、《市政工程工程量计算规范》(GB 50857—2013)、《园林绿化工程工程量计算规范》(GB 50858—2013)、《构筑物工程工程量计算规范》(GB 50860—2013)、《矿山工程工程量计算规范》(GB 50859—2013)、《城市轨道交通工程工程量计算规范》(GB 50861—2013)、《爆破工程工程量计算规范》(GB 50862—2013)等组成。

3.工程定额

工程定额主要指国家、地方或行业主管部门制定的各种定额,包括工程消耗量定额和工程计价定额等。工程消耗量定额主要是指完成规定计量单位的合格建筑安装产品所消耗的人工、材料、施工机具台班的数量标准。工程计价定额是指直接用于工程计价的定额或指标,包括预算定额、概算定额、概算指标和投资估算指标。此外,部分地区和行业造价管理部门还会颁布工期定额,工期定额是在正常的施工技术和组织条件下,完成建设项目和各类工程建设投资费用的计价依据之一。

4.工程造价信息

工程造价信息是指工程造价管理机构发布的建设工程人工、材料、工程设备、施工机具的价格信息,以及各类工程的造价指数、指标等。

三、工程计价基本程序

1.工程概(预)算编制的基本程序

工程概(预)算编制是指通过国家、地方或行业主管部门颁布统一的计价定额或指标,对建筑产品价格进行计价的活动。如果用工料单价法进行概(预)算编制,则应按概算定额或预算定额规定的定额子目,逐项计算工程量,套用概(预)算定额单价(或单位估价表)确定直接费,然后按规定的取费标准确定间接费(包括企业管理费、规费),再计算利润和税金,经汇总后即为工程概(预)算价格。

工程概(预)算单位价格的形成过程,就是依据概(预)算定额所确定的消耗量乘以定额单价或市场价,经过不同层次的计算形成相应造价的过程。可以用公式进一步明确工程概(预)算编制的基本方法和程序:

每一计量单位建筑产品的基本构造单元(假定建筑安装产品)的工料单价=人工费+材料费+施工机具使用费 (1-3)

式中,人工费=∑(人工工日数量×人工单价);材料费=∑(材料消耗量×材料单价)+工程设备费;施工机具使用费=∑(施工机械台班消耗量×机械台班单价)+∑(仪器仪表台班消耗量×仪器仪表台班单价)。

单位工程直接费=∑(假定建筑安装产品工程量×工料单价) (1-4)

单位工程概(预)算造价=单位工程直接费+间接费+利润+税金 (1-5)

单项工程概(预)算造价=∑单位工程概(预)算造价+设备、工器具购置费 (1-6)

建设项目全部工程概(预)算造价=∑单项工程的概(预)算造价+预备费+工程建设其他费+建设期利息+流动资金 (1-7)

若采用全费用综合单价法进行概(预)算编制,单位工程概(预)算的编制程序将更加简单,只需将概算定额或预算定额规定的定额子目的工程量乘以各子目的全费用综合单价汇总即可,然后可以用上述公式计算单项工程概(预)算造价以及建设项目全部工程概(预)算造价。工料单价法概(预)算编制程序如图 1-5 所示。

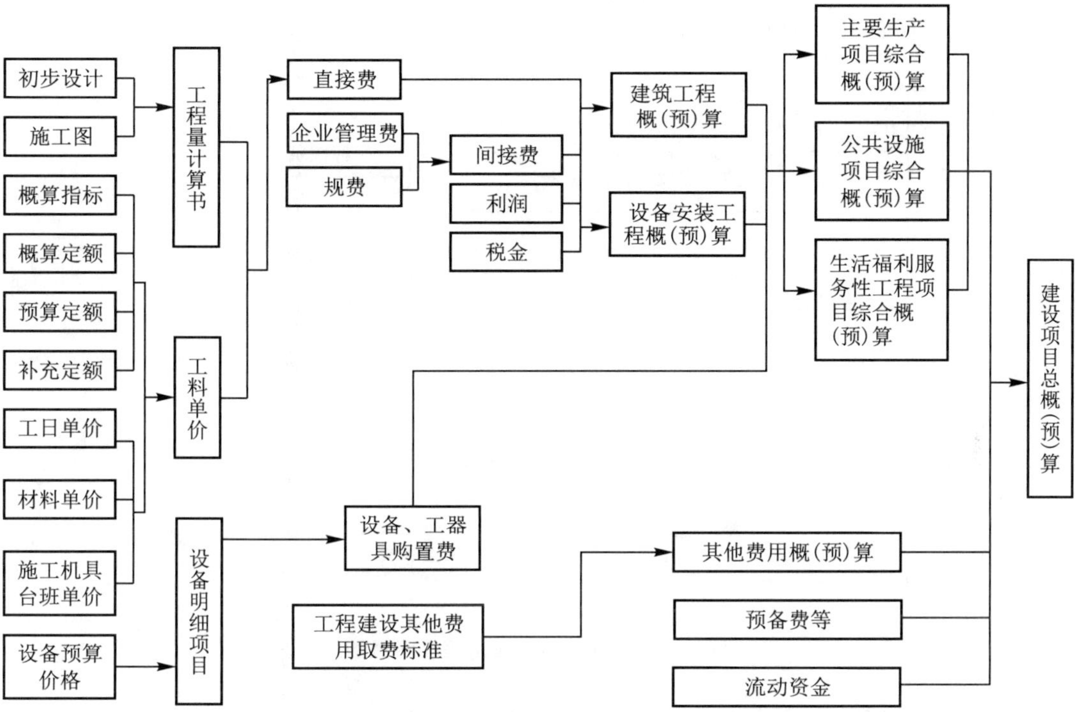

图 1-5　工料单价法概(预)算编制程序示意图

2.工程量清单计价的基本程序

工程量清单计价的过程可以分为两个阶段,即工程量清单的编制和工程量清单的应用。工程量清单的编制程序如图 1-6 所示,工程量清单的应用程序如图 1-7 所示。

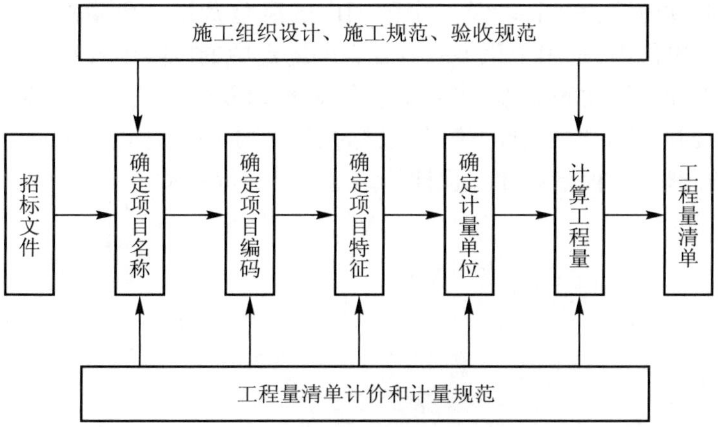

图 1-6　工程量清单编制程序示意图

工程量清单计价的基本原理可以描述如下:按照工程量清单计价规范规定,在各相应专业工程工程量计算规范规定的工程量清单项目设置和工程量计算规则基础上,针对具体工程的施工图纸和施工组织设计计算出各个清单项目的工程量,再根据规定的方法计算出综合单价,并汇总各清单合价得出工程总价。

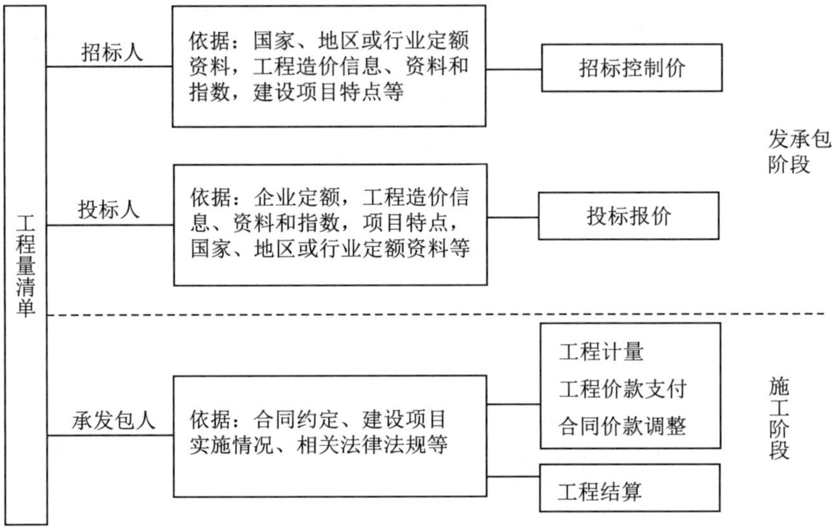

图 1-7 工程量清单应用程序示意图

分部分项工程费 = ∑(分部分项工程量×相应分部分项综合单价) (1-8)

其他项目费 = 暂列金额+暂估价+计日工+总承包服务费 (1-9)

单位工程造价 = 分部分项工程费+措施项目费+其他项目费+规费+税金 (1-10)

单项工程造价 = ∑单位工程报价 (1-11)

建设项目总造价 = ∑单项工程报价 (1-12)

综合单价是指完成一个规定清单项目所需的人工费、材料费和工程设备费、施工机具使用费和企业管理费、利润,以及一定范围内的风险费用。风险费用隐含于已标价的工程量清单综合单价中,是用于化解双方在合同约定中的风险内容和范围的费用。

工程量清单计价活动涵盖施工招标、合同管理以及竣工交付全过程,主要包括招标工程量清单的编制、招标控制价的确定、投标报价、合同价的确定、工程计量与价款的支付、合同价款的调整、工程结算和工程计价纠纷的处理等活动。

单元二 建筑工程定额

知识目标

1.了解建筑工程定额的起源和作用；
2.熟悉定额的定义和性质；
3.熟悉各种定额的关系和区别；
4.掌握定额子目的套用；
5.掌握定额子目的换算。

能力目标

1.能熟练利用定额,查询所需子目；
2.能套用定额完成各种定额子目的换算；
3.能进行项目的工料分析。

项目一　建筑工程定额概述

一、建筑工程定额的概念

1.定额

"定额"一词最早是由美国的工程师弗雷德里克·W.泰勒(Frederick Winslow Taylor,1856—1915)在其"泰勒制"中提出的。

定额即标准或尺度。定额是社会物质生产部门在生产经营活动中,根据一定的技术组织条件,在一定的时间内,为完成一定数量的合格产品所规定的人力、物力和财力消耗的数量标准。

不同的产品有不同的质量要求,因此,定额除规定各种资源消耗的数量标准外,还要规定应完成的产品规格、工作内容,以及应达到的质量标准和安全要求,它是质与量的统一。

2.工程定额

工程定额是指在正常施工条件下完成规定计量单位的合格建筑安装工程所消耗的人工、材料、施工机具台班、施工天数及相关费率等的数量标准。

3.建筑工程定额作用

(1)定额是进行工程计量与计价的重要依据。

(2)定额是节约社会劳动,提高劳动生产率的重要手段。

(3)定额是国家宏观调控的依据。

(4)定额是衡量工人的劳动成果及其所创造的经济效益的尺度,也是个人消费品分配的基本依据。

(5)定额是编制计划的基础,是可行性研究的依据。

(6)定额是加强企业科学管理,进行经济核算的依据。

二、建筑工程定额的性质

定额具有科学性、系统性、统一性、指导性、群众性、稳定性和时效性等性质。

1.科学性

定额的科学性表现在定额是在认真研究客观规律的基础上,遵循客观规律的要求,实事求是地运用科学的方法制定的,也是在总结广大工人生产经验的基础上根据技术测定和统计分析等资料,经过综合分析研究后制定的。定额还考虑了已经成熟推广的先进技术和先进操作方法,正确反映了当前生产力水平的单位产品所需要的生产消耗量。

2.系统性

建设工程定额是相对独立的系统,它是由多种定额结合而成的有机的整体。它的结构复杂,有鲜明的层次,有明确的目标。

建设工程是一个庞大的实体系统,定额是为这个实体系统服务的。建设工程本身的多种类、多层次决定了以它为服务对象的定额的多种类、多层次。建设工程都有严格的项目划分,如建设项目、单项工程、单位工程、分部分项工程;在计划和实施过程中有严密的逻辑阶段,如可行性研究、设计、施工、竣工交付使用及投入使用后的维修等阶段。与此相适应必然形成定额的多种类、多层次。

3.统一性

定额的统一性主要是由国家对经济发展有计划地进行宏观调控的职能决定的。为了使国民经济按照既定的目标发展,就需要借助于某些标准、定额、规范等,对建设工程进行规划、组织、调节、控制。这些标准、定额、规范必须在一定范围内是一种统一的尺度,才能实现上述职能,才能利用它对项目的决策、设计方案、投标报价、成本控制进行比选和评价。为了建立全国统一建设市场和规范计价行为,计价规范统一了分部分项工程项目名称、计量单位、工程量计算规则、项目编码。

4.指导性

定额的指导性表现为在企业定额还不完善的情况下,有利于市场公平竞争,优化企业管理,确保工程质量和施工安全,规范工程计价行为,指导企业自主报价,为实现市场竞争形成价格奠定了坚实的基础。

企业可在消耗定额的基础上，自行编制企业内部定额，逐步走向市场化，与国际计价方法接轨。

5.群众性

定额的群众性是指定额来自群众，又贯彻于群众。定额的制定和执行，具有广泛的群众基础。定额的编制采用工人、技术人员和定额专职人员相结合的方式，使得定额既能从实际水平出发，保持一定的先进性，又能把群众的长远利益和当前利益，广大职工的劳动效率和工作质量，国家、企业和劳动者三者的物质利益结合起来，充分调动广大职工的积极性，完成或超额完成工程任务。

6.稳定性

建设工程定额中的任何一种定额都是一定时期技术发展和管理水平的反映，因而在一段时间内都表现为稳定的状态。但定额的稳定性是相对的，根据具体情况不同，稳定的时间有长有短，一般在5~10年，保持定额的稳定性是有效地贯彻定额所必需的。定额的不稳定会给定额的编制工作带来极大的困难。

7.时效性

任何一种定额都只能反映出一定时期的生产力水平，生产力向前发展了，定额就会变得不适应。当不再起到它应有的作用时，定额就要重新编制和进行修订。定额具有显著的时效性，新定额一旦诞生，旧定额就停止使用。

三、建筑工程定额的分类

定额的分类

在工程项目建设过程中，所使用的建筑工程定额种类很多，按照定额的生产要素、编制程序和用途、适用专业、主编单位和管理范围的不同，建筑工程定额有不同的分类内容，见图2-1。

- 建筑工程定额的分类
  - 按生产要素分类
    - 人工消耗定额
    - 材料消耗定额
    - 机具台班消耗定额
  - 按编制程序和用途分类
    - 施工定额
    - 预算定额
    - 概算定额
    - 概算指标
    - 投资估算指标
  - 按适用专业分类
    - 建筑工程定额
    - 安装工程定额
  - 按主编单位和管理范围分类
    - 全国统一定额
    - 行业统一定额
    - 地区统一定额
    - 企业定额
    - 补充定额

图2-1　建筑工程定额的分类

1.按生产要素分类

建筑工程定额按其生产要素可分为人工消耗定额、材料消耗定额和机具台班消耗定额。这是最基本的定额分类方法,它直接反映生产某种单位合格产品所必须具备的基本生产要素。因此,人工消耗定额、材料消耗定额和机具台班消耗定额是其他各种定额的基本组成部分。

(1)人工消耗定额。人工消耗定额简称人工定额(也称为劳动消耗定额),是在正常的施工技术和组织条件下,完成规定计量单位合格的建筑安装产品所消耗的人工工日的数量标准。劳动定额的主要表现形式是时间定额,但同时也表现为产量定额。时间定额与产量定额互为倒数。

(2)材料消耗定额。材料消耗定额简称材料定额,是指在正常的施工技术和组织条件下,完成规定计量单位合格的建筑安装产品所消耗的原材料、成品、半成品、构配件、燃料,以及水、电等动力资源的数量标准。

(3)机具台班消耗定额。机具台班消耗定额由机械消耗定额与仪器仪表消耗定额组成。机械消耗定额以一台机械一个工作班为计量单位,所以又称为机械台班定额。机械消耗定额是指在正常的施工技术和组织条件下,完成规定计量单位合格的建筑安装产品所消耗的施工机械台班的数量标准。机械消耗定额的主要表现形式是机械时间定额,同时也以产量定额表现。仪器仪表消耗定额的定义和表现形式与机械消耗定额类似。

2.按编制程序和用途分类

建设工程定额按其编制程序和用途可分为施工定额、预算定额、概算定额、概算指标、投资估算指标。

(1)施工定额。施工定额是完成一定计量单位的某一施工过程或基本工序所需消耗的人工、材料和施工机具台班数量标准。施工定额是施工企业(建筑安装企业)在组织生产和加强管理时在企业内部使用的一种定额,属于企业定额的性质。施工定额是以某一施工过程或基本工序作为研究对象,表示生产产品数量与生产要素消耗的综合关系的定额。为了适应组织生产和管理的需要,施工定额的项目划分很细,是工程定额中分项最细、定额子目最多的一种定额,也是工程定额中的基础性定额。

(2)预算定额。预算定额是在正常的施工条件下,完成一定计量单位合格的分项工程或结构构件所需消耗的人工、材料、施工机具台班数量及其费用标准。预算定额是一种计价性定额。从编制程序上看,预算定额是以施工定额为基础综合扩大编制的,同时它也是编制概算定额的基础。

(3)概算定额。概算定额是完成单位合格的扩大分项工程或扩大结构构件所需消耗的人工、材料和施工机具台班的数量及其费用标准,是一种计价性定额。概算定额是编制扩大初步设计概算、确定建设项目投资额的依据。概算定额的项目划分粗细与扩大初步设计的深度相适应,一般是在预算定额的基础上综合扩大而成的,每一扩大分项概算定额都包含了数项预算定额。

(4)概算指标。概算指标是以单位工程为对象,反映完成一个规定计量单位合格的建筑安装产品的经济指标。概算指标是概算定额的扩大与合并,是以更为扩大的计量单位来编制的。概算指标的内容包括人工、材料、机具台班三个基本部分,同时还列出了分部工程量及单位工程的造价,是一种计价性定额。

(5)投资估算指标。投资估算指标是以建设项目、单项工程、单位工程为对象,反映建设总投资及其各项费用构成的经济指标。它是在项目建议书和可行性研究阶段编制投资估算、计算投资需要量时使用的一种定额。它的概略程度与可行性研究阶段相适应,投资估算指标往往根据历史的预、决算资料和价格变动等资料编制,但其编制基础仍然离不开预算定额、概算定额。

各种定额之间的比较如表 2-1 所示。

表 2-1　各种定额之间的比较

定额类别	施工定额	预算定额	概算定额	概算指标	投资估算指标
对象	施工过程或基本工序	分项工程或结构构件	扩大的分项工程或扩大的结构构件	单位工程	建设项目、单项工程、单位工程
用途	编制施工预算	编制施工图预算	编制扩大初步设计概算	编制初步设计概算	编制投资估算
项目划分	最细	细	较粗	粗	很粗
定额水平	平均先进	平均			
定额性质	生产性定额	计价性定额			

3.按适用专业分类

由于工程建设涉及众多的专业,不同的专业所含的内容也不同,因此就确定人工、材料和机具台班消耗数量标准的工程定额来说,也需按不同的专业分别进行编制和执行。

建筑工程定额按专业对象分为建筑及装饰工程定额、房屋修缮工程定额、市政工程定额、铁路工程定额、公路工程定额、矿山井巷工程定额等。

安装工程定额按专业对象分为电气设备安装工程定额、机械设备安装工程定额、热力设备安装工程定额、通信设备安装工程定额、化学工业设备安装工程定额、工业管道安装工程定额、工艺金属结构安装工程定额等。

4.按主编单位和管理范围分类

按主编单位和管理范围不同,工程定额可以分为全国统一定额、行业统一定额、地区统一定额、企业定额、补充定额等。

(1)全国统一定额是由国家建设行政主管部门综合全国工程建设中技术和施工组织管理的情况编制,并在全国范围内执行的定额。

(2)行业统一定额是根据各行业专业工程技术特点,以及施工生产和管理水平编制的,一般只在本行业和相同专业性质的范围内使用。

(3)地区统一定额包括省、自治区、直辖市定额。地区统一定额主要是根据地区性特点和全国统一定额水平做适当调整和补充编制的。

(4)企业定额是施工单位根据本企业的施工技术、机械装备和管理水平编制的人工、材料、机具台班等的消耗标准。企业定额在企业内部使用,是企业综合素质的标志。企业定额水平一般应高于国家现行定额,这样才能满足生产技术发展、企业管理和市场竞争的需要。在工程量清单计价方法下,企业定额是施工企业进行建设工程投标报价的计价依据。

(5)补充定额是指随着设计、施工技术的发展,在现行定额不能满足需要的情况下,为了补充缺陷所编制的定额。补充定额只能在指定的范围内使用,可以作为以后修订定额的基础。

上述各种定额虽然适用于不同的情况,但是它们是一个互相联系的、有机的整体,在实际工作中配合使用。

四、建筑工程的定额水平

定额水平是一定时期社会生产力水平的反映,它与一定时期生产的机械化程度,操作人员的技术水平,生产管理水平,新材料、新工艺和新技术的应用程度,以及全体人员的劳动积极性有关,所以,它不是一成不变的,而是随着社会生产力水平的变化而变化的;但是,在一定时期内,定额水平又必须是相对稳定的。

定额水平是制定定额的基础和前提,定额水平不同,定额所规定的资源消耗量也不同。在确定定额水平时,应综合考虑定额的用途、生产力发展水平、技术经济合理性等因素。目前,定额水平有平均先进水平和平均水平两类,采用先进水平编制的定额是不常见的,它更多用于企业内部管理。

五、工程定额的制定与修订

工程定额的制定与修订包括制定、全面修订、局部修订、补充等工作,应遵循以下原则:

(1)对新型工程以及建筑产业现代化、绿色节能等工程建设新要求,应及时制定新定额。

(2)对相关技术规程和技术规范已全面更新且不能满足工程计价需要的定额,发布实施已满五年的定额,应全面修订。

(3)对相关技术规程和技术规范发生局部调整且不能满足工程计价需要的定额,部分子目已不适应工程计价需要的定额,应及时局部修订。

(4)对定额发布后工程建设中出现的新技术、新工艺、新材料、新设备等情况,应根据工程建设需求,及时编制补充定额。

项目二　建筑工程消耗量定额的确定

一、人工消耗量的确定

1.人工消耗量的定义

人工消耗量是指某一工人或工作小组完成一定计量单位分项工程或结构构件所需消耗的各种用工量或时间。定额项目的人工不分工种、技术等级，一律以综合工日表示。

定额项目的人工消耗量包括基本用工和其他用工两部分：

定额分项工程综合工日=基本用工+其他用工　　(2-1)

或

定额分项工程综合工日=基本用工+辅助用工+超运距用工+人工幅度差　　(2-2)

预算定额中消耗量的确定

在定额中，人工消耗量的确定有三种基本方法：一是定额法，即根据施工定额(劳动定额)确定人工消耗量；二是技术测定法，即以现场测定资料为基础确定人工消耗量；三是经验估工法，即根据老工人、施工技术人员和定额员的实践经验来确定人工消耗量。

2.劳动定额中人工消耗量的确定

劳动定额缺项的新工艺、新结构往往需要进行测定，要到工程场地核实，科学地测定和计算定额的用工。人工消耗量的测定是制定人工消耗量定额的一个主要步骤，需要用科学的方法观察、记录、整理、分析施工过程，为制定建筑工程消耗量定额提供可靠依据。

计算公式为：

人工消耗量=基本工作时间+辅助工作时间+准备与结束工作时间+不可避免的中断时间+休息时间　　(2-3)

工人在工作时消耗的时间，按其消耗的性质可分为两大类：必需消耗时间和损失时间。

(1)必需消耗时间。必需消耗时间是工人在正常施工条件下，为完成一定产品(工作任务)所消耗的时间，它是制定定额的主要依据。

必需消耗工作时间包括有效工作时间、不可避免的中断时间和休息时间。

1)有效工作时间是从生产效果来看与产品生产直接有关的时间消耗，包括基本工作时间、辅助工作时间、准备与结束工作时间。

①基本工作时间是工人完成能生产一定产品的施工工艺过程所消耗的时间。通过这些工艺过程可以使材料改变外形；可以改变材料的结构与性质，如混凝土制品的养护干燥等；可以使预制构配件安装组合成型；也可以改变产品外部及表面的性质，如粉刷、油漆等。基本工作时间所包括的内容依工作性质而各不相同。基本工作时间的长短和工作量大小成正比。

②辅助工作时间是为保证基本工作能顺利完成所消耗的时间。在辅助工作时间里，

不能使产品的形状、性质或位置发生变化。辅助工作时间的结束往往就是基本工作时间的开始。辅助工作一般是手工操作,但如果在机手并动的情况下,辅助工作是在机械运转过程中进行的,为避免重复则不应再计辅助工作时间的消耗。辅助工作时间的长短与工作量大小有关。

③准备与结束工作时间是执行任务前或任务完成后所消耗的工作时间,如工作地点、劳动工具和劳动对象的准备工作时间,工作结束后的整理工作时间等。准备和结束工作时间的长短与工作量大小无关,但往往和工作内容有关。这项时间消耗可以分为班内的准备与结束工作时间和任务的准备与结束工作时间。

2)不可避免的中断时间是由于施工工艺特点引起的工作中断所必需的时间。与施工过程工艺特点有关的工作中断时间,应包括在定额时间内,但应尽量缩短此项时间消耗。与工艺特点无关的工作中断所占用的时间,是由于劳动组织不合理引起的,属于损失时间,不能计入定额时间。

3)休息时间是工人在工作过程中为恢复体力所必需的短暂休息和生理需要的时间消耗。这种时间是为了保证工人精力充沛地进行工作,所以在定额时间中必须进行计算。休息时间的长短和劳动条件有关,劳动越繁重紧张,劳动条件越差(如高温),则休息时间需越长。

(2)损失时间。损失时间是与产品生产无关,而与施工组织和技术上的缺点有关,与工人在施工过程中的个人过失或某些偶然因素有关的时间消耗。

损失时间包括多余工作和偶然工作时间、停工时间、违反劳动纪律所损失的时间。

1)多余工作是工人进行了任务以外而又不能增加产品数量的工作,如重砌质量不合格的墙体。多余工作的工时损失,一般都是由于工程技术人员和工人的差错而引起的,因此,不应计入定额时间中。

2)偶然工作是工人在任务外进行的工作,但能够获得一定产品。如抹灰工不得不补上偶然遗留的墙洞等。由于偶然工作能获得一定产品,拟定定额时要适当考虑它的影响。

3)停工时间是工作班内停止工作造成的工时损失。停工时间按其性质可分为施工本身造成的停工时间和非施工本身造成的停工时间两种。施工本身造成的停工时间,是指由于施工组织不善、材料供应不及时、工作面准备工作做得不好、工作地点组织不良等情况引起停工的时间。非施工本身造成的停工时间,是由于水源、电源中断引起停工的时间。前一种情况在拟定定额时不应该计算,后一种情况定额中则应给予合理的考虑。

4)违反劳动纪律所损失的时间,是指工人在工作班开始和午休后的迟到、午饭前和工作班结束前的早退、擅自离开工作岗位、工作时间内聊天或办私事等造成的工时损失。由于个别工人违反劳动纪律而影响其他工人无法工作的时间损失,也包括在内。此项工时损失应不允许存在,因此,在定额中是不能考虑的。

工作时间指的是工作班延续时间。对工作时间消耗的研究,可以分为两个系统进行,即工人工作时间的消耗(图2-2)和工人所使用的机器工作时间的消耗(图2-3)。

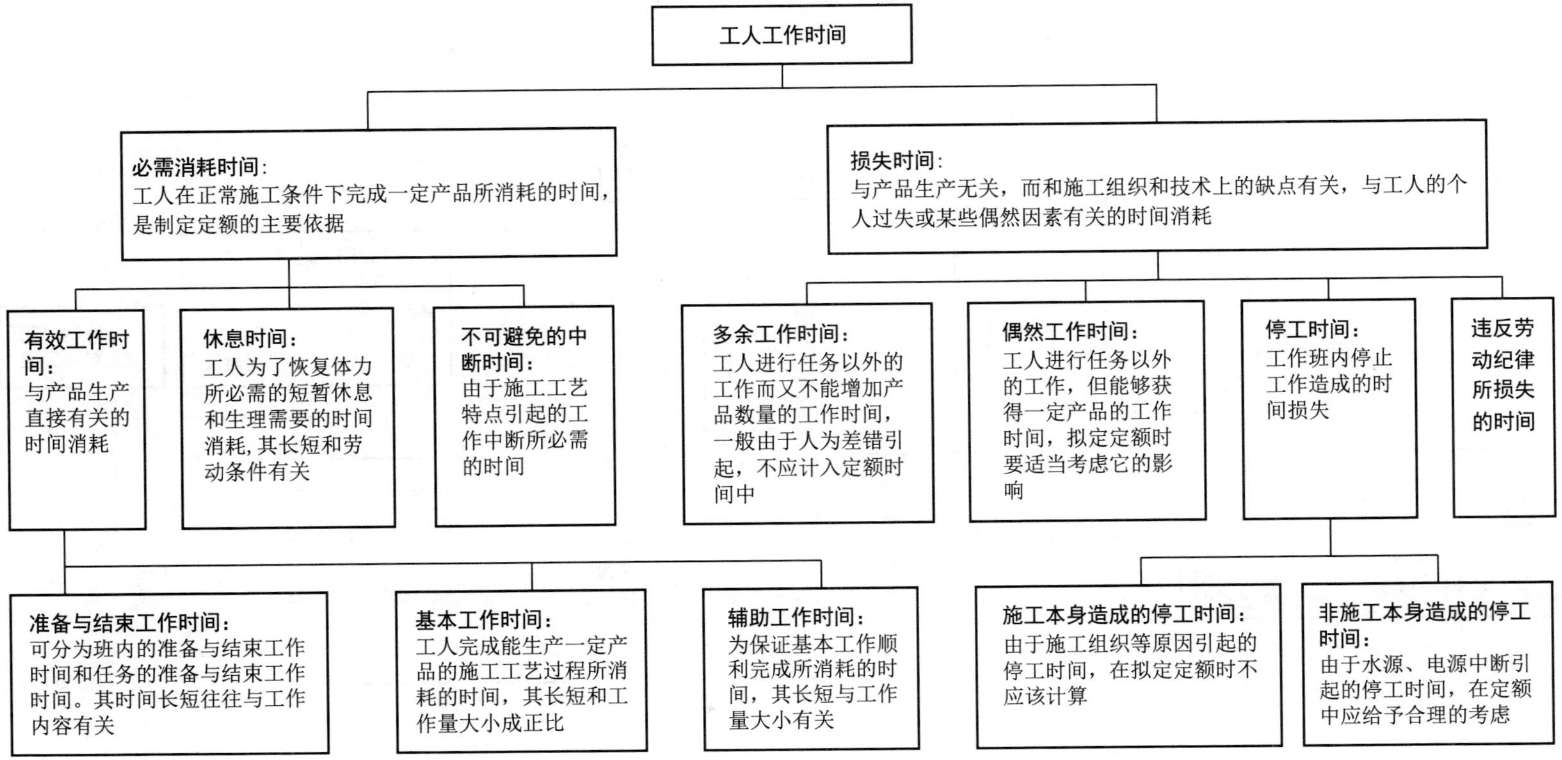

图2-2　工人工作时间的消耗

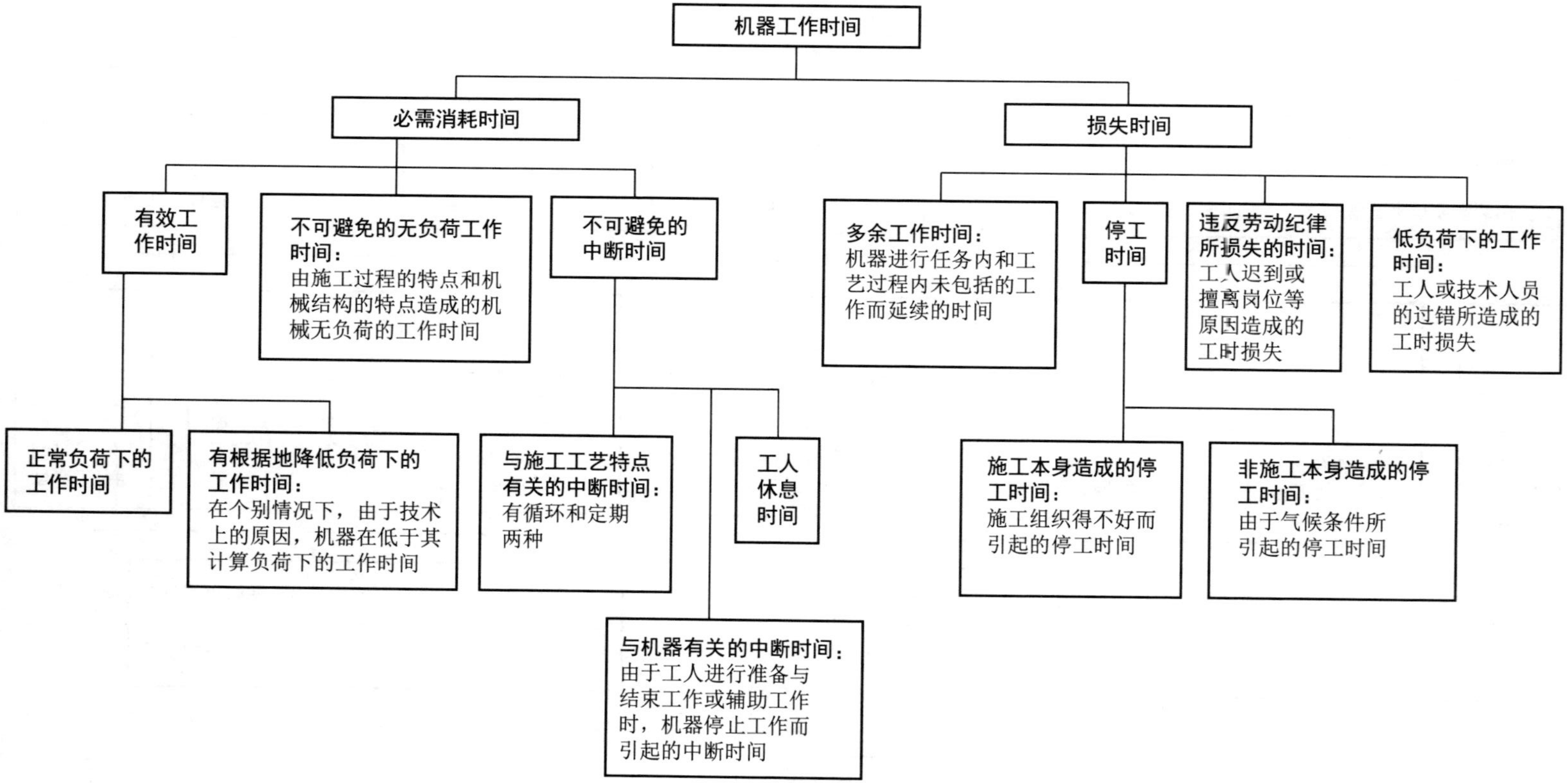

图2-3　机器工作时间的消耗

3.预算定额中人工消耗量的确定

计算公式为：

人工消耗量=基本用工+辅助用工+超运距用工+人工幅度差　　(2-4)

(1)基本用工。基本用工是指完成一定计量单位的分项工程或结构构件所必须消耗的技术工种用工,如砌筑墙体的瓦工、支混凝土模板的模板工等。按技术工种相应劳动定额工时定额计算,以不同工种列出定额工日。

基本用工包括：

1)完成定额计量单位的主要用工。按综合取定的工程量和相应劳动定额进行计算。

其消耗量计算公式可表示为：

基本用工=∑(工序或工作过程综合取定的工程量×时间定额)　　(2-5)

例如工程实际中的砖基础,有1砖厚、1砖半厚(1.5砖厚)、2砖厚等之分,其用工各不相同,在预算定额中由于不区分厚度,需要按照统计的比例加权平均,即公式中的综合取定,得出用工。

2)按劳动定额规定应增加计算的用工量。例如砖基础埋深超过1.5 m,超过部分要增加用工。预算定额中应按一定比例给予增加。

3)由于预算定额是以劳动定额子目综合扩大的,包括的工作内容较多,施工的效果视具体部位而不一样,需要另外增加用工,列入基本用工内。

(2)其他用工。指除基本用工以外的用工。包括：

1)辅助用工：指施工现场内发生的、预算定额中基本用工以外的材料加工等用工。如：混凝土工程中的洗石子用工、砌砖工程中的筛沙子用工、抹灰工程中的淋石灰用工和制作抹灰用的分隔条用工、机械土方工程配合用工、电焊点火用工等。

辅助用工=∑(加工材料的数量×相应材料加工的时间定额)　　(2-6)

2)超运距用工：指消耗量定额取定的材料、成品、半成品场内运输距离,超过劳动定额规定的距离所增加的用工。

超运距用工=∑(超运距材料的数量×该材料超运距的时间定额)

超运距=预算定额取定运距-劳动定额已包括的运距　　(2-7)

需要指出,实际工程现场运距超过预算定额取定运距时,可另行计算现场二次搬运费。

3)人工幅度差：指劳动定额项目中未包括,而在正常施工过程中经常发生,在预算定额中必须考虑,但又无法通过劳动定额项目计量的用工损失。包括：

①工序交叉、搭接的时间损失；

②施工机械临时维护、检修、移动时的时间损失及临时水电的移动而引起的人工停歇时间；

③工程质量检查和隐蔽工程验收而影响的工作时间；

④施工班组操作地点变动的时间以及工序交接时对前一工序不可避免的修整用工；

⑤施工中不可避免的其他用工损失。

人工幅度差计算公式如下：

人工幅度差=(基本用工+辅助用工+超运距用工)×人工幅度差系数　　(2-8)

人工幅度差系数一般为10%~15%。在预算定额中,人工幅度差的用工量列入其他用工量中。

4.测定时间消耗的基本方法——计时观察法

法计时观察法种类很多,最主要的有三种,见图2-4。

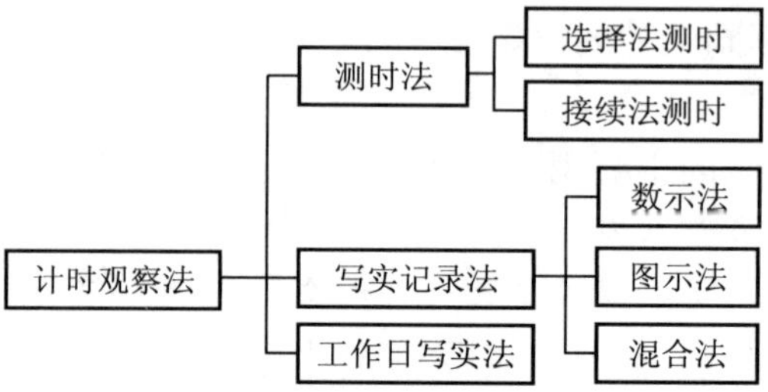

图2-4 计时观察法的种类

(1)测时法。测时法主要适用于测定定时重复的循环工作的工时消耗,是精确度比较高的一种计时观察法。

1)测时法的分类。根据具体测时手段不同,可将测时法分为选择法和接续法两种。其中接续法测时比选择法测时准确、完善,但观察技术也比较复杂。

2)测时法的观察次数。需要的观察次数与要求的算术平均值精确度及数列的稳定系数有关。

(2)写实记录法。写实记录法是一种研究各种性质的工作消耗时间的方法,包括基本工作时间、辅助工作时间、不可避免的中断时间、准备与结束工作时间以及各种损失时间。采用这种方法,可以获得分析工作时间消耗和制定定额所必需的全部资料。写实记录法的观察对象可以是一个工人,也可以是一个工人小组。

1)写实记录法的种类。写实记录法按记录时间的方法不同分为数示法、图示法和混合法三种。

①数示法写实记录。数示法是三种写实记录法中精确度较高的一种,可以同时对两个工人进行观察,可以对整个工作班或半个工作班进行长时间观察,因此它能反映工人或机器工作日的全部情况。

②图示法写实记录。图示法可同时对三个以内的工人进行观察。

③混合法写实记录。混合法吸取数示和图示两种方法的优点,适用于三个以上工人小组的工时消耗的测定与分析。

2)写实记录法的延续时间。需考虑的因素:所测施工过程的广泛性和经济价值,已经达到的功效水平的稳定程度,同时测定不同类型施工过程的数目,被测定的工人人数以及测定完成产品的可能次数等。

(3)工作日写实法。工作日写实法是一种研究整个工作班内的各种工时消耗的方法。运用工作日写实法主要有两个目的:一是取得编制定额的基础资料,在这种情况下,通常需要测定3~4次;二是检查定额的执行情况,找出缺点,改进工作,在这种情况下,通常需要测定1~3次。

5.测定时间消耗的基本方法——经验估工法

所谓经验估工法是指根据老工人、施工技术人员和定额员的实践经验，并参照有关技术，结合施工图纸、施工工艺、施工技术组织条件和操作方法等进行分析、座谈讨论、反复平衡，确定人工消耗量。由于参与估工的上述人员之间存在着经验和水平的差异，同一个项目往往会提出不同的数值，此时应根据统计法原理进行优化以确定出平均值。

计算公式如下：

$$t=\frac{a+4m+b}{6} \tag{2-9}$$

式中　t——定额优化时间（平均水平）；

a——先进作业时间（乐观估计）；

m——一般作业时间（最大可能）；

b——后进作业时间（保守估计）。

经验估工法具有确定人工消耗量过程较短、工作量较小、省时、简便易行的特点，但是其准确程度在很大程度上取决于参加估工的人员的经验，有一定的局限性。因而，经验估工法只适用于产品品种多、批量小、不易计算工作量的施工作业，在简易和临时工程承包报价中应用较为广泛。

6.人工定额消耗量的计算

时间定额和产量定额是人工定额的两种表现形式。拟定出时间定额，也就可以计算出产量定额。

预算定额人工消耗指标及计算式见表2-2。

表2-2　预算定额人工消耗指标

<table>
<tr><td rowspan="6">预算定额人工消耗指标</td><td rowspan="6">基本用工
指完成分项工程的主要技术用工。一般劳动定额中的时间定额就是预算定额的基本用工。即：基本用工=综合取定的工程量×劳动定额中的时间定额</td><td rowspan="6">定额时间
1.给出规范时间占定额时间的百分比：定额时间=工序作业时间/（1-规范时间百分比）
2.给出规范时间占作业时间的百分比：定额时间=工序作业时间×（1+规范时间百分比）
3.给出辅助时间和规范时间占基本工作时间的百分比：定额时间=基本工作时间×（1+辅助工作时间百分比+规范时间百分比）
4.给出辅助时间和规范时间占定额时间的百分比：定额时间=基本工作时间/（1-辅助工作时间百分比-规范时间百分比）［定额时间是劳动定额中的时间定额，又称为工作延续时间。时间定额=定额时间/工作日延续时间（即8 h），时间定额与产量定额成反比］</td><td rowspan="4">作业时间
又称工序作业时间。
1.给出辅助工作时间占作业时间的百分比：作业时间=基本工作时间/（1-辅助工作时间百分比）
2.给出辅助工作时间占基本工作时间的百分比：作业时间=基本工作时间×（1+辅助工作时间百分比）</td><td>基本工作时间</td></tr>
<tr><td>辅助工作时间</td></tr>
<tr><td>准备与结束工作时间</td></tr>
<tr><td>不可避免的中断时间</td></tr>
<tr><td rowspan="2">规范时间
当有工时规范时，可以参照使用；没有时，可参考经验数据</td><td>必要的休息时间</td></tr>
<tr><td>其他因素时间</td></tr>
</table>

续表 2-2

预算定额人工消耗指标	其他用工	超运距用工	超出劳动定额已含的水平之外的运距用工 超运距=预算定额取定运距-劳动定额已包括的运距
		辅助用工	指的是劳动定额不含，但是预算定额要考虑的配合用工，例如加工材料的用工
		人工幅度差=(基本用工+辅助用工+超运距用工)×人工幅度差系数	指劳动定额未包括，但实际上不可避免，又难以计量的用工和工时损失。例如工序搭接、质量检验等损失

【例 2-1】通过计时观察资料得知：人工挖二类土 1 m^3 的基本工作时间为 6 h，辅助工作时间占工序作业时间的 2%。准备与结束工作时间、不可避免的中断时间、休息时间分别占工作日的 3%、2%、18%，则该人工挖二类土的时间定额是多少？（计算结果保留两位小数）

解：基本工作时间=6/8=0.75(工日/m^3)

工序作业时间=0.75/(1-2%)=0.77(工日/m^3)

时间定额=0.77/(1-3%-2%-18%)=1(工日/m^3)

【例 2-2】经现场测定，完成 1 m^3 的砌体需基本工作时间 15.5 h，辅助工作时间占工作班延续时间的 3%，准备与结束工作时间占工作班延续时间的 3%，不可避免的中断时间占工作班延续时间的 2%，休息时间占工作班延续时间的 16%，人工幅度差系数为 10%，计算完成 1 m^3 砌体的人工消耗量。

解：完成 1 m^3 砌体的劳动定额人工消耗量

=基本工作时间+辅助工作时间+准备与结束工作时间+不可避免的中断时间+休息时间

$$=\frac{15.5}{1-3\%-3\%-2\%-16\%}$$

=20.39(h)

$$=\frac{20.39}{8}(\text{工日})$$

=2.55(工日)

完成 1 m^3 砌体的预算定额人工消耗量=2.55×(1+10%)=2.81(工日)

二、材料消耗量的确定

1.定额消耗材料的分类

(1)根据材料消耗的性质划分，施工中材料的消耗可分为必须消耗的材料和损失的材料两类。

必须消耗的材料，是指在合理用料的条件下，生产合格产品所需消耗的材料。它包括直接用于建筑和安装工程的材料、不可避免的施工废料、不可避免的材料损耗。

必须消耗的材料属于施工正常消耗，是确定材料消耗定额的基本数据。其中：直接用于建筑和安装工程的材料编制材料净用量定额，不可避免的施工废料和材料损耗编制材料损耗定额。

(2)根据材料消耗与工程实体的关系划分，施工中的材料可分为实体材料和非实体材料两类。

实体材料是指直接构成工程实体的材料，它包括工程直接性材料和辅助材料。工程直接性材料主要是指一次性消耗、直接用于工程构成建筑物或结构本体的材料，如钢筋混凝土柱中的钢筋、水泥、砂、碎石等；辅助性材料主要是指施工过程中所必需的，却并不构成建筑物或结构本体的材料，如土石方爆破工程中所需的炸药、引信、雷管等。主要材料用量大，辅助材料用量少。

非实体材料是指在施工中必须使用但又不能构成工程实体的施工措施性材料。非实体材料主要是指周转性材料，如模板、脚手架、支撑等。

2.材料消耗量的组成及计算公式

施工中实体材料的消耗量是由材料净用量和材料损耗量组成的。

材料净用量是指在合理用料的条件下，直接用于建筑和安装工程的材料。

材料损耗量是指在正常条件下不可避免的施工废料和材料损耗，如现场内材料运输及施工操作过程中的损耗等。其关系式如下：

$$材料消耗量=材料净用量+损耗量$$

或

$$材料消耗量=材料净用量\times(1+损耗率) \quad (2-10)$$

$$材料损耗率=\frac{损耗量}{净用量}\times100\%$$

$$材料损耗量=材料净用量\times损耗率$$

3.材料消耗量确定的基本方法

实体材料的消耗量是通过现场技术测定法、实验室试验法、现场统计法和理论计算法等方法获得的。

(1)现场技术测定法。现场技术是指在合理使用材料的条件下，在施工现场，对生产某一产品的材料消耗量进行观察和测算，通过完成的产品数量和耗用材料的数量，确定该单位产品的材料消耗量。

被观测对象应符合下列要求：工程结构是典型的，施工符合技术要求，材料品种的质量符合设计要求，参加测定的操作工人在使用材料和保证产品质量方面有较好的水平。

(2)实验室试验法。实验室试验法是指在实验室内通过专门的仪器设备确定材料消耗的一种方法。由于实验室具有比施工现场更好的工作条件，能够更详细深入地研究各种因素对材料消耗的影响，因而也就可能取得更精确的数据。如测定各种混凝土、砂浆、耐腐蚀胶泥等不同强度等级及性能的配合比和配合比中各种材料的消耗量。实验室试验法的缺点是无法估计现场所有因素的影响，因此，必须根据现场条件在净用量基础上考虑材料损耗量。

(3)现场统计法。现场统计法是对某一确定的分项或分部工程预先拨付一定的材料数量，待工程完工后，根据已完产品数量和发退料数量进行统计和计算的一种方法。

此法比较简便易行，不需要组织专人观察或试验，缺点是不能分清材料消耗的性质，其准确程度以统计资料的真实性和可靠性为前提。因此，必须加以优选和分析才有参考价值。

（4）理论计算法。理论计算法是运用一定的数学公式计算材料消耗量的一种方法。具备下列条件者，均可采用理论计算法：凡有标准规格的材料，按规范要求（如：砌砖按规范要求的灰缝宽度和厚度、排砖方法，防水卷材按规范要求的搭接宽度和铺贴方法等）计算定额耗用量；凡设计图纸标注截面尺寸及下料要求的，按设计图纸尺寸及下料要求计算材料净用量，如木门、窗制作用的板、方材等。

以下是几种常用材料的材料净用量的理论计算公式。

①标准砖

$1\ m^3$ 标准砖砌体砖净用量（块）

$$=\frac{2\times\text{墙体厚度的砖数}}{\text{墙体厚}\times(\text{标准砖长}+\text{相应灰缝厚})\times(\text{标准砖厚}+\text{相应灰缝厚})} \tag{2-11}$$

$$\begin{aligned}1\ m^3\text{ 标准砖砌体砂浆净用量}&=1\ m^3\text{ 砌体}-1\ m^3\text{ 砌体中标准砖净体积}\\&=1-0.24\times0.115\times0.053\times\text{标准砖数量}\\&=1-0.0014628\times\text{标准砖数量}\end{aligned} \tag{2-12}$$

$$\text{标准砖（砂浆）消耗量}=\text{净用量}\times(1+\text{损耗率}) \tag{2-13}$$

②面层块料

$$100\ m^2\text{ 面层块料净用量（块）}=\frac{100}{(\text{块料长}+\text{灰缝厚})\times(\text{块料宽}+\text{灰缝厚})} \tag{2-14}$$

$$100\ m^2\text{ 面层灰缝净用量}=(100-\text{块料长}\times\text{块料宽}\times\text{块料净用量})\times\text{灰缝厚} \tag{2-15}$$

$$\text{结合层材料用量}=100\times\text{结合层厚} \tag{2-16}$$

③卷材面层

$100\ m^2$ 面层卷材净用量

$$=\frac{100\times\text{每卷卷材面积}\times\text{层数}}{(\text{每卷卷材宽}-\text{顺向搭接宽})\times(\text{每卷卷材长}-\text{横向搭接宽})} \tag{2-17}$$

【例 2-3】计算 1.5 砖标准砖外墙每立方米砌体中砖和砂浆的消耗量，砖和砂浆损耗率均为 1%。

解：砖净用量 $=\dfrac{1.5\times2}{(0.24+0.01)\times(0.053+0.01)\times0.365}$

$=522(\text{块}/m^3)$

砖消耗量 $=522\times(1+1\%)=527.22(\text{块}/m^3)$

因此，每立方米砌体中砖的实际消耗量为 528 块。

砂浆消耗量 $=(1-522\times0.24\times0.115\times0.053)\times(1+1\%)$

$=0.239(m^3/m^3)$

【例 2-4】石膏装饰板规格为 500 mm×500 mm，其拼缝宽度为 2 mm，损耗率为 1%，计算 10 m^2 砌体中需用石膏装饰板的块数。

解：10 m^2 砌体中石膏装饰板净用量 $=10/[(0.5+0.002)\times(0.5+0.002)]=39.7$（块）

10 m^2 砌体中石膏装饰板总消耗量 $=39.7\times(1+1\%)=40.1$（块）

因此，10 m^2 砌体中石膏装饰板的实际消耗量为 41 块。

【例 2-5】水泥、石灰、砂的配合比为 1∶1∶3，砂空隙率为 41%，水泥密度为 1200 kg/m^3，砂损耗率为 2%，水泥、石灰损耗率各为 1%，求每立方米砂浆各种材料的消耗量。

解：砂消耗量 $=\dfrac{3}{(1+1+3)-3\times0.41}\times(1+0.02)=0.81(m^3)$

水泥消耗量 $=\dfrac{1\times1200}{3}\times0.81\times(1+0.01)=327(kg)$

石灰消耗量 $=\dfrac{1}{3}\times0.81\times(1+0.01)=0.27(m^3)$

当砂消耗量超过 1 m^3 时，因其空隙容积已大于灰浆数量，均按 1 m^3 计算。

三、机具台班消耗量的确定

机具台班定额消耗量包括机械台班定额消耗量和仪器仪表台班定额消耗量，二者的确定方法大体相同，本部分主要介绍机械台班定额消耗量的确定。

1.机械台班定额消耗量的概念

机械台班定额消耗量，简称机械台班定额，它是指在正常的施工条件下，合理均衡地组织劳动和使用机械时，施工机械在单位时间内的生产效率。按其表现形式不同，机械台班定额可以分为机械时间定额和机械产量定额两种。

机械时间定额是指在合理的劳动组织与合理使用机械条件下，生产某一单位合格产品所必须消耗的机械台班数量。计算单位用“台班”或“台时”表示。

工人使用一台机械，工作一个班次（8 h）称为一个台班。它既包括机械本身的工作，又包括使用该机械的工人的工作。

机械产量定额是指在合理的劳动组织与合理使用机械条件下，规定某种机械设备在单位时间（台班）内必须完成合格产品的数量。

机械时间定额与机械产量定额互为倒数关系。

机械施工以考核台班产量定额为主，时间定额为辅。

机械产量定额标志着机械生产率的水平，同时反映出施工机械管理水平和机械化施工水平，是编制机械需用量计划，考核机械效率和签发施工任务书，评定超产奖励等的依据。

【例 2-6】一台 20 t 平板拖车运输钢结构，由 1 名司机和 5 名起重工组成小组共同完成，已知调车 10 km 以内、运距 5 km，载重系数为 0.55，台班车次为 4.4 次/台班。

试计算:(1)平板拖车台班运输量和运输 10 t 钢结构的时间定额。

(2)拖运 1 t 钢结构(吊车司机和起重工)的人工时间定额。

解:

(1)台班运输量=台班车次×额定载重量×载重系数=4.4×20×0.55=48.4(t/台班)

时间定额=1/48.4=0.021(台班/t)

运输 10 t 钢结构的时间定额=1×10/48.4=0.21(台班/10 t)

(2)吊车司机的人工时间定额=1×0.021=0.021(工日/t)

起重工的人工时间定额=5×0.021=0.105(工日/t)

拖运 1 t 钢结构的人工时间定额=0.021+0.105=0.126(工日/t)

或拖运 1 t 钢结构的人工时间定额

=小组台班工日数/每台班产量

=6/48.4=0.124(工日/t)

2.机械台班消耗量的组成

机械台班消耗量由机械净用量和机械幅度差数量组成。即:

机械台班消耗量=机械净用量+机械幅度差数量

机械台班消耗量=机械净用量×(1+机械幅度差系数)　　(2-18)

机械净用量即按机械台班定额确定的、为完成定额计量单位建筑安装产品所需要的台班数量。

机械台班幅度差是指在施工定额中所规定的范围内没有包括,而在实际施工中又不可避免产生的影响机械或使机械停歇的时间。其内容包括:

1)施工机械转移工作面及配套机械相互影响损失的时间。

2)在正常施工条件下,机械在施工中不可避免的工序间歇。

3)工程开工或收尾时工作量不饱满所损失的时间。

4)检查工程质量影响机械操作的时间。

5)临时停机、停电影响机械操作的时间。

6)机械维修引起的停歇时间。

3.机械台班消耗量的计算方法

(1)按劳动定额、机械台班产量定额加机械幅度差的计算方法。采用这种方法,主要是大型施工机械,如大型土石方机械,打桩、构件吊装机械等。这时施工机械台班消耗量应包括完成定额规定的施工任务所需要的基本台班数量和必要的机械幅度差数量,其中基本台班数量,须根据劳动定额中相应的施工机械台班产量来确定。

(2)小组配用机械台班消耗量的计算方法。它是以小组产量配用机械的台班产量,不另增机械幅度差。其中小组产量为劳动定额每工产量和小组人数的乘积。

配合机械的台班净用量=项目内需加工材料数量÷台班产量　　(2-19)

其中,台班产量=小组产量=每工产量×小组人数,或根据劳动定额情况,综合取定台班产量。

(3)按人工工日的一定比例来确定机械台班消耗量。这种方法实际上是按相应工种的工人配置机械,以用工量来确定机械台班消耗量,如凿岩机、电焊机等。

(4)预算定额(消耗量定额)分部工程中,各分项工程共用的中小型机械,虽属小组配用,但为了计算简便,可对劳动定额相应子项的小组产量进行综合,取定一个统一的台班产量并利用这个台班产量来计算预算定额(消耗量定额)本分部中不同分项工程的机械台班量。

一般情况下,(3)(4)两种方法计算的台班量也不增加幅度差。

4.机械台班消耗量的确定

(1)确定正常施工条件。机械操作与人工操作相比,劳动生产率在更大程度上受施工条件的影响,所以需要更好地拟定正常施工条件,主要是拟定工作地点的合理组织和合理的工人编制。

工作地点的合理组织,就是对施工地点机械和材料的放置位置、工人从事操作的场所,做出科学合理的平面布置和空间安排。它要求施工机械和操作机械的工人在最小范围内移动,但以不阻碍机械运转和工人操作为宜;应使机械开关和操纵装置尽可能集中地装置在操纵工人的近旁,以节省工作时间和减轻劳动强度;应最大限度发挥机械的效能,减少工人的手工操作。

(2)确定机械纯工作 1 h 的正常生产率。机械纯工作 1 h 的正常生产率,就是在正常施工条件下,由具备一定知识和技能的工人操作施工机械工作 1 h 的劳动生产率。

机械纯工作时间,指机械必须消耗的净工作时间,包括正常负荷下工作时间、有根据降低负荷下工作时间、不可避免的无负荷工作时间、不可避免的中断时间。

根据机械工作特点的不同,机械纯工作 1 h 正常生产率的确定方法,也有所不同。

1)对于循环动作机械,确定机械纯工作 1 h 正常生产率的公式如下:

$$\text{机械一次循环的正常延续时间}=\sum(\text{各循环组成部分正常延续时间})-\text{交叠时间} \tag{2-20}$$

$$\text{机械纯工作 1 h 循环次数}=\frac{60\times60(\text{s})}{\text{一次循环的正常延续时间}} \tag{2-21}$$

$$\text{机械纯工作 1 h 的正常生产率}=\text{机械纯工作 1 h 循环次数}\times\text{一次循环生产的产品数量} \tag{2-22}$$

2)对于连续动作机械,确定机械纯工作 1 h 的正常生产率,要根据机械的类型和结构特征,以及工作过程的特点来进行。公式如下:

$$\text{连续动作机械纯工作 1 h 的正常生产率}=\frac{\text{工作时间内生产的产品数量}}{\text{工作时间(h)}} \tag{2-23}$$

(3)确定施工机械正常利用系数。又称机械时间利用系数,是指机械在工作班内工作时间的利用率。

$$\text{机械正常利用系数}=\frac{\text{工作班内机械纯工作时间}}{\text{机械工作班延续时间}} \tag{2-24}$$

(4)计算施工机械台班消耗量

1)施工机械台班产量定额:

$$\text{施工机械台班产量定额}=\text{机械纯工作 1 h 的正常生产率}\times\text{工作班延续时间}\times\text{机械正常利用系数} \tag{2-25}$$

2)施工机械台班消耗定额,又称施工机械时间定额,包括机械纯工作时间、机械台班准备与结束时间、机械维护时间等，但不包括迟到、早退、返工等非定额时间。

$$施工机械台班消耗量=\frac{1}{机械台班产量定额} \tag{2-26}$$

施工机械台班产量定额=机械纯工作1 h的正常生产率×工作班纯工作时间

或

施工机械台班产量定额=机械纯工作1 h的正常生产率×工作班延续时间×机械正常利用系数 (2-27)

【例2-7】某工程现场采用出料容量500 L的混凝土搅拌机，每一次循环中，装料、搅拌、卸料、中断需要的时间分别为1 min、3 min、1 min、1 min，机械正常利用系数为0.9，求该机械的台班产量定额。

解：

该搅拌机一次循环的正常延续时间=1+3+1+1=6(min)=0.1(h)

该搅拌机纯工作1 h循环次数=10(次)

该搅拌机纯工作1 h正常生产率=10×500=5000(L)=5(m^3)

该搅拌机台班产量定额=5×8×0.9=36(m^3/台班)

【例2-8】某砌筑1 m^3砖墙工程，砂浆用400 L搅拌机现场搅拌，其资料如下：运料200 s，装料40 s，搅拌80 s，卸料30 s，正常中断10 s，机械利用系数为0.8，试确定机械台班消耗量(即机械时间定额)。

解：

(1)该搅拌机一次循环的正常延续时间=∑循环内各组成部分延续时间

=200+40+80+30+10=360(s)

(2)机械纯工作1 h循环次数=60×60/360=10(次/h)

(3)机械纯工作1 h的正常生产率=机械纯工作1 h正常循环次数×一次循环的产品数量=10×0.4=4(m^3)

[该搅拌机纯工作1 h循环10次，则1小时正常生产率=10×400=4000(L)=4(m^3)]

(4)该搅拌机台班产量定额=机械纯工作1 h的正常生产率×工作班延续时间×机械正常利用系数=4×8×0.8=25.6(m^3/台班)

(5)机械时间定额=1/25.6=0.04(台班/m^3)

项目三　建筑工程定额手册的组成及定额的应用

定额的认识及应用

一、建筑工程定额手册的组成

1.建筑工程定额(预算定额)的表现形式

当前，我国的计价定额表现形式分两类：一类是有量无价的定额项目表，另一类是

"量价合一"的定额单位估价表。但不论哪种形式,在作为建筑安装工程造价的计算基础时,总是必然地和生产要素的市场现实价格融为一体。

建筑安装工程的价值量,也就是凝结在建筑安装工程中的不同时期、不同行业的劳动者付出的体力和脑力,总是通过一定的货币量表现出来。我们通常所说的"量""价"分离,不过是为使"量""价"更好地结合在一起而暂时的"分离",是为适应市场生产要素价格不断变化所采取的一种思想方法、措施,而不是建筑工程消耗量定额(预算定额)一定要采取的、唯一的形式。

建筑工程定额(预算定额)究竟采取哪一种表现形式,取决于下列三个因素:

(1)与定额配套执行的费用定额的具体规定和各项费用的计算方法;

(2)是否有利于对同一功能的不同分项工程进行经济比较;

(3)是否有利于工程造价的计价和管理。

2.建筑工程定额(预算定额)手册的组成框架

不论哪种形式的定额,不论何时期、何专业、何地区的建筑工程消耗量定额(预算定额),尽管项目内容、表现形式等不尽相同,但手册的基本框架还是一致的,主要包括文字说明、分项工程消耗量指标和附录三大部分。

(1)总说明。概述了定额的用途、编制依据、适用范围以及有关问题的说明和使用方法等。

(2)建筑面积计算规则。见单元建筑面积计算内容。

(3)分章(分部工程)说明。介绍了分部所包括的主要项目,编制中有关问题的说明,使用中的一些规定,特殊情况的处理,分部工程量计算规则等。

(4)分项工程表头说明。此说明一般放在每节的表头,即工作内容,是定额的重要组成部分,如表头说明不准确明了,就会造成定额项目的错套、重套和漏套。

(5)定额项目表。当为有量无价的定额时,定额项目表就是各个分项工程定额的人工、材料和机械台班的消耗量指标;当为量价合一的定额时,定额项目表所反映的就是定额分项工程的工、料、机价格。

定额项目表是定额的核心内容,表头标有分项工程名称、规格和幅度范围、定额计量单位,有统一编排的项目编号,表后有的列有附注,说明调整的范围和方法,有些附注还带有补充定额的性质。

(6)分章附录和定额附录。设在各章后面的附录为分章附录,设在定额后面的附录为定额附录。分章附录有单位混凝土体积含模量,有木门窗、钢门窗五金零件参考表等;定额附录有混凝土、砂浆及各种胶泥配合比、机械台班费、材料取定价格表等。

二、建筑工程定额的应用

为了正确运用建筑工程消耗量定额(预算定额)和单位估价表进行工程计价,办理工程结算,考核工程成本,搞好工程管理及进行技术经济分析,必须熟练地掌握建筑工程消耗量定额(预算定额)和单位估价表的内容和使用方法。

1.学习和理解建筑工程消耗量定额(预算定额)

(1)要学习和理解定额的总说明,分部工程说明,以及附录、附表的规定和说明。对定额的编制原则、依据、适用范围、调整换算方法及定额内已经考虑的因素，要熟练掌握。

(2)对常用的分项工程定额内容、计量单位等要在日常工作中逐步加深印象，以达到运用自如的目的。

(3)要正确理解和熟记分项工程量和建筑面积的计算规则和方法。

(4)要熟练掌握定额单位估价表的各种换算方法。

预算定额是确定工程造价的依据，能否正确使用直接影响工程造价。为了能正确运用预算定额编制施工图预算，首先要对预算定额的分部和项目的划分、总说明、建筑面积计算规则、分部说明和工程量计算规则等有正确的理解，并对定额项目表中包括的工程内容、计量单位有一个全面的认识。

同时，使用定额时还应注意掌握其编制依据、内容，特别是规定的定额子目包括的内容和未包括的内容，以及在不同情况下定额的各种调整要求。

河南省定额子目样式见表2-3(以下算例以河南省定额为组价依据)。

表2-3 河南省定额子目样式

单位:10 m^3

定额编号			1-11	1-12	1-13
项目			人工挖沟槽土方(槽深)		
			三类土		
			≤2 m	≤4 m	≤6 m
基价/元			678.81	788.92	917.54
其中	人工费/元		438.29	509.19	592.37
	材料费/元		—	—	—
	机械使用费/元		—	—	—
	其他措施费/元		26.16	30.42	35.36
	安全文明施工费/元		56.85	66.12	76.85
	管理费/元		47.60	55.36	64.36
	利润/元		39.42	45.85	53.30
	规费/元		70.49	81.98	95.30
名称	单位	单价/元	数量		
综合工日	工日	—	(5.03)	(5.85)	(6.80)

2.定额的应用

在编制施工图预算应用定额时，通常用三种方法：定额的直接使用、定额的换算使用和缺项定额的补充使用。

(1)套定额计算综合基价费。根据施工图纸，当分项工程设计要求、结构特征、施工方法等与定额项目的内容完全相符时，可以直接套用定额计算该分项工程的综合基价费及人工、材料、机具需用量。

套用时应注意以下几点：

①根据施工图、设计说明和做法说明，选择定额项目。

②要从工程内容、技术特征和施工方法上仔细核对，才能较准确地确定相对应的定额项目。

③分项工程的名称和计量单位要与预算定额相一致。

【例 2-9】某工程采用 M10 干混砌筑砂浆砌 1 砖混水砖墙 50 m^3，试计算完成该分项工程的基价合计及主要材料消耗量。

解：

①由于设计要求和定额内容完全相同，可直接套用 4-10 子目：

$$定额基价=4264.87\ 元/10\ m^3$$

②计算完成该分项工程的基价合计：

$$基价合计=基价\times工程量=4264.87\times50/10=21324.35(元)$$

③计算主要材料消耗量

$$定额人工=11.48\times\frac{50}{10}=57.4(工日)$$

$$砖=5.337\times\frac{50}{10}=26.685(千块)$$

$$M10\ 干混砌筑砂浆=2.313\times\frac{50}{10}=11.565(m^3)$$

(2)定额基价换算。当分项工程设计要求与定额的工作内容、材料规格、施工方法等条件不完全相符时，则不能直接套用定额，必须根据总说明、分部工程说明、附注等有关规定，在定额范围内加以换算。经过换算的子目定额编号在右端应写个“换”字，以示区别，如(4-10)基价换。

定额的换算

换算的主要内容有系数换算、标号换算、断面换算、重量换算等。

定额换算的基本思想：根据选定的预算定额基价，按规定换入增加的费用，减去扣除的费用。这一思路用下列表达式表述：

$$换算后的定额基价=原定额基价+换入的费用-换出的费用 \quad (2-28)$$

1)系数换算。这是一种简单的换算方法。根据定额的分部说明或附注规定，对定额基价或部分内容乘以规定的系数换算，从而得到新的基价。

换算公式为：

$$\begin{aligned}&换算后基价=定额基价\times调整系数\\&换算后基价=定额基价+需调整项目\times(调整系数-1)\end{aligned} \quad (2-29)$$

【例 2-10】试确定人工挖地槽的定额基价。(条件：三类土、干土、深度 7 m)

解：应查 1-13 子目。

由第一分部“土石方工程”说明第七条第二项规定可知，应按人工项目乘以系数

1.25，所以：

$$换算后基价=定额基价+人工费\times(调整系数-1)$$
$$=917.54+592.37\times(1.25-1)$$
$$=1065.63(元/10\ m^3)$$

【例 2-11】试确定人工挖地槽的定额基价。(条件：三类土、湿土、深度 6 m)

解：应查 1-13 子目。

由第一分部“土石方工程”说明第七条第一项可知，应按人工项目乘以系数 1.18，所以：

$$换算后基价=定额基价+人工费\times(调整系数-1)$$
$$=917.54+592.37\times(1.18-1)$$
$$=1024.17(元/10\ m^3)$$

【例 2-12】某地槽全深 2.6 m，其中干土深 1.6 m，湿土深 1.0 m。一般土，采用放坡开挖施工，集水坑降水。试套用定额单价计算人工挖地槽干、湿土的综合单价。如经计算，其干土工程量为 400 m^3，湿土工程量为 200 m^3，试计算人工挖地槽的项目费用。

解：干土(1-10)基价=447.92 元/10 m^3

湿土　　(1-10)基价换=定额单价+人工费×(1.18-1)

$$=447.92+289.17\times(1.18-1)$$
$$=499.97(元/10\ m^3)$$

挖干土费用　　447.92×400/10=17 916.8(元)

挖湿土费用　　499.97×400/10=19 998.8(元)

合计：37915.6 元

2)标号换算。当工程图纸中设计的砂浆、混凝土强度及配合比与定额项目的规定不相符时，可根据定额说明的规定进行相应的换算。在进行换算时，应遵循两种材料的单价不同，而定额含量不变的原则。其换算公式为：

$$换算后基价=原基价+(换入单价-换出单价)\times该材料的定额含量 \qquad (2-30)$$

【例 2-13】试确定 M5.0 混合砂浆砌 1 砖混水砖墙的定额基价。

解：查 4-10 子目，定额按 M10 干混砌筑砂浆编制，设计为 M5.0 混合砂浆，与定额不符，需要进行标号换算。

查定额综合解释(砂浆、混凝土及其他配合比材料)可得，M5.0 混合砂浆的材料单价为 137.01 元/m^3。

$$换算后基价=4264.87+(180.00-137.01)\times2.313$$
$$=4364.31(元/10\ m^3)$$

在利用定额综合解释确定混凝土单价时,应按下列步骤查:

①确定应执行哪个类型的混凝土单价,是现浇混凝土还是预制混凝土,是水下混凝土还是泵送混凝土,不同类型的混凝土单价不同。

②根据设计要求或施工实际确定石子种类是砾石还是碎石,一般无明确要求时,可执行碎石定额单价。

③确定混凝土所用石子的最大粒径,石子粒径可根据设计和施工规范确定。当无明确要求时,可按与定额中石子粒径相同确定。

④根据混凝土强度等级确定具体单价。当混凝土强度等级有两个单价时,还需根据实际施工采用的水泥标号进一步确定。一般情况下,应首先选用低标号水泥配制的混凝土单价。

(3)人工、材料及机械分析。工料分析是按照分部分项工程项目计算各工种用工数量和各种材料的消耗量。它是根据定额中的人工消耗量和材料消耗量分别乘以各个分部分项工程的实际工程量,求出各个分部分项工程的各工种用工数量和各种材料的数量,从而反映出单位工程中全部分项工程的人工和各种材料的预算用量。

工料分析是施工企业编制劳动力计划和材料需用量计划的依据。工料分析是进行"预算、决算"对比和成本分析、降低成本的依据。工料分析是向工人班组签发工程任务书、限额领料单,考核工人节约材料情况以及对工人班组进行核算的依据。工料分析是施工单位和建设单位材料结算和调整材料价差的主要依据。

进行工料分析,合理地调配劳动力,正确管理和使用材料,是加强施工企业经营管理、加强经济核算和降低工程成本的重要措施。

工料分析一般与套用定额同时进行,以减少翻阅定额的次数。即在套定额单价时,同时查出各项目单位定额用工用料量,用工程量分别与其定额用量相乘,即可得到每一分项的用工量和各材料的消耗数量,并填入相应的栏内,最后逐项分别加以汇总。

为了统计和汇总单位工程所需的主要材料用量和用工量,要填写单位工程主要工料汇总表。材料汇总一般按钢材、木材、水泥、砖、瓦、灰、砂、石、沥青、油毡等材料,按不同的规格及消耗量一一列出。其数据主要来源于工料分析表、钢筋混凝土构件中钢筋的计算和铁件统计表及金属构件制作工程量计算表。

在工料分析表中计算的钢筋用量,是钢筋的定额用量。定额中统计的钢筋总用量与施工图纸计算的实际钢筋总用量相差超过±3%时,在编制施工图预算时必须进行钢筋(铁件)质量调整或在工程竣工结算时进行调整。

在进行材料分析时,应注意经过标号换算的分项工程,应用换算后的混凝土或砂浆标号的配合比进行计算。

【综合训练1】已知某挖土机挖土,一次正常循环的工作时间是40 s,每次循环平均挖土量为0.3 m^3,机械正常利用系数为0.8,机械幅度差为25%。求该机械挖土方1000 m^3的预算定额机械耗用台班量。

解:

$$机械纯工作1\ h循环次数=3600/40=90(次/台班)$$

$$\text{机械纯工作 1 h 正常生产率}=90\times0.3=27(\text{m}^3/\text{台班})$$

$$\text{施工机械台班产量定额}=27\times8\times0.8=172.8(\text{m}^3/\text{台班})$$

$$\text{施工机械台班时间定额}=1/172.8=0.00579(\text{台班}/\text{m}^3)$$

$$\text{预算定额机械耗用台班}=0.00579\times(1+25\%)=0.00723(\text{台班}/\text{m}^3)$$

$$\text{挖土方 1000 m}^3\text{ 的预算定额机械耗用台班量}=1000\times0.00723=7.23(\text{台班})$$

【综合训练 2】某项毛石护坡砌筑工程,定额测定资料如下:

(1)完成每立方米毛石砌体的基本工作时间为 7.9 h;

(2)辅助工作时间、准备与结束时间、不可避免的中断时间和休息时间等,分别占毛石砌体工作延续时间的 3%、2%、2%和 16%;

(3)每 10 m^3 毛石砌体需要 M5 水泥砂浆 3.93 m^3,毛石 11.22 m^3,水 0.79 m^3;

(4)每 10 m^3 毛石砌体需要 200 L 砂浆搅拌机 0.66 台班;

(5)该地区有关资源的现行价格如下:人工单价为 50 元/工日,M5 水泥砂浆单价为 120元/m^3,毛石单价为 58 元/m^3,水单价为 4 元/m^3,200 L 砂浆搅拌机台班单价为 88.5 元/台班。

问题:

1.确定砌筑每立方米毛石护坡的人工时间定额和产量定额。

2.若预算定额的其他用工占基本用工的 12%,试编制该分项工程的预算工料单价。

3.若毛石护坡砌筑砂浆设计变更为 M10 水泥砂浆。该砂浆现行单价为 130 元/m^3,定额消耗量不变,应如何换算毛石护坡的工料单价?换算后的新单价是多少?

解:(1)问题 1

①人工时间定额的确定:假定砌筑每立方米毛石护坡的工作延续时间为 X,则

$$X=7.9+(3\%+2\%+2\%+16\%)\times X$$

$$X=7.9+23\%X$$

$$X=\frac{7.9}{1-23\%}=10.26(\text{工时}/\text{m}^3)$$

每工日按 8 工时计算,则

$$\text{砌筑毛石护坡的人工时间定额}=\frac{10.26}{8}=1.283(\text{工日}/\text{m}^3)$$

②人工产量定额的确定:

$$\text{砌筑毛石护坡的人工产量定额}=\frac{1}{1.283}=0.779(\text{m}^3/\text{工日})$$

(2)问题 2

①根据时间定额确定预算定额的人工消耗指标,计算人工费。

$$\text{预算定额的人工消耗指标}=\text{基本用工}+\text{其他用工}$$

式中,基本用工=人工时间定额。所以:

$$\begin{aligned}\text{预算定额的人工消耗指标}&=\text{基本用工}\times(1+\text{其他用工占比})\times\text{定额计量单位}\\&=1.283\times(1+12\%)\times10=14.37(\text{工日}/10\text{ m}^3)\end{aligned}$$

预算人工费=预算定额的人工消耗指标×人工工日单价

=14.37×50=718.50(元/10 m^3)

②根据背景资料,计算材料费和机械费。

预算材料费=3.93×120+11.22×58+0.79×4

=471.60+650.76+3.16

=1125.52(元/10 m^3)

预算机械费=0.66×88.5=58.41(元/10 m^3)

③该分项工程预算工料单价=预算人工费+预算材料费+预算机械费

=718.5+1125.52+58.41

=1902.43(元/10 m^3)

(3)问题3

毛石护坡砌体改用M10水泥砂浆后,换算工料单价的计算:

M10水泥砂浆毛石护坡单价=M5水泥砂浆毛石护坡单价+砂浆用量×(M10单价-M5单价)

=1902.43+3.93×(130-120)=1941.73(元/10 m^3)

【综合训练3】试确定下列各条件下的人工挖地坑综合单价。

①开挖深度2.50 m,一般土,干土,放坡开挖;

②开挖深度2.50 m,一般土,湿土,放坡开挖;

③开挖深度6.50 m,一般土,干土,放坡开挖;

④开挖深度6.50 m,一般土,湿土,放坡开挖。

解:

①(1-18)基价=472.38 元/10 m^3

②(1-18)基价换=(1-18)基价+人工费×(1.18-1)

=472.38+305.02×0.18

=527.28(元/10 m^3)

③(1-18)基价换=(1-18)基价+人工费×(1.25-1)

=472.38+305.02×0.25

=548.64(元/10 m^3)

④(1-18)基价换=(1-18)基价-人工费+人工费×1.18×1.25

=472.38-305.02+305.02×1.18×1.25

=617.26(元/10 m^3)

【综合训练4】根据某工程分部分项工程量清单内容,以《河南省房屋建筑与装饰工程预算定额(2016)》作为组价依据,完成答题卷表2-4中清单项目组价所对应的定额编号、定额子目名称和定额单位的填写。

表 2-4　清单项目组价所对应的定额编号、定额子目名称和定额单位

<table>
<tr><th>序号</th><th>项目编码</th><th>项目名称</th><th>项目特征描述</th><th>计量单位</th><th>定额编号</th><th>定额子目名称</th><th>定额单位</th></tr>
<tr><td colspan="8">1.土石方工程</td></tr>
<tr><td rowspan="3"></td><td rowspan="3"></td><td rowspan="3"></td><td rowspan="3">人工开挖基槽土方,Ⅱ类土,开挖深度为 1.8 m;人工装土自卸汽车运土 1 km 内</td><td rowspan="3"></td><td></td><td></td><td></td></tr>
<tr><td></td><td></td><td></td></tr>
<tr><td></td><td></td><td></td></tr>
<tr><td></td><td></td><td></td><td>碎土、平土、找平、打夯两遍</td><td></td><td></td><td></td><td></td></tr>
<tr><td colspan="8">4.砌筑工程</td></tr>
<tr><td rowspan="2"></td><td rowspan="2"></td><td rowspan="2"></td><td rowspan="2">DM M10 烧结煤矸石普通砖条形砖基础,规格:240 mm×115 mm×53 mm;(墙基-0.06)m 处设防潮层一道</td><td rowspan="2"></td><td></td><td></td><td></td></tr>
<tr><td></td><td></td><td></td></tr>
<tr><td></td><td></td><td></td><td>DM M10 烧结煤矸石普通砖 1 砖墙,规格:240 mm×115 mm×53 mm</td><td></td><td></td><td></td><td></td></tr>
<tr><td colspan="8">5.混凝土及钢筋混凝土工程</td></tr>
<tr><td></td><td></td><td></td><td>C10 混凝土基础垫层 C20 碎石粒径 ≤ 40 mm(32.5 水泥)</td><td></td><td></td><td></td><td></td></tr>
<tr><td></td><td></td><td></td><td>C20 混凝土圈梁代过梁 C20 碎石粒径 ≤ 40 mm(32.5 水泥)</td><td></td><td></td><td></td><td></td></tr>
<tr><td></td><td></td><td></td><td>C20 现浇混凝土阳台 C20 碎石粒径 ≤ 40 mm(32.5 水泥)</td><td></td><td></td><td></td><td></td></tr>
<tr><td></td><td></td><td></td><td>Ⅰ级钢筋 $\phi10$ 以内,加工制作、搬运、安装</td><td></td><td></td><td></td><td></td></tr>
<tr><td></td><td></td><td></td><td>$\phi25$ 以内钢筋锥螺纹接头</td><td></td><td></td><td></td><td></td></tr>
<tr><td></td><td></td><td></td><td>混凝土现场搅拌、场内运输</td><td></td><td></td><td></td><td></td></tr>
<tr><td rowspan="2"></td><td rowspan="2"></td><td rowspan="2"></td><td rowspan="2">C10 混凝土 60 mm 厚另加水泥砂浆随打随抹;原土夯实</td><td rowspan="2"></td><td></td><td></td><td></td></tr>
<tr><td></td><td></td><td></td></tr>
<tr><td colspan="8">9.层面及防水工程</td></tr>
<tr><td rowspan="2"></td><td rowspan="2"></td><td rowspan="2"></td><td rowspan="2">混凝土顶板上 20 mm 厚 1:3水泥砂浆找平;1.2 mm 厚氯化聚乙烯橡胶共混防水卷材满铺</td><td rowspan="2"></td><td></td><td></td><td></td></tr>
<tr><td></td><td></td><td></td></tr>
</table>

续表 2-4

序号	项目编码	项目名称	项目特征描述	计量单位	定额编号	定额子目名称	定额单位
11.楼地面装饰工程							
			地板砖地面,规格:400 mm×400 mm;C10 混凝土垫层,C10 碎石粒径≤40 mm				
12.墙、柱面装饰与隔断、幕墙工程							
			混凝土墙面混合砂浆一般抹灰,14 mm 厚 1:1:6 混合砂浆,6 mm 厚 1:0.5:3 混合砂浆				
13.天棚工程							
			天棚抹灰(混凝土面),7 mm 厚 1:3 水泥砂浆,5 mm 厚 1:2 水泥砂浆				

解:见表 2-5。

表 2-5 清单项目组价所对应的定额编号、定额子目名称和定额单位

序号	项目编码	项目名称	项目特征描述	计量单位	定额编号	定额子目名称	定额单位
1.土石方工程							
1	010101003001	挖基础土方	人工开挖基槽土方,Ⅱ类土,开挖深度为 1.8 m;人工装土自卸汽车运土 1 km 内	m^3	1-9	人工挖沟槽土方(≤2 m)	10 m^3
					1-27	人工装车	10 m^3
					1-65	自卸汽车运土方(运距≤1 km)	10 m^3
2	010103007001	原土打夯	碎土、平土、找平、打夯两遍	m^2	1-129	原土打夯两遍(机械)	100 m^2
4.砌筑工程							
3	010401001001	砖基础	DM M10 烧结煤矸石普通砖条形砖基础,规格:240 mm×115 mm×53 mm;(墙基-0.06)m 处设防潮层一道	m^3	4-1	砖基础	10 m^3
					P01015	墙基水泥砂浆防潮层	m^3

续表 2-5

序号	项目编码	项目名称	项目特征描述	计量单位	定额编号	定额子目名称	定额单位
4	010401003001	实心砖墙	DM M10 烧结煤矸石普通砖1砖墙，规格：240 mm×115 mm×53 mm	m^3	4-10	混水砖墙	10 m^3
5.混凝土及钢筋混凝土工程							
5	010501001001	基础垫层	C10 混凝土基础垫层 C20 碎石粒径≤40 mm(32.5 水泥)	m^3	5-1	垫层	10 m^3
6	010503005001	过梁	C20 混凝土圈梁代过梁 C20 碎石粒径≤40 mm(32.5 水泥)	m^3	5-20	过梁	10 m^3
7	010505008001	阳台板	C20 现浇混凝土阳台 C20 碎石粒径≤40 mm(32.5 水泥)	m^3	5-44	阳台板	10 m^3
8	010515001001	现浇混凝土构件钢筋	Ⅰ级钢筋 ϕ10 以内，加工制作、搬运、安装	t	5-89	现浇构件钢筋Ⅰ级钢筋 ϕ10 以内	t
9	010516003001	钢筋接头	ϕ25 以内钢筋锥螺纹接头	个	5-159	锥螺纹接头 ϕ25 以内	10 个
10	010504001001	现场搅拌混凝土加工费	混凝土现场搅拌、场内运输	m^3	5-82	现场搅拌混凝土调整费	10 m^3
11	010507001001	散水	C10 混凝土 60 mm 厚另加水泥砂浆随打随抹；原土夯实	m^2	5-49	散水	10 m^2
					A9-44	原土夯实两遍机械	100 m^2

续表 2-5

序号	项目编码	项目名称	项目特征描述	计量单位	定额编号	定额子目名称	定额单位
9.层面及防水工程							
12	010902001001	层面卷材防水	混凝土顶板上 20 mm 厚 1:3 水泥砂浆找平；1.2 mm 厚氯化聚乙烯橡胶共混防水卷材满铺	m^2	A 11-1	楼地面、屋面找平层水泥砂浆在混凝土或硬基层上	100 m^2
					9-47	屋面氯化聚乙烯橡胶共混卷材（厚 1.2 mm）平面	100 m^2
11.楼地面装饰工程							
13	011102003001	块料楼地面	地板砖地面，规格：400 mm×400 mm；C10 混凝土垫层，C10 碎石粒径≤40 mm	m^2	11-31	陶瓷地面砖 0.36 m^2以内	100 m^2
					5-1	地面垫层混凝土	10 m^3
12.墙、柱面装饰与隔断、幕墙工程							
14	011201001001	墙面一般抹灰	混凝土墙面混合砂浆一般抹灰，14 mm 厚 1:1:6混合砂浆，6 mm 厚 1:0.5:3混合砂浆	m^2	12-1	混合砂浆厚 14 mm+6 mm	100 m^2
13.天棚工程							
15	011301001001	天棚抹灰	天棚抹灰（混凝土面），7 mm 厚 1:3水泥砂浆，5 mm 厚 1:2水泥砂浆	m^2	13-1	天棚混凝土面水泥砂浆厚 7 mm+5 mm	100 m^2

单元三 建筑安装工程费用

知识目标 1.熟悉工程建设项目总投资的概念及构成；
2.掌握设备原价的构成及计算；
3.掌握建设期利息的计算方法；
4.掌握建筑安装工程费用的构成；
5.掌握建筑安装工程费用的含义；
6.掌握建筑安装工程费用的计算方法。

能力目标 1.能够理解工程建设项目总投资的概念及构成；
2.能计算设备原价及建设期利息；
3.能够清楚地列出建筑安装工程费用的构成；
4.能计算建筑安装工程费用。

项目一 工程建设项目总投资构成

一、工程建设项目总投资构成及计算

1.工程建设项目总投资构成

工程建设项目总投资由固定资产投资和流动资金投资两大部分组成。非生产性建设项目总投资不含流动资金投资。建设项目总投资构成如表 3-1 所示。

设备及工、器具购置费用是由设备购置费和工具、器具及生产家具购置费组成的，它是固定资产投资中的积极部分。在生产性工程建设中，设备及工、器具购置费占工程造价比重的增大，意味着生产技术的进步和资本有机构成的提高。

表 3-1 建设项目总投资构成

<table>
<tr><td rowspan="10">建设项目总投资</td><td rowspan="9">固定资产投资
——工程造价</td><td rowspan="7">建设投资</td><td rowspan="2">工程费用</td><td>设备及工、器具购置费</td></tr>
<tr><td>建筑安装工程费用</td></tr>
<tr><td rowspan="3">工程建设其他费用</td><td>建设用地费</td></tr>
<tr><td>与项目建设有关的其他费用</td></tr>
<tr><td>与未来生产经营有关的其他费用</td></tr>
<tr><td rowspan="2">预备费</td><td>基本预备费:工程建设不可预见费</td></tr>
<tr><td>价差预备费:价格变动不可预见费</td></tr>
<tr><td colspan="3">建设期利息:均衡贷款,建设期只计息不还</td></tr>
<tr><td colspan="3">固定资产投资方向调节税(目前已停收)</td></tr>
<tr><td>流动资产投资——流动资金</td><td colspan="3"></td></tr>
</table>

2.设备购置费的构成及计算

设备购置费由设备原价和设备运杂费构成,见图 3-1。

- 设备购置费
  - 设备原价
    - 国产设备原价(含有备件的原价)
      - 标准设备
      - 非标准设备原价(成本估算法)
    - 进口设备原价(到岸价)
      - 进口设备到岸价(CIF)
      - 进口从属费
  - 设备运杂费(设备原价×运杂费率)
    - 运费和装卸费
    - 包装费
    - 设备供销部门手续费
    - 采购与仓库保管费

图 3-1 设备购置费的构成

$$设备购置费=设备原价+设备运杂费 \tag{3-1}$$

式中,设备原价指国内采购设备的出厂(场)价格,或国外采购设备的到岸价格,设备原价通常包含备品备件费;设备运杂费指除设备原价之外的关于设备采购、运输、途中包装及仓库保管等方面支出费用的总和。

(1)国产设备原价的构成及计算

1)国产标准设备原价

国产标准设备是指按照主管部门颁布的标准图纸和技术要求,由我国设备生产厂批量生产的,符合国家质量检测标准的设备。国产标准设备原价有两种,即带有备件的原价和不带有备件的原价。在计算时,一般采用带有备件的原价。

2）国内非标准设备原价

国产非标准设备是指国家尚无定型标准，各设备生产厂不可能在工艺过程中批量生产，只能按一次订货，并根据具体的设计图纸制造的设备。非标准设备原价有多种不同的计算方法，如成本计算估价法、系列设备插入估价法、分部组合估价法、定额估价法等。但无论采用哪种方法，都应该使非标准设备计价接近实际出厂价，并且计算方法要简便。按成本计算估价法，非标准设备的原价由以下各项组成，见图3-2。

(1)材料费
(2)加工费
(3)辅助材料费
(4)专用工具费：[(1)+(2)+(3)]×百分比
(5)废品损失费：[(1)+(2)+(3)+(4)]×百分比
(6)外购配套件费：相应价格+运杂费
(7)包装费：[(1)+(2)+(3)+(4)+(5)+(6)]×百分比
(8)利润：[(1)+(2)+(3)+(4)+(5)+(7)]×百分比
(9)税金：[(1)+(2)+(3)+(4)+(5)+(6)+(7)+(8)]×增值税税率
(10)非标准设备设计费

图3-2 非标准设备原价的构成计算

单台非标准设备原价可用式(3-2)表达：

单台非标准设备原价={[(材料费+加工费+辅助材料费)×(1+专用工具费费率)×(1+废品损失费费率)+外购配套件费]×(1+包装费费率)-外购配套件费}×(1+利润率)+销项税金+非标准设备设计费+外购配套件费　　(3-2)

【例3-1】某工厂采购一台国产非标准设备，制造厂生产该台设备需用材料费20万元，加工费2万元，辅助材料费4000元，其专用工具费费率为1.5%，废品损失费费率为10%，外购配套件费为5万元，包装费费率为1%，利润率为7%，增值税税率为17%，非标准设备设计费为2万元，求该国产非标准设备的原价。

解：

专用工具费=(20+2+0.4)×1.5%=0.336(万元)

废品损失费=(20+2+0.4+0.336)×10%=2.274(万元)

包装费=(20+2+0.4+0.336+2.274+5)×1%=0.300(万元)

利润=(20+2+0.4+0.336+2.274+0.300)×7%=1.772(万元)

销项税金=(20+2+0.4+0.336+2.274+5+0.300+1.772)×17%=5.454(万元)

该国产非标准设备的原价=22.4+0.336+2.274+0.300+1.772+5.454+2+5
=39.536(万元)

(2)进口设备原价的构成及计算

进口设备的原价是指进口设备的到岸价,即抵达买方边境港口或边境车站,且交完关税等税费后形成的价格。进口设备到岸价的构成与进口设备的交货类别有关。

1)进口设备的交货类别

进口设备的交货类别可分为内陆交货类、目的地交货类、装运港交货类。

①内陆交货类,即卖方在出口国内陆的某个地点交货。在交货地点,卖方及时提交合同规定的货物和有关凭证,并负担交货前的一切费用和风险;买方按时接受货物,交付货款,负担接货后的一切费用和风险,并自行办理出口手续和装运出口。货物的所有权也在交货后由卖方转移给买方。

②目的地交货类。即卖方在进口国的港口或内地交货,有目的港船上交货价、目的港船边交货价(FOS)和目的港码头交货价(关税已付)及完税后交货价(进口国的指定地点)等几种交货价。它们的特点如下:买卖双方承担的责任、费用和风险是以目的地约定交货点为分界线,只有当卖方在交货点将货物置于买方控制下才算交货,才能向买方收取贷款。这种交货类别对卖方来说承担的风险较大,在国际贸易中卖方一般不愿采用。

③装运港交货类。即卖方在出口国装运港交货,主要有装运港船上交货价(FOB,习惯称离岸价格、离岸价),运费在内价(C&F),运费、保险费在内价(CIF,习惯称到岸价格、到岸价)。它们的特点如下:卖方按照约定的时间在装运港交货,只要卖方把合同规定的货物装船后提供货运单据便完成交货任务,可凭单据收回货款。

2)进口设备到岸价的构成及计算

进口设备采用最多的是装运港船上交货价(FOB),其到岸价的构成可概括为:

进口设备到岸价=货价+国际运费+运输保险费+银行财务费+外贸手续费+关税+增值税-消费税+海关监管手续费+车辆购置税,见表3-2。

(3)设备运杂费的构成及计算

①运费和装卸费。国产设备由设备制造厂交货地点起至工地仓库(或施工组织设计指定的需要安装设备的堆放地点)止所发生的运费和装卸费;进口设备则由我国到岸港口或边境车站起至工地仓库(或施工组织设计指定的需安装设备的堆放地点)止所发生的运费和装卸费。

②包装费。在设备原价中没有包含的,为运输而进行的包装支出的各种费用。

③设备供销部门的手续费。按有关部门规定的统一费率计算。

④采购与仓库保管费。指采购、验收、保管和收发设备所发生的各种费用,包括设备采购人员、保管人员和管理人员的工资、工资附加费、办公费、差旅交通费,设备供应部门办公和仓库所占固定资产使用费、工具用具使用费、劳动保护费、检验试验费等。这些费用可按主管部门规定的采购与保管费费率计算。

设备运杂费按设备原价乘以设备运杂费率计算,其公式为:设备运杂费=设备原价×设备运杂费费率,见表3-2。其中,设备运杂费费率按各部门及省(区、市)等的规定计取。

表 3-2 进口设备购置费构成及计算表

进口设备到岸价的构成和计算	①货价	货价=FOB×汇率
	②国际运费	国际运费(海、陆、空)=原币货价(FOB)×运费费率 国际运费(海、陆、空)=运量×单位运价
	③运输保险费	$运输保险费=\frac{原币货价(FOB)+国际运费}{1-保险费费率}\times 保险费费率$
	④关税	关税=到岸价(CIF)×进口关税税率 到岸价(CIF)=离岸价(FOB)+国际运费+运输保险费
	⑤外贸手续费	外贸手续费=[离岸价(FOB)+国际运费+运输保险费]×外贸手续费费率 =到岸价(CIF)×外贸手续费费率
	⑥银行财务费	银行财务费=(FOB×汇率)×银行财务费费率
	⑦消费税	$应纳消费税税额=\frac{到岸价(人民币)+关税}{1-消费税税率}\times 消费税税率$
	⑧增值税	进口环节增值税税额=组成计税价格×增值税税率 组成计税价格=关税完税价格(CIF)+关税+消费税
	⑨海关监管手续费	
	⑩车辆购置税	进口车辆购置税=(到岸价+关税+消费税)×进口车辆购置税税率
设备运杂费		设备运杂费=设备原价×设备运杂费费率

对运输保险费公式的理解见图 3-3。

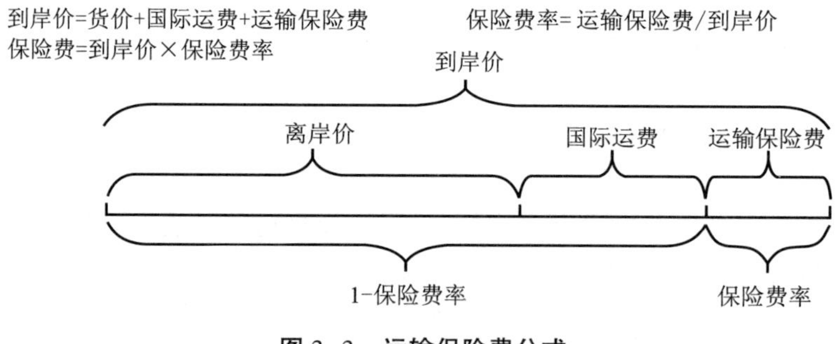

图 3-3 运输保险费公式

【例 3-2】从某国进口设备，质量为 1000 t，装运港船上交货价为 400 万美元，工程建设项目位于国内某省会城市。如果国际运费标准为 300 美元/t，海上运输保险费费率为 3‰，中国银行费率为 5‰，外贸手续费费率为 1.5%，关税税率为 22%，增值税税率为 17%。本设备按照规定应缴纳消费税，消费税税率为 10%，银行外汇牌价为 1 美元=6.8 元人民币，列式计算该设备的原价是多少万元。(计算结果保留两位小数)

解：

进口设备 FOB = 400×6.8 = 2720.00（万元）

国际运费 = 300×1000×6.8 = 204.00（万元）

$$运输保险费 = \frac{2720+204}{1-0.3\%}\times 0.3\% = 8.80（万元）$$

CIF = 2720.00+204.00+8.80 = 2932.80（万元）

银行财务费 = 2720.00×5‰ = 13.60（万元）

外贸手续费 = 2932.80×1.50% = 43.99（万元）

关税 = 2932.80×22.00% = 645.22（万元）

$$消费税 = \frac{2932.80+645.22}{1-10\%}\times 10\% = 397.56（万元）$$

增值税 =（2932.80+645.22+397.56）×17% = 675.85（万元）

进口从属费 = 13.60+43.99+645.22+397.56+675.85 = 1776.22（万元）

进口设备原价 = 2932.80+1776.22 = 4709.02（万元）

3.工、器具及生产家具购置费的构成及计算

工、器具及生产家具购置费，是指新建、改建或扩建项目初步设计规定的，保证初期正常生产必须购置的没有达到固定资产标准的设备、仪器、工卡模具、器具、生产家具和备品备件等的购置费用。计算公式为：

$$工、器具及生产家具购置费 = 设备购置费\times 定额费费率 \tag{3-3}$$

4.建筑安装工程费用项目

内容见项目二。

5.工程建设其他费用的组成和估算

见表 3-3。

表 3-3　工程建设其他费用的组成和估算表

分类	费用名称	内容
建设用地费	土地使用权出让（转让）金	土地使用权出让金是指通过土地使用权的出让方式，向土地所有者支付的土地使用权出让金
与项目建设有关的其他费用	建设管理费	建设管理费 = 工程费用×建设投资管理费费率
	可行性研究费	
	研究试验费	
	勘察设计费	工程勘察费、设计费（详细设计费）、设计模型制作费
	专项评价及验收费	
	场地准备及临时设施费	
	引进技术和设备其他费用	
	工程保险费	工程费用×系数

续表 3-3

分类	费用名称	内容
与项目建设有关的其他费用	特殊设备安全监督检验费	设备安装费×系数
	市政公用设施建设及绿化补偿费	
与未来生产经营有关的其他费用	专利及专有技术使用费	国外设计及技术资料费,引进有效专利、专有技术使用费,技术保密费,国内有效专利、专有技术使用费,商标使用费,特许经营权费
	联合试运转费	按需要试运转车间的工艺设备购置费的百分比估算
	生产准备及开办费	设计定员×指标; 为保证新建、改建、扩建项目初期正常生产、使用和管理所必须购置的办公和生活家具、用具的费用

6.预备费

(1)基本预备费(量的变化)。基本预备费是指针对在项目实施过程中可能发生难以预料的支出,需要事先预留的费用,又称工程建设不可预见费,主要指设计变更及施工过程中可能增加工程量的费用。

费用内容包括:

①在批准的初步设计范围内,技术设计、施工图设计及施工过程中所增加的工程费用;设计变更、局部地基处理等增加的费用。

②一般自然灾害造成的损失和预防自然灾害所采取的措施费用。实行工程保险的工程项目费用应适当降低。

③竣工验收时为鉴定工程质量对隐蔽工程进行必要的挖掘和修复费用。

基本预备费是以设备及工、器具购置费,建筑安装工程费用和工程建设其他费用三者之和为计取基础,乘以基本预备费费率进行计算的。

基本预备费=(设备及工、器具购置费+建筑安装工程费用+工程建设其他费用)×基本预备费费率 (3-4)

(2)价差预备费(*PF* 价的变化)。它是针对建设项目在建设期间内,由于材料、人工、设备等价格可能发生变化引起工程造价变化,而事先预留的费用。包括人工、设备、材料、施工机械的价差费,以及因建筑安装工程费、工程建设其他费用调整或利率、汇率调整等而增加的费用。

$$PF = \sum_{t=1}^{n} I_t[(1+f)^m(1+f)^{0.5}(1+f)^{t-1} - 1] \tag{3-5}$$

式中 I_t——建设期中第 t 年的工程费用投资计划额;

m——建设前期年数(从编制估算到开工建设);

f——年均投资价格上涨率。

【例3-3】某建设项目建筑安装工程费5000万元,设备购置费3000万元,工程建设其他费用2000万元,已知基本预备费率5%,项目建设前期年限为1年,建设期为3年,各年完成投资计划额如下:第一年20%,第二年60%,第三年20%。年均投资价格上涨率为6%。求建设项目建设期间的基本预备费、静态投资、工程费用、价差预备费。(计算结果保留两位小数)

解:

基本预备费=(5000+3000+2000)×5%=500.00(万元)

静态投资=5000+3000+2000+500.00=10500.00(万元)

工程费用=5000+3000=8000.00(万元)

建设期第一年完成投资=10500.00×20%=2100.00(万元)

第一年价差预备费为:$PF_1=I_1[(1+f)(1+f)^{0.5}-1]=191.81$(万元)

第二年完成投资=10500.00×60%=6300.00(万元)

第二年价差预备费为:$PF_2=I_2[(1+f)(1+f)^{0.5}(1+f)-1]=987.95$(万元)

第三年完成投资=10500.00×20%=2100.00(万元)

第三年价差预备费为:$PF_3=I_3[(1+f)(1+f)^{0.5}(1+f)^2-1]=475.07$(万元)

所以,建设期的价差预备费为:

$$PF=191.81+987.95+475.07=1654.83\text{(万元)}$$

7.建设期贷款利息

建设期贷款利息包括向国内银行和其他非银行金融机构贷款、出口信贷、外国政府贷款、国际商业银行贷款以及在境内外发行的债券等在建设期间应偿还的贷款利息。

当总贷款是分年均额发放时,建设期利息的计算可按当年借款在年终支用考虑,即当年贷款按半年计息,上年贷款按全年计息。

计算公式为:

$$Q_j=\left(P_{j-1}+\frac{1}{2}A_j\right)i \tag{3-6}$$

式中,Q_j为建设期第j年应计利息;A_j为建设期第j年贷款金额;P_{j-1}为建设期第$j-1$年末贷款累计金额与利息累计金额之和;i为年利率。

【例3-4】某企业欲投资建设某化工项目,该项目资金由自有资金和银行贷款组成。其中贷款总额为50000万元,年贷款利率为8%,按季计算,建设期为3年,贷款额度分别为30%、50%、20%。估算建设期贷款利息。

解:

实际利率=(1+8%/4)4-1=8.24%

第一年建设期贷款利息:$Q_1=50000×30\%/2×8.24\%=618$(万元)

第二年建设期贷款利息：$Q_2=(50000\times30\%+618.00+50000\times50\%/2)\times8.24\%$
$=2316.92$(万元)

第三年建设期贷款利息：$Q_3=(50000\times30\%+618.00+2316.92+50000\times20\%/2)\times8.24\%$
$=3949.84$(万元)

建设期贷款利息总额：$Q=Q_1+Q_2+Q_3=618.00+2316.92+3949.84=6884.76$(万元)

【例 3-5】某新建项目，建设期为 3 年，第一年年初借款 200 万元，第二年年初借款 300 万元，第三年年初借款 200 万元，借款年利率为 6%，每年计息一次，建设期内不支付利息。试计算该项目的建设期利息。

解：

第一年建设期借款利息：$Q_1=(P_1+A_1)\times i=200\times6\%=12$(万元)

第二年建设期借款利息：$Q_2=(P_2+A_2)\times i=(212+300)\times6\%=30.72$(万元)

第三年建设期借款利息：$Q_3=(P_3+A_3)\times i=(212+330.72+200)\times6\%=44.56$(万元)

该项目的建设期利息：$Q=Q_1+Q_2+Q_3=12+30.72+44.56=87.28$(万元)

项目二　建筑安装工程费用构成

施工图预算编制方法

一、建筑安装工程费用构成(按照费用构成要素)

建筑安装工程费按照费用构成要素划分，由人工费、材料(包含工程设备，下同)费、施工机具使用费、企业管理费、利润、规费和税金组成，其中人工费、材料费、施工机具使用费、企业管理费和利润包含在分部分项工程费、措施项目费、其他项目费中(见图 3-4)。

(一)人工费

建筑安装工程费中的人工费，是指按工资总额构成规定，支付给直接从事建筑安装工程施工作业的生产工人的各项费用。计算人工费的基本要素有两个，即人工工日消耗量和人工日工资单价。

人工工日消耗量是指在正常施工生产条件下，完成规定计量单位的建筑安装产品所消耗的生产工人的工日数量。它由分项工程所综合的各个工序劳动定额包括的基本用工、其他用工两部分组成。

人工日工资单价是指直接从事建筑安装工程施工的生产工人在每个法定工作日的工资、津贴及奖金等。

人工费的基本计算公式为：

$$人工费=\sum(工日消耗量\times日工资单价) \tag{3-7}$$

人工费内容见图 3-4。

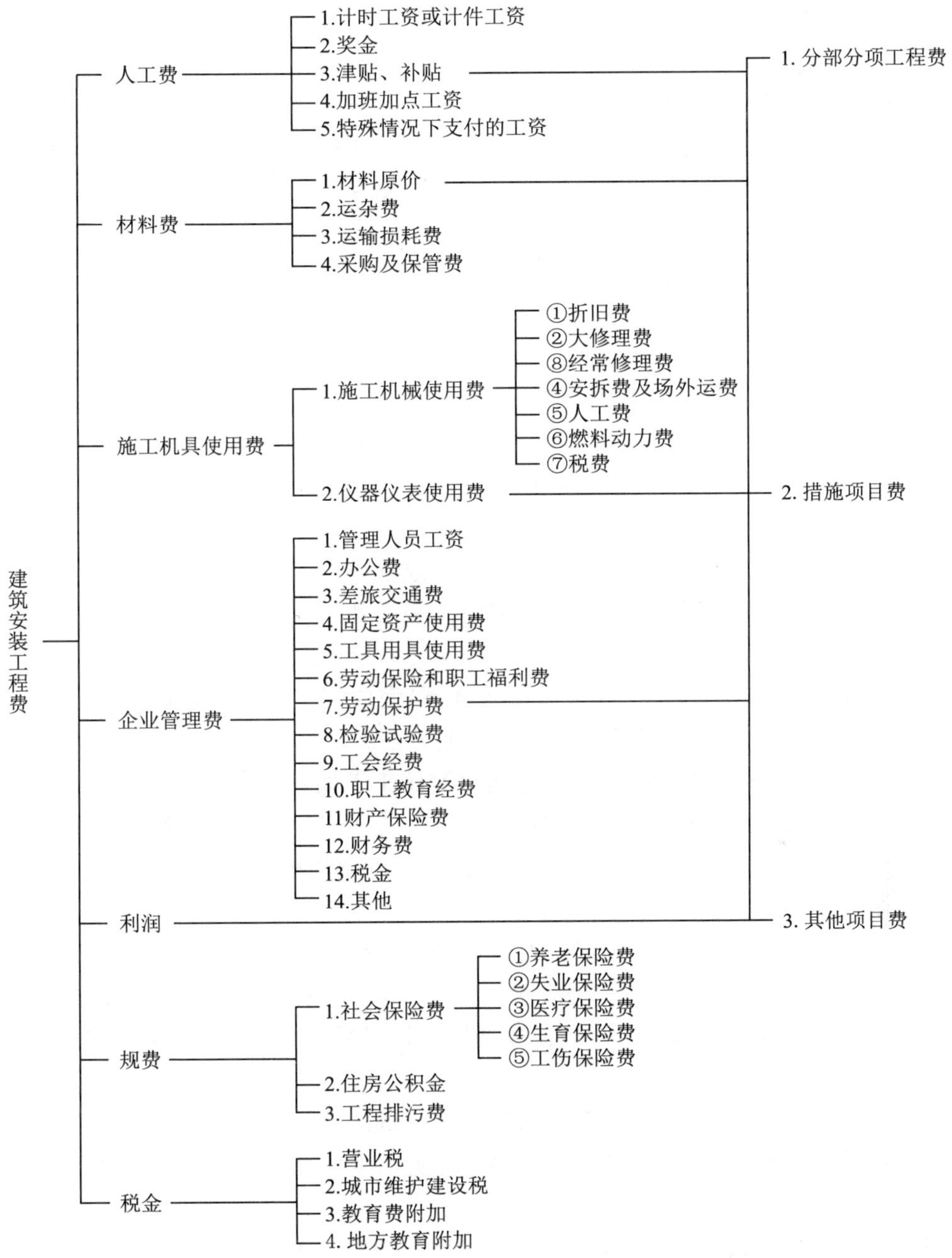

图 3-4　建筑安装工程费用项目组成表(按照费用构成要素划分)

1.计时工资或计件工资

计时工资或计件工资是指按计时工资标准和工作时间或对已做工作按计件单价支付给个人的劳动报酬。

2.奖金

奖金是指对超额劳动和增收节支支付给个人的劳动报酬。如节约奖、劳动竞赛奖等。

3.津贴补贴

津贴补贴是指为了补偿职工特殊或额外的劳动消耗和因其他特殊原因支付给个人的津贴,以及为了保证职工工资水平不受物价影响支付给个人的物价补贴。如流动施工津贴、特殊地区施工津贴、高温(寒)作业临时津贴、高空津贴等。

4.加班加点工资

加班加点工资是指按规定支付的在法定节假日工作的加班工资和在法定日工作时间外延时工作的加点工资。

5.特殊情况下支付的工资

特殊情况下支付的工资是指根据国家法律、法规和政策规定,因病、工伤、产假、计划生育假、婚丧假、事假、探亲假、定期休假、停工学习、执行国家或社会义务等原因按计时工资标准或计时工资标准的一定比例支付的工资。

(二)材料费

建筑安装工程费中的材料费,是指工程施工过程中耗费的各种原材料、半成品、构配件、工程设备等的费用,以及周转材料等的摊销、租赁费用。计算材料费的基本要素是材料消耗量和材料单价。

(1)材料消耗量是指在正常施工生产条件下,完成规定计量单位的建筑安装产品所消耗的各类材料的净用量和不可避免的损耗量。

(2)材料单价是指建筑材料从其来源地运到施工工地仓库直至出库形成的综合平均单价。由材料原价、运杂费、运输损耗费、采购及保管费组成。当一般纳税人采用一般计税方法时,材料单价中的材料原价、运杂费等均应扣除增值税进项税额。

材料费的基本计算公式为:

$$材料费=\sum(材料消耗量\times材料单价) \tag{3-8}$$

(3)工程设备是指构成或计划构成永久工程一部分的机电设备、金属结构设备、仪器装置及其他类似的设备和装置。工程设备费用包括材料原价、运杂费、运输损耗费、采购及保管费等。

①材料原价。指材料、工程设备的出厂价格或商家供应价格。

②运杂费。指材料、工程设备自来源地运至施工工地仓库或指定堆放地点所发生的全部费用。

③运输损耗费。指材料在运输装卸过程中不可避免的损耗。

④采购及保管费。指为组织采购、供应、保管材料和工程设备的过程中所需要的各项费用,包括采购费、仓储费、工地保管费、仓储损耗。

(三)施工机具使用费

建筑安装工程费中的施工机具使用费是指施工作业所发生的施工机械、仪器仪表使用费或其租赁费。

(1)施工机械使用费是指施工机械作业发生的使用费或租赁费。构成施工机械使用费的基本要素是施工机械台班消耗量和机械台班单价。施工机械台班消耗量是指在正常施工生产条件下，完成规定计量单位的建筑安装产品所消耗的施工机械台班的数量。施工机械台班单价是指折合到每台班的施工机械使用费。施工机械使用费的基本计算公式为：

$$施工机械使用费=\sum(施工机械台班消耗量\times机械台班单价) \quad (3-9)$$

施工机械台班单价通常由折旧费、检修费、维护费、安拆费及场外运费、人工费、燃料动力费和其他费用组成。

(2)仪器仪表使用费。仪器仪表使用费是指工程施工所需使用的仪器仪表的摊销及维修费用。与施工机械使用费类似，仪器仪表使用费的基本计算公式为：

$$仪器仪表使用费=\sum(仪器仪表台班消耗量\times仪器仪表台班单价) \quad (3-10)$$

仪器仪表台班单价通常由折旧费、维护费、校验费和动力费组成。

当一般纳税人采用一般计税方法时，施工机械台班单价和仪器仪表台班单价中的相关子项均需扣除增值税进项税额。

(四)企业管理费

企业管理费是指建筑安装企业组织施工生产和经营管理所需的费用。其内容如下。

1.管理人员工资

指按规定支付给管理人员的计时工资、奖金、津贴补贴、加班加点工资及特殊情况下支付的工资等。

2.办公费

指企业管理办公用的文具、纸张、账表、印刷、邮电、书报、办公软件、现场监控、会议、水电、烧水和集体取暖降温(包括现场临时宿舍取暖降温)等费用。

3.差旅交通费

指职工因公出差或调动工作产生的差旅费、住勤补助费、市内交通费和误餐补助费，职工探亲路费，劳动力招募费，职工退休、退职一次性路费，工伤人员就医路费，工地转移费以及管理部门使用的交通工具的油料、燃料等费用。

4.固定资产使用费

指管理和试验部门及附属生产单位使用的属于固定资产的房屋、设备、仪器等的折旧、大修、维修或租赁费。

5.工具用具使用费

指企业施工生产和管理使用的不属于固定资产的工具、器具、家具、交通工具和检验、试验、测绘、消防用具等的购置、维修和摊销费。

6.劳动保险和职工福利费

指由企业支付的职工退职金、按规定支付给离休干部的经费、集体福利费、夏季防暑降温、冬季取暖补贴、上下班交通补贴等。

7.劳动保护费

指企业按规定发放的劳动保护用品的支出，如工作服、手套、防暑降温饮料以及在有碍身体健康的环境中施工的保健费用等。

8.检验试验费

指施工企业按照有关标准规定,对建筑以及材料、构件和建筑安装物进行一般鉴定、检查所发生的费用,包括自设实验室进行试验所耗用的材料等的费用。

检验试验费不包括新结构、新材料的试验费,对构件做破坏性试验及其他特殊要求检验试验的费用,以及建设单位委托检测机构进行检测的费用。对此类检测发生的费用,由建设单位在工程建设其他费用中列支,但对施工企业提供的具有合格证明的材料却检测不合格的,该检测费用由施工企业支付。

9.工会经费

指企业按《中华人民共和国工会法》规定的全部职工工资总额比例计提的工会经费。

10.职工教育经费

指按职工工资总额的规定比例计提,企业为职工进行专业技术和职业技能培训、专业技术人员继续教育、职工职业技能鉴定、职业资格认定以及根据需要对职工进行各类文化教育所发生的费用。

11.财产保险费

指施工管理用财产、车辆等的保险费用。

12.财务费

指企业为施工生产筹集资金或提供预付款担保、履约担保、职工工资支付担保等所发生的各种费用。

13.税金

指企业按规定缴纳的房产税、非生产性车船使用税、土地使用税、印花税、城市维护建设税、教育费附加、地方教育附加等各项税费。

14.其他

包括技术转让费、技术开发费、投标费、业务招待费、绿化费、广告费、公证费、法律顾问费、审计费、咨询费、保险费等。

(五)利润

指施工企业完成所承包工程获得的盈利。

(六)规费

指企业按国家法律、法规规定和省级有关权力部门规定必须缴纳或计取的费用。其内容如下。

1.社会保险费

(1)养老保险费:指企业按照规定标准为职工缴纳的基本养老保险费。

(2)失业保险费:指企业按照规定标准为职工缴纳的失业保险费。

(3)医疗保险费:指企业按照规定标准为职工缴纳的基本医疗保险费。

(4)生育保险费:指企业按照规定标准为职工缴纳的生育保险费。

(5)工伤保险费:指企业按照规定标准为职工缴纳的工伤保险费。

2.住房公积金

指企业按规定标准为职工缴纳的住房公积金。

3.工程排污费

指企业按规定缴纳的施工现场工程排污费。

其他应列而未列入的规费,按实际发生计取。

(七)税金

建筑安装工程费用中的税金是指按照国家税法规定应计入建筑安装工程造价内的增值税额,按税前造价乘增值税税率确定。

1.采用一般计税方法时增值税的计算

当采用一般计税方法时,建筑业增值税税率为10%。计算公式为:

$$增值税=税前造价\times 10\% \tag{3-11}$$

税前造价为人工费、材料费、施工机具使用费、企业管理费、利润和规费之和,各费用项目均以不包含增值税可抵扣进项税额的价格计算。

2.采用简易计税方法时增值税的计算

(1)简易计税的适用范围。根据《营业税改征增值税试点实施办法》以及《营业税改征增值税试点有关事项的规定》的规定,简易计税方法主要适用于以下几种情况:

1)小规模纳税人发生应税行为适用简易计税方法计税。小规模纳税人通常是指纳税人提供建筑服务的年应征增值税销售额未超过500万元,并且会计核算不健全,不能按规定报送有关税务资料的增值税纳税人。年应税销售额超过500万元,但不经常发生应税行为的单位也可选择按照小规模纳税人计税。

2)一般纳税人以清包工方式提供的建筑服务,可以选择简易计税方法计税。以清包工方式提供建筑服务,是指施工方不采购建筑工程所需的材料或只采购辅助材料,并收取人工费、管理费或者其他费用的建筑服务。

3)一般纳税人为甲供工程提供的建筑服务,可以选择适用简易计税方法计税。甲供工程是指全部或部分设备、材料、动力由工程发包方自行采购的建筑工程。

4)一般纳税人为建筑工程老项目提供的建筑服务,可以选择简易计税方法计税。建筑工程老项目指以下两种项目:①《建筑工程施工许可证》注明的合同开工日期在2016年4月30日前的建筑工程项目;②未取得《建筑工程施工许可证》的,建筑工程承包合同注明的开工日期在2016年4月30日前的建筑工程项目。

(2)简易计税的计算方法。当采用简易计税方法时,建筑业增值税税率为3%。计算公式为:

$$增值税=税前造价\times 3\% \tag{3-12}$$

税前造价为人工费、材料费、施工机具使用费、企业管理费、利润和规费之和,各费用项目均以包含增值税进项税额的含税价格计算。

二、建筑安装工程费用构成(按照工程造价形成)

建筑安装工程费按照工程造价形成由分部分项工程费、措施项目费、其他项目费、规费、税金组成,分部分项工程费包含人工费、材料费、施工机具使用费、企业管理费和利润(见图3-5)。

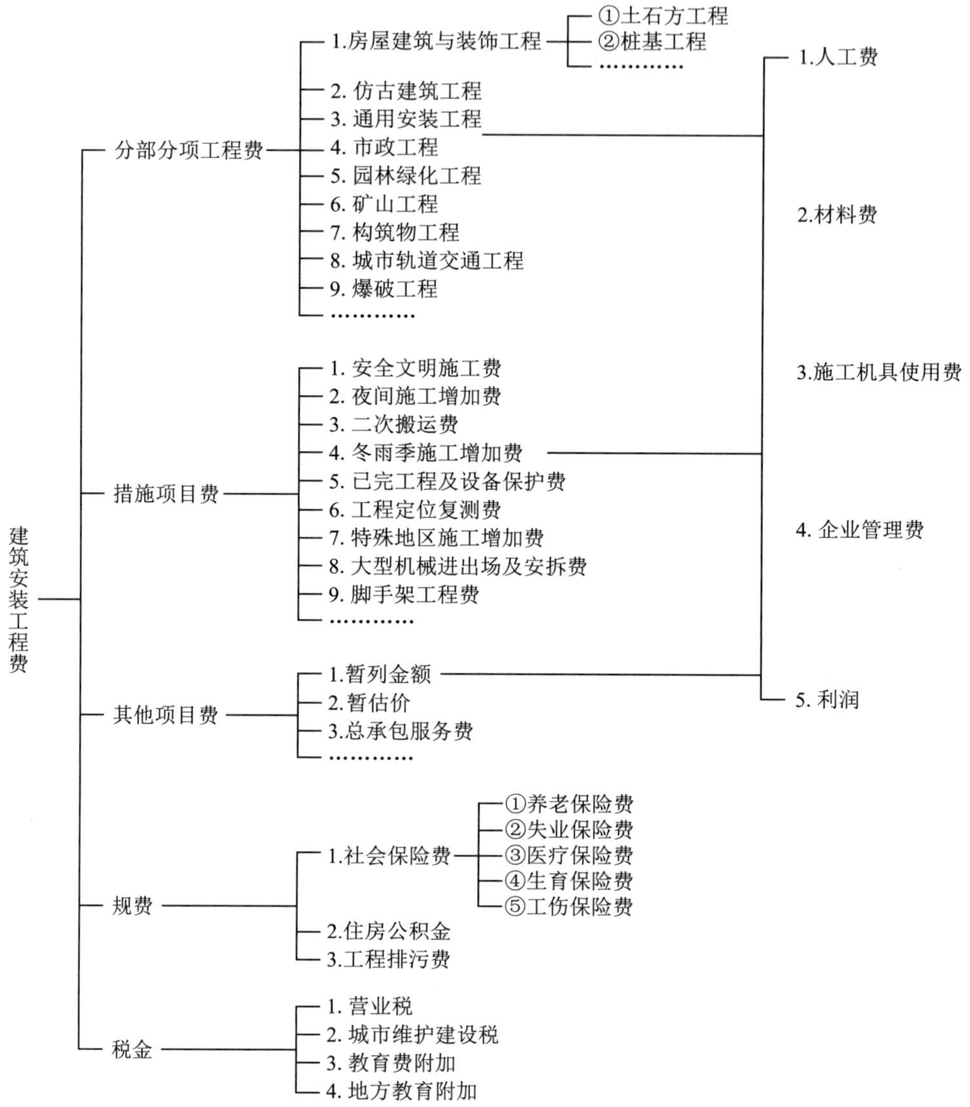

图 3-5 建筑安装工程费用项目组成表(按照工程造价形成)

(一)分部分项工程费

分部分项工程费是指各专业工程的分部分项工程应予列支的各项费用。各类专业工程的分部分项工程划分遵循国家或行业工程量计算规范的规定。分部分项工程费通常用分部分项工程量乘以综合单价进行计算。

$$分部分项工程费=\sum(分部分项工程量\times综合单价) \tag{3-13}$$

综合单价包括人工费、材料费、施工机具使用费、企业管理费和利润,以及一定范围的风险费用。

(二)措施项目费

措施项目费是指为完成建设工程施工,发生于该工程施工准备和施工过程中的技术、生活、安全、环境保护等方面的费用。措施项目及其包含的内容应遵循各类专业工程的现行国家或行业工程量计算规范。以《房屋建筑与装饰工程工程量计算规范》(GB 50854—2013)中的规定为例,措施项目费可以归纳为以下几项。

1.安全文明施工费

安全文明施工费是指工程项目施工期间,施工单位为保证安全施工、文明施工和保护现场内外环境等所发生的措施项目费用,通常由环境保护费、文明施工费、安全施工费、临时设施费组成。

(1)环境保护费:指施工现场为达到环保部门要求所需要的各项费用。

(2)文明施工费:指施工现场文明施工所需要的各项费用。

(3)安全施工费:指施工现场安全施工所需要的各项费用。

(4)临时设施费:指施工企业为进行建设工程施工所必须搭设的生活和生产用的临时建筑物、构筑物和其他临时设施费用,包括临时设施的搭设、维修、拆除、清理或摊销费等。

2.夜间施工增加费

夜间施工增加费是指因夜间施工所发生的夜班补助费、夜间施工降效、夜间施工照明设备摊销及照明用电等措施费用。内容由以下各项组成:

(1)夜间固定照明灯具和临时可移动照明灯具的设置、拆除费用;

(2)夜间施工时,施工现场交通标志、安全标牌、警示灯的设置、移动、拆除费用;

(3)夜间照明设备摊销及照明用电、施工人员夜班补助、夜间施工劳动效率降低等费用。

3.非夜间施工照明费

非夜间施工照明费是指为保证工程施工正常进行,在地下室等特殊施工部位施工时所采用的照明设备的安拆、维护及照明用电等费用。

4.二次搬运费

二次搬运费是指因施工管理需要或因场地狭小等原因,导致建筑材料、设备等不能一次搬运到位,必须发生的二次或二次以上搬运所需的费用。

5.冬雨季施工增加费

冬雨季施工增加费,也称冬(雨、风)季施工增加费,是指因冬(雨、风)季天气原因导致施工效率降低,因加大投入而增加的费用,以及为确保冬(雨、风)季施工质量和安全而采取的保温、防雨、防风等措施所需的费用。内容由以下各项组成:

(1)冬(雨、风)季施工时增加的临时设施(防寒保温、防雨、防风设施)的搭设、拆除费用;

(2)冬(雨、风)季施工时,对砌体、混凝土等采用的特殊加温、保温和养护措施费用;

(3)冬(雨、风)季施工时,施工现场的防滑处理、影响施工的雨雪的清除费用;

(4)冬(雨、风)季施工时增加的临时设施、施工人员的劳动保护用品、冬(雨、风)季施工劳动效率降低等费用。

6.地上、地下设施和建筑物的临时保护设施费

地上、地下设施和建筑物的临时保护设施费是指在工程施工过程中,对已建成的地

上、地下设施和建筑物进行的遮盖、封闭、隔离等必要保护措施所发生的费用。

7.已完工程及设备保护费

竣工验收前,对已完工程及设备采取的覆盖、包裹、封闭、隔离等必要保护措施所发生的费用。

8.脚手架工程费

脚手架工程费是指施工需要的各种脚手架的搭、拆、运输费用以及脚手架购置费的摊销(或租赁)费用。通常包括以下内容:

(1)施工时可能发生的场内、场外材料搬运费用;

(2)搭(拆)脚手架、斜道、上料平台费用;

(3)安全网的铺设费用;

(4)拆除脚手架后材料的堆放费用。

9.混凝土模板及支架(撑)费

混凝土模板及支架(撑)费是指混凝土施工过程中需要的各种钢模板、木模板、支架等的支拆、运输费用,以及模板、支架的摊销(或租赁)费用。内容由以下各项组成:

(1)混凝土施工过程中需要的各种模板制作费用;

(2)模板安装、拆除、整理堆放及场内外运输费用;

(3)清理模板黏结物及模内杂物、刷隔离剂等费用。

10.垂直运输费

垂直运输费是指现场所用材料、机具从地面运至相应高度以及职工人员上、下工作面等所发生的运输费用。内容由以下各项组成:

(1)垂直运输机械的固定装置、基础制作、安装费;

(2)行走式垂直运输机械轨道的铺设、拆除、摊销费。

11.超高施工增加费

当单层建筑物檐口高度超过 20 m,多层建筑物超过 6 层时,可计算超高施工增加费,内容由以下各项组成:

(1)建筑物超高引起的人工工效降低以及由于人工工效降低引起的机械降效费;

(2)高层施工用水加压水泵的安装、拆除及工作台班费;

(3)通信联络设备的使用及摊销费。

12.大型机械设备进出场及安拆费

大型机械设备进出场及安拆费是指机械整体或分体自停放场地运至施工现场或由一个施工地点运至另一个施工地点所发生的机械进出场运输和转移费用,以及机械在施工现场进行安装、拆卸所需的人工费、材料费、机具费、试运转费和安装所需的辅助设施的费用。内容由安拆费和进出场费组成:

(1)安拆费包括施工机械、设备在现场进行安装拆卸所需人工、材料、机具和试运转费用以及机械辅助设施的折旧、搭设、拆除等费用;

(2)进出场费包括施工机械、设备整体或分体自停放地点运至施工现场或由一施工地点运至另一施工地点所发生的运输、装卸、辅助材料等费用。

13.施工排水、降水费

施工排水、降水费是指将施工期间有碍施工作业和影响工程质量的水排到施工场地以外,以及防止在地下水位较高的地区开挖深基坑出现基坑浸水,地基承载力下降,在动水压力作用下还可能引起流沙、管涌和边坡失稳等现象而必须采取的有效的降水和排水措施费用。该项费用由成井和排水、降水两个独立的费用项目组成。

(1)成井。成井的费用主要包括:①准备钻孔机械、埋设护筒、钻机就位、泥浆制作、固壁、成孔、出渣、清孔等费用;②对接上下井管(滤管)、焊接、安防、下滤料、洗井、连接试抽等费用。

(2)排水、降水。排水、降水的费用主要包括:①管道安装和拆除、场内搬运等费用;②抽水、值班、降水设备维修等费用。

14.其他

根据项目的专业特点或所在地区不同,可能会出现其他的措施项目,如工程定位复测费和特殊地区施工增加费等。

(三)其他项目费

1.暂列金额

暂列金额是指建设单位在工程量清单中暂定并包括在工程合同价款中的一笔款项。用作施工合同签订时尚未确定或者不可预见的所需材料、工程设备、服务的采购费用,施工中可能发生的工程变更、合同约定调整因素出现时的工程价款调整费用,以及发生的索赔、现场签证确认等费用。

暂列金额由建设单位根据工程特点,按有关计价规定估算,施工过程中由建设单位掌握使用,扣除合同价款调整后如有余额,归建设单位。

2.暂估价

暂估价是指招标方在工程量清单中提供的用于支付必然发生但暂时不能确定价格的材料、工程设备的单价及专业工程的金额。

暂估价中的材料、工程设备的暂估单价根据工程造价信息确定或参照市场价格估算,计入综合单价;专业工程暂估价分不同专业,按有关计价规定估算。暂估价在施工中按照合同约定再加以调整。

3.总承包服务费

总承包服务费是指总承包人为配合、协调建设单位进行的专业工程发包,对建设单位自行采购的材料、工程设备等进行保管以及对施工现场管理、竣工资料汇总整理等服务所需的费用。

总承包服务费由建设单位在招标控制价中根据总包范围和有关计价规定编制,施工单位投标时自主报价,施工过程中按签约合同价执行。

(四)规费

定义同前。

(五)税金

定义同前。

项目三　建筑安装工程费用计算

一、各费用构成要素计算

(一)人工费

$$人工费=\sum(工日消耗量\times 日工资单价)$$

$$日工资单价=\frac{生产工人平均月工资(计时计件)+平均月奖金、津贴补贴、特殊情况下支付的工资}{年平均每月法定工作日} \quad (3-14)$$

式(3-14)主要适用于施工企业投标报价时自主确定人工费,也是工程造价管理机构编制计价定额、确定定额人工单价或发布人工成本信息的参考依据。

$$人工费=\sum(工程工日消耗量\times 日工资单价) \quad (3-15)$$

日工资单价是指施工企业平均技术熟练程度的生产工人在每工作日(国家法定工作时间内)按规定从事施工作业应得的日工资总额。

工程造价管理机构确定日工资单价应通过市场调查,根据工程项目的技术要求,参考实物工程量人工单价综合分析确定,最低日工资单价不得低于工程所在地人力资源和社会保障部门所发布的最低工资标准:普工1.3倍,一般技工2倍,高级技工3倍。

工程计价定额不可只列一个综合工日单价,应根据工程项目技术要求和工种差别适当划分多种日人工单价,确保各分部工程人工费的合理构成。

式(3-15)适用于工程造价管理机构编制计价定额时确定定额人工费,是施工企业投标报价的参考依据。

(二)材料费

1.材料费

$$材料费=\sum(材料消耗量\times 材料单价)$$

$$材料单价=\{(材料原价+运杂费)\times[1+运输损耗率(\%)]\}\times[1+采购保管费费率(\%)] \quad (3-16)$$

2.工程设备费

$$工程设备费=\sum(工程设备量\times 工程设备单价)$$

$$工程设备单价=(设备原价+运杂费)\times[1+采购保管费费率(\%)] \quad (3-17)$$

(1)材料原价的确定。材料原价是指材料的出厂价、交货地价格、市场批发价及进口材料的到岸价。

在确定材料原价时,凡同一种材料因产地、供应渠道、生产厂家不同出现几种原价时,根据不同来源地的供货数量比例,可按加权平均的方法计算其综合原价。

$$加权平均材料原价=\frac{\sum(各来源地材料原价\times 各来源地材料数量)}{\sum 各来源地材料数量} \quad (3-18)$$

【例 3-6】假设某建筑工地需要某种材料共计 1500 t，该种材料有甲、乙、丙三个供货地点，甲地出厂价格为 290 元/t，可供需要量的 20%，乙地出厂价格为 285 元/t，可供需要量的 30%，丙地出厂价格为 270 元/t，可供需要量的 50%。求该种材料的原价。

解：

$$材料原价=\frac{290\times1500\times20\%+285\times1500\times30\%+270\times1500\times50\%}{1500}=278.5(元/t)$$

(2)材料运杂费。材料运杂费是指材料由来源地(或交货地)运到工地仓库(或存放地点)的全部过程中所发生的一切费用。包括以下内容：

1)调车(驳船)费：指机车到专用线(船只到专用码头)或非公用地点装货时的费用(驳船费)；

2)装卸费：指给火车、汽车、轮船、拖拉机等上下货物时发生的费用；

3)运输费：指用火车、汽车、轮船、拖拉机运输材料的费用；

4)附加工作费：指货物从货源地运至工地仓库期间发生的材料搬运、分类堆放及整理等费用。

【例 3-7】例 3-6 中，又已知甲地距离施工地点 30 km，乙地距离施工地点 28 km，丙地距离施工地点 25 km。该地区水泥汽车运输费为 2 元/(t·km)，装卸费为 2.5 元/t，调车费为 0.8 元/t。试计算单位该材料的运杂费。

解：

加权平均运距：$30\times20\%+28\times30\%+25\times50\%=26.9(km)$

材料运杂费：$26.9\times2+2.5+0.8=57.1(元/t)$

(3)运输损耗费。运输损耗费是指某些散装或堆装(如砖、瓦、灰、砂、石等)和易损易碎的材料(如平板玻璃、灯具、缸瓦管、瓷砖、卫生陶瓷等)，在运输装卸过程中不可避免地发生损坏或洒漏，在材料预算价格内应计入的合理损耗费用。

$$运输损耗费=(材料原价+运杂费)\times运输损耗率 \tag{3-19}$$

【例 3-8】例 3-7 中，又假设该种材料的运输损耗率为 1%，则该种材料的单位运输损耗费为多少？

解：

$$运输损耗费=(278.5+57.1)\times1\%=3.36(元/t)$$

(4)材料采购及保管费。材料采购及保管费是指材料部门在组织订货、采购、供应和保管材料过程中所发生的各种费用，其中包括各级材料部门职工工资、工资性补贴、劳动保险费、办公费、差旅交通费、固定资产使用费、工具用具使用费、采购费、仓储费、工地管理费和仓储损耗等费用。

材料采购及保管费计算公式：

$$采购保管费=[(材料原价+运杂费)\times(1+运输损耗率)]\times采购保管费费率$$

或

$$采购保管费=(材料原价+运杂费+运输损耗费)\times采购保管费费率 \quad (3-20)$$

【例 3-9】例 3-8 中，假设该种材料采购及保管费费率为 2.5%，则该种材料的单位采购保管费为多少？

解：

$$采购保管费：(278.5+57.1+3.36)\times2.5\%=8.47(元/t)$$

以上例中：

$$材料预算价格=材料原价+材料运杂费+运输损耗费+材料采购及保管费$$
$$=278.5+57.1+3.36+8.47=347.43(元/t)$$

由于我国幅员广阔，建筑材料产地与使用地点的距离各地差异很大，同时采购、保管、运输方式也不尽相同，因此材料价格原则上按地区范围编制。

(三)施工机械使用费

施工机械使用费是根据施工中耗用的机械台班数量和机械台班单价确定的。施工机械台班耗用量按有关定额规定计算；施工机械台班单价是指一台施工机械在正常运转条件下一个工作班中所发生的全部费用，每台班按 8 h 工作制计算。正确制定施工机械台班单价是合理确定和控制工程造价的重要方面。

根据《建设工程施工机械台班费用编制规则》的规定，施工机械划分为 12 个类别：土石方及筑路机械、桩工机械、起重机械、水平运输机械、垂直运输机械、混凝土及砂浆机械、加工机械、泵类机械、焊接机械、动力机械、地下工程机械和其他机械。

施工机械台班单价由 7 项费用组成，包括折旧费、检修费、维护费、安拆费及场外运费、人工费、燃料动力费和其他费用。

$$施工机械使用费=\sum(施工机械台班消耗量\times机械台班单价) \quad (3-21)$$

1.折旧费的组成及确定

折旧费是指施工机械在规定使用期限内，陆续收回其原值及购置资金的时间价值。

计算公式如下：

$$台班折旧费=\frac{机械预算价格\times(1-残值率)}{耐用总台班} \quad (3-22)$$

(1)机械预算价格

1)国产机械的预算价格。国产机械预算价格按照机械原值、供销部门手续费和一次运杂费以及车辆购置税之和计算。

①机械原值。国产机械原值应按下列途径询价、采集：

a.编制期施工企业已购进施工机械的成交价格；

b.编制期国内施工机械展销会发布的参考价格；

c.编制期施工机械生产厂、经销商的销售价格；

d.其他能反映编制期施工机械价格水平的市场价格。

②相关手续费和一次运杂费应按实际费用综合取定，也可按其占施工机械原值的百分率确定。

③车辆购置税的计算。车辆购置税应按式(3-23)计算：

$$车辆购置税=计税价格\times 车辆购置税税率(\%) \tag{3-23}$$

其中

$$计税价格=机械原值+供销部门手续费和一次运杂费-增值税$$

车辆购置税应执行编制期间国家有关规定。

2)进口机械的预算价格。进口机械的预算价格按照机械原值、关税、增值税、消费税、外贸手续费和国内一次运杂费、财务费、车辆购置税之和计算。

①进口机械的机械原值按其到岸价格取定。

②关税、增值税、消费税及财务费应执行编制期国家有关规定，并参照实际发生的费用计算。

③外贸手续费和国内一次运杂费应按到岸价格的6.5%计算。

④车辆购置税的计算。车辆购置税应按式(3-24)计算：

$$车辆购置税=计税价格\times 车辆购置税税率 \tag{3-24}$$

车辆购置税的计税价格是到岸价格、关税和消费税之和。

(2)残值率。残值率是指机械报废时回收的残值占机械原值的百分比。残值率按目前有关规定执行，各类施工机械均按5%计算。

(3)耐用总台班。耐用总台班指施工机械从开始投入使用至报废前使用的总台班数，应按施工机械的技术指标及寿命期等相关参数确定。

耐用总台班的计算公式为：

$$耐用总台班=折旧年限\times 年工作台班=大修间隔台班\times 大修周期 \tag{3-25}$$

年工作台班是根据有关部门对各类主要机械最近三年的统计资料分析确定的。

大修间隔台班是指机械自投入使用起至第一次大修止或自上一次大修后投入使用起至下一次大修止，应达到的使用台班数。

大修周期是指机械正常的施工作业条件下，将其寿命期(即耐用总台班)按规定的大修理次数划分为若干个周期。其计算公式：

$$大修周期=寿命期大修理次数+1 \tag{3-26}$$

2.检修费的组成及确定

检修费是指施工机械在规定的耐用总台班内，按规定的检修间隔进行必要的检修，以恢复其正常功能所需的费用。检修费是机械使用期限内全部检修费之和在台班费用中的分摊额，它取决于一次检修费、检修次数和耐用总台班的数量。其计算公式为：

$$台班检修费=\frac{一次检修费\times 检修次数}{耐用总台班\times 除税系数} \tag{3-27}$$

(1)一次检修费指施工机械一次检修发生的工时费、配件费、辅料费、油燃料费等。一次检修费应以施工机械的相关技术指标和参数为基础，结合编制期市场价格综合确定。也可按其占预算价格的百分率取定。

(2)检修次数是指施工机械在其耐用总台班内的检修次数。检修次数应按施工机械的相关技术指标取定。

(3)除税系数：

$$除税系数=自行检修比例+\frac{委外检修比例}{1+税率} \tag{3-28a}$$

自行检修比例、委外检修比例是指施工机械自行检修、委托专业修理修配部门检修占检修费的比例。具体比值应结合本地区(部门)施工机械检修实际综合取定。税率按增值税修理修配劳务适用税率计取。

3.维护费的组成及确定

维护费指施工机械在规定的耐用总台班内,按规定维护间隔进行各级维护和临时故障排除所需的费用。包括保障机械正常运转所需替换与随机配备工具附具的摊销和维护费用、机械运转及日常保养维护所需润滑与擦拭的材料费用、机械停滞期间的维护费用等。各项费用分摊到台班中,即为维护费。其计算公式为：

$$台班维护费=\frac{\sum 各级维护一次费用\times除税系数\times各级维(护系数)+临时故障排除费}{耐用总台班} \tag{3-29}$$

当维护费计算公式中各项数值难以确定时,也可按下列公式计算：

$$台班维护费=台班检修费\times K \tag{3-30}$$

式中　K——维护费系数,指维护费占检修费的百分数。

(1)各级维护一次费用应按施工机械的相关技术指标,结合编制期市场价格综合取定。

(2)各级维护次数应按施工机械的相关技术指标取定。

(3)临时故障排除费可按各级维护费用之和的百分数取定。

(4)替换设备及工具附具台班摊销费应按施工机械的相关技术指标,结合编制期市场价格综合取定。

(5)除税系数。除税系数是指考虑一部分维护可以购买服务,从而扣除维护费中包括的增值税进项税额。

$$除税系数=\frac{自行维护比例+委外维护比例}{1+税率} \tag{3-28b}$$

自行维护比例、委外维护比例是指施工机械自行维护、委托专业修理修配部门维护占维护费的比例,具体比值应结合本地区(部门)施工机械检修实际综合取定。税率按增值税修理修配劳务适用税率计取。

4.安拆费及场外运费的组成和确定

安拆费指施工机械在现场进行安装与拆卸所需的人工、材料、机械和试运转费用以及机械辅助设施的折旧、搭设、拆除等费用;场外运费指施工机械整体或分体自停放地点运至施工现场或由一施工地点运至另一施工地点的运输、装卸、辅助材料及架线等费用。

安拆费及场外运费根据施工机械不同分为计入台班单价、单独计算和不计算三种类型。

(1)安拆简单、移动需要起重及运输机械的轻型施工机械,其安拆费及场外运费计入台班单价。台班安拆费及场外运费应按下列公式计算:

$$台班安拆费及场外运费=\frac{一次安拆费及场外运费\times 年平均安拆和运输次数}{年工作总台班} \quad (3-31)$$

1)一次安拆费应包括施工现场机械安装和拆卸一次所需的人工费、材料费、机械费、安全监测部门的检测费及试运转费;

2)一次场外运费应包括运输、装卸、辅助材料和回程等费用;

3)年平均安拆次数按施工机械的相关技术指标,结合具体情况综合确定;

4)运输距离均按平均 30 km 计算。

(2)单独计算的情况:

1)安拆复杂、移动需要起重及运输机械的重型施工机械,其安拆费及场外运费单独计算;

2)利用辅助设施移动的施工机械,其辅助设施(包括轨道和枕木)等的折旧、搭设和拆除等费用可单独计算。

(3)不需计算的情况:

1)不需安拆的施工机械,不计算一次安拆费;

2)不需相关机械辅助运输的自行移动机械,不计算场外运费;

3)固定在车间的施工机械,不计算安拆费及场外运费。

(4)自升式塔式起重机、施工电梯安拆费的超高起点及其增加费。各地区、部门可根据具体情况确定。

5.人工费的组成和确定

人工费指机上司机(司炉)和其他操作人员的工作日人工费及上述人员在施工机械规定的年工作台班以外的人工费。

按下列公式计算:

$$台班人工费=人工消耗量\times\left(1+\frac{年制度工作日-年工作台班}{年工作台班}\right)\times 人工单价 \quad (3-32)$$

(1)人工消耗量指机上司机(司炉)和其他操作人员工日消耗量。

(2)年制度工作日应执行编制期国家有关规定。

(3)人工单价应执行编制期工程造价管理部门的有关规定。

6.燃料动力费的组成和确定

燃料动力费是指施工机械在运转作业中所耗用的燃料及水、电等费用。

计算公式如下:

$$台班燃料动力费=台班燃料动力消耗量\times 相应单价 \quad (3-33)$$

(1)燃料动力消耗量应根据施工机械技术指标及实测资料综合确定。

可采用下列公式:

$$台班燃料动力消耗量=\frac{实测数\times 4+定额平均值+调查平均值}{6} \quad (3-34)$$

(2)燃料动力单价应执行编制期工程造价管理部门的有关规定。

7.其他费用的组成和确定

其他费用是指施工机械按照国家规定应缴纳的车船税、保险费及检测费等。

$$台班其他费用=\frac{年养路费+年保险费+年检费}{年工作台班} \tag{3-35}$$

(1)年养路费、年车船使用税、年检费应执行编制期有关部门的规定。

(2)年保险费执行编制期有关部门强制性保险的规定,非强制性保险不应计算在内。

(四)施工仪器仪表台班单价的组成和确定方法

根据《建设工程施工仪器仪表台班费用编制规则》的规定,施工仪器仪表划分为7个类别:自动化仪表及系统、电工仪器仪表、光学仪器、分析仪表、试验机、电子和通信测量仪器仪表、专用仪器仪表。

施工仪器仪表台班单价由四项费用组成,包括折旧费、维护费、校验费、动力费。施工仪器仪表台班单价中的费用组成不包括检测软件的相关费用。

1.折旧费

施工仪器仪表台班折旧费是指施工仪器仪表在耐用总台班内,陆续收回其原值的费用。计算公式如下:

$$台班折旧费=\frac{施工仪器仪表原值\times(1-残值率)}{耐用总台班} \tag{3-36}$$

(1)施工仪器仪表原值应按以下方法取定:

1)对从施工企业采集的成交价格,各地区、部门可结合本地区、部门实际情况,综合确定施工仪器仪表原值;

2)对从施工仪器仪表展销会采集的参考价格或从施工仪器仪表生产厂、经销商采集的销售价格,各地区、部门可结合本地区、部门实际情况,测算价格调整系数,取定施工仪器仪表原值;

3)对类别、名称、性能规格相同而生产厂家不同的施工仪器仪表,各地区、部门可根据施工企业实际购进情况,综合取定施工仪器仪表原值;

4)对进口与国产施工仪器仪表性能规格相同的,应以国产为准,取定施工仪器仪表原值;

5)进口施工仪器仪表原值应按编制期国内市场价格取定;

6)施工仪器仪表原值应按不含一次运杂费和采购保管费的价格取定。

(2)残值率指施工仪器仪表报废时回收其残余价值占施工仪器仪表原值的百分比。残值率应按国家有关规定取定。

耐用总台班指施工仪器仪表从开始投入使用至报废前所积累的工作总台班数量。耐用总台班应按相关技术指标取定。

$$耐用总台班=年工作台班\times折旧年限 \tag{3-37}$$

年工作台班指施工仪器仪表在一个年度内使用的台班数量。

$$\text{年工作台班}=\text{年制度工作日}\times\text{年使用率} \tag{3-38}$$

年制度工作日应按国家制度规定工作日执行，年使用率应按实际使用情况综合取定。

折旧年限指施工仪器仪表逐年计提折旧费的年限。折旧年限应按国家有关规定取定。

2.维护费

施工仪器仪表台班维护费是指施工仪器仪表各级维护、临时故障排除所需的费用及为保证仪器仪表正常使用所需备件（备品）的维护费用。计算公式如下：

$$\text{台班维护费}=\frac{\text{年维护费}}{\text{年工作台班}} \tag{3-39}$$

年维护费指施工仪器仪表在一个年度内发生的维护费用。年维护费应按相关技术指标，结合市场价格综合取定。

3.校验费

施工仪器仪表台班校验费是指按国家与地方政府规定进行标定与检验的费用。计算公式如下：

$$\text{台班校检费}=\frac{\text{年校检费}}{\text{年工作台班}} \tag{3-40}$$

年校验费指施工仪器仪表在一个年度内发生的校验费用。年校验费应按相关技术指标取定。

4.动力费

施工仪器仪表台班动力费是指施工仪器仪表在施工过程中所耗用的电费。计算公式如下：

$$\text{台班动力费}=\text{台班耗电量}\times\text{电价} \tag{3-41}$$

（1）台班耗电量应根据施工仪器仪表不同类别，按相关技术指标综合取定。

（2）电价应执行编制期工程造价管理机构发布的信息价格。

（五）企业管理费费率

1.以直接费为计算基础

$$\text{企业管理费费率}(\%)=\frac{\text{生产工人年平均管理费}}{\text{年有效施工天数}\times\text{人工单价}}\times\text{人工费占分部分项工程费比例}(\%) \tag{3-42}$$

2.以人工费和机械费合计为计算基础

$$\text{企业管理费费率}(\%)=\frac{\text{生产工人年平均管理费}}{\text{年有效施工天数}\times(\text{人工单价}+\text{每一工日机械使用费})}\times100\% \tag{3-43}$$

3.以人工费为计算基础

$$\text{企业管理费费率}(\%)=\frac{\text{生产工人年平均管理费}}{\text{年有效施工天数}\times\text{人工单价}}\times100\% \tag{3-44}$$

上述公式适用于施工企业投标报价时自主确定管理费，是工程造价管理机构编制计价定额确定企业管理费的参考依据。

工程造价管理机构在确定计价定额中企业管理费时，应以定额人工费或（定额人工费+定额机械费）作为计算基数，其费率根据历年工程造价积累的资料，辅以调查数据确定，列入分部分项工程和措施项目中。

（六）利润

（1）施工企业根据企业自身需求并结合建筑市场实际自主确定，列入报价中。

（2）工程造价管理机构在确定计价定额中的利润时，应以定额人工费或（定额人工费+定额机械费）作为计算基数，其费率根据历年工程造价积累的资料，并结合建筑市场实际确定。以单位（单项）工程测算时，利润在税前建筑安装工程费的比例可按不低于5%且不高于7%的费率计算。利润应列入分部分项工程和措施项目中。

（七）规费

1.社会保险费和住房公积金

社会保险费和住房公积金应以定额人工费为计算基础，根据工程所在地省、自治区、直辖市或行业建设主管部门规定的费率计算。

社会保险费和住房公积金=∑（工程定额人工费×社会保险费和住房公积金费率）　（3-45）

式中，社会保险费和住房公积金费率可以每万元发承包价的生产工人人工费和管理人员工资含量与工程所在地规定的缴纳标准综合分析取定。

2.工程排污费

工程排污费等其他应列而未列入的规费应按工程所在地环境保护等部门规定的标准缴纳，按实计取列入。

（八）税金内容同前，增值税按纳税地点现行税率计算。

二、建筑安装工程计价计算

（一）分部分项工程费

分部分项工程费=∑（分部分项工程量×综合单价）　（3-46）

式中，综合单价包括人工费、材料费、施工机具使用费、企业管理费和利润以及一定范围的风险费用（下同）。

（二）措施项目费

1.国家计量规范规定应予计量的措施项目

其计算公式为：

措施项目费=∑（措施项目工程量×综合单价）　（3-47）

2.国家计量规范规定不宜计量的措施项目

（1）安全文明施工费

安全文明施工费=计算基数×安全文明施工费费率　（3-48）

计算基数应为定额基价（定额分部分项工程费+定额中可以计量的措施项目费）、定额人工费或（定额人工费+定额机械费），其费率由工程造价管理机构根据各专业工程的特点综合确定。

(2)夜间施工增加费

$$夜间施工增加费=计算基数\times夜间施工增加费费率 \tag{3-49}$$

(3)二次搬运费

$$二次搬运费=计算基数\times二次搬运费费率 \tag{3-50}$$

(4)冬(雨、风)季施工增加费

$$冬(雨、风)季施工增加费=计算基数\times冬(雨、风)季施工增加费费率 \tag{3-51}$$

(5)已完工程及设备保护费

$$已完工程及设备保护费=计算基数\times已完工程及设备保护费费率 \tag{3-52}$$

上述(2)~(5)项措施项目的计算基数应为定额人工费或(定额人工费+定额机械费),其费率由工程造价管理机构根据各专业工程特点和调查资料综合分析后确定。

(三)其他项目费

(1)暂列金额由建设单位根据工程特点,按有关计价规定估算,施工过程中由建设单位掌握使用,扣除合同价款调整后如有余额,归建设单位。

(2)暂估价中的材料、工程设备暂估单价根据工程造价信息或参照市场价格估算,计入综合单价;专业工程暂估价应根据不同专业,按有关计价规定估算。暂估价在施工中按照合同约定再加以调整。

(3)总承包服务费由建设单位在招标控制价中根据总包服务范围和有关计价规定编制,施工企业投标时自主报价,施工过程中按签约合同价执行。

(四)规费和税金

建设单位和施工企业均应按照省、自治区、直辖市或行业建设主管部门发布的标准计算规费和税金,不得作为竞争性费用。

三、相关问题的说明

(1)各专业工程计价定额的编制及其计价程序,均按通知实施。

(2)各专业工程计价定额的使用周期原则上为5年。

(3)工程造价管理机构在定额使用周期内,应及时发布人工、材料、机械台班价格信息,实行工程造价动态管理,如遇国家法律、法规、规章或相关政策变化以及建筑市场物价波动较大时,应适时调整定额人工费、定额机械费以及定额基价或规费费率,使建筑安装工程费能反映建筑市场实际。

(4)建设单位在编制招标控制价时,应按照各专业工程的计量规范和计价定额以及工程造价信息编制。

(5)施工企业在使用计价定额时除不可竞争费用外,其余仅作参考,由施工企业投标时自主报价。

计价程序见表3-4~表3-6。

表 3-4　建筑安装工程计价程序、建设单位工程招标控制价计价程序

工程名称：　　　　　　　　　　　　标段：

序号	内容	计算方法	金额/元
1	分部分项工程费	按计价规定计算	
1.1			
1.2			
1.3			
1.4			
1.5			
2	措施项目费	按计价规定计算	
2.1	其中：安全文明施工费	按规定标准计算	
3	其他项目费		
3.1	其中：暂列金额	按计价规定估算	
3.2	其中：专业工程暂估价	按计价规定估算	
3.3	其中：计日工	按计价规定估算	
3.4	其中：总承包服务费	按计价规定估算	
4	规费	按规定标准计算	
5	税金（扣除不列入计税范围的工程设备金额）	（1+2+3+4）×规定税率	
招标控制价合计=1+2+3+4+5			

表 3-5　施工企业工程投标报价计价程序

工程名称：　　　　　　　　　　　　标段：

序号	内容	计算方法	金额/元
1	分部分项工程费	自主报价	
1.1			
1.2			
1.3			
1.4			
1.5			
2	措施项目费	自主报价	
2.1	其中：安全文明施工费	按规定标准计算	
3	其他项目费		

续表 3-5

序号	内容	计算方法	金额/元
3.1	其中:暂列金额	按招标文件提供金额计列	
3.2	其中:专业工程暂估价	按招标文件提供金额计列	
3.3	其中:计日工	自主报价	
3.4	其中:总承包服务费	自主报价	
4	规费	按规定标准计算	
5	税金(扣除不列入计税范围的工程设备金额)	(1+2+3+4)×规定税率	
投标报价合计=1+2+3+4+5			

表 3-6　竣工结算计价程序

工程名称:　　　　　　　　　　　　　　　　标段:

序号	内容	计算方法	金额/元
1	分部分项工程费	按合同约定计算	
1.1			
1.2			
1.3			
1.4			
1.5			
2	措施项目	按合同约定计算	
2.1	其中:安全文明施工费	按规定标准计算	
3	其他项目		
3.1	其中:专业工程结算价	按合同约定计算	
3.2	其中:计日工	按计日工签证计算	
3.3	其中:总承包服务费	按合同约定计算	
3.4	索赔与现场签证	按发承包双方确认数额计算	
4	规费	按规定标准计算	
5	税金(扣除不列入计税范围的工程设备金额)	(1+2+3+4)×规定税率	
竣工结算总价合计=1+2+3+4+5			

【综合训练 1】某工地水泥从两个地方采购,其采购量及有关费用如表 3-7 所示,求该工地水泥的基价。

表 3-7 采购量及有关费用

采购处	采购量	原价	运杂费	运输损耗率	采购及保管费费率
来源一	300 t	240 元/t	20 元/t	0.5%	3%
来源二	200 t	250 元/t	15 元/t	0.4%	

解:

加权平均原价$=\dfrac{300\times240+200\times250}{300+200}=244$(元/t)

加权平均运杂费$=\dfrac{300\times20+200\times15}{300+200}=18$(元/t)

来源一的运输损耗费$=(240+20)\times0.5\%=1.3$(元/t)

来源二的运输损耗费$=(250+15)\times0.4\%=1.06$(元/t)

加权平均运输损耗费$=\dfrac{300\times1.3+200\times1.06}{300+200}=1.204$(元/t)

水泥基价$=(244+18+1.204)\times(1+3\%)=271.1$(元/t)

【综合训练 2】某拟建工业项目建设投资 3000 万元,建设期 2 年,生产运营期 8 年。其他有关资料和基础数据如下:

(1)建设投资预计全部形成固定资产,固定资产使用年限为 8 年,残值率为 5%,采用直线法折旧。

(2)建设投资来源为资本金和贷款。其中贷款本金为 1800 万元,贷款年利率为 6%,按年计息。贷款在两年内均衡投入。

(3)生产运营期第一年由资本金投入 300 万元,作为生产运营期间的流动资金。

问题:列式计算项目的总投资(计算结果均保留两位小数)。

解:

建设投资=3000 万元

流动资金=300 万元

建设期贷款利息的计算如下:

第一、二年贷款本金分别为 1800/2=900(万元)

第一年贷款利息:900/2×6%=27(万元)

第二年贷款利息:(900+27+900/2)×6%=82.62(万元)

建设期利息合计:82.62+27=109.62(万元)

总投资=建设投资+建设期利息+流动资金=3000+109.62+300=3409.62(万元)

【综合训练 3】已知某工程分部分项工程量清单合价 14 万元,其中,人工费 2.2 万元,技术措施费 1.63 万元,施工组织措施费 0.2 万元,计日工 0.2 万元。规费按人工费的 30% 计取,税率为 3.413%,根据上述条件计算总的单位工程费。

解：

分部分项工程量清单合计：140000 元

其中：人工费 22000 元

措施项目费＝技术措施费＋施工组织措施费＝16300+2000＝18300(元)

其他项目费：计日工 2000 元

规费＝人工费×30%＝22000×30%＝6600(元)

税金＝(140000+18300+2000+6600)×3.413%＝5696.297(元)

合计＝140000+18300+2000+6600+5696.297＝172596.29(元)

【综合训练 4】根据合同约定，某办公楼的装饰装修工程采用工程量清单计价，建施双方对工程竣工结算造价中的相应费用达成以下约定：

(1)分部分项工程费：B.1 楼地面工程造价 7 万元，B.2 墙柱面工程造价 16 万元，B.3 天棚工程造价 9 万元，B.4 门窗工程造价 2 万元，B.5 油漆、涂料、裱糊工程造价 1.5 万元。

(2)综合工日数量：6000 个。

(3)安全文明施工费：按综合工日数量×34×5.03%计算。

(4)计日工 0.5 万元。

(5)专业工程结算价为 6 万元。

(6)总承包服务费按专业工程结算价的 1.5%计算。

(7)索赔与现场签证造价为 7 万元。

(8)工程排污费、定额测定费均不计算；社会保险费按综合工日数量×7.48 元计算；住房公积金按综合工日数量×2.3 元计算。

(9)税金按税前造价的 3%计算。

根据题意，按照“单位工程竣工结算汇总表”的内容，完成答题卷表中的计算。

解：见表 3-8。

表 3-8　单位工程竣工结算汇总表

序号	汇总内容	金额/元	计算公式
1	分部分项工程		
1.1	B.1 楼地面工程	70000	70000
1.2	B.2 墙柱面工程	160000	160000
1.3	B.3 天棚工程	90000	90000
1.4	B.4 门窗工程	20000	20000
1.5	B.5 油漆、涂料、裱糊工程	15000	15000
2	措施项目		
2.1	安全文明施工费	10261.2	6000×34×5.03%

续表 3-8

序号	汇总内容	金额/元	计算公式
3	其他项目		
3.1	计日工	5000	5000
3.2	暂估价	60000	60000
3.3	总承包服务费	900	60000×1.5%
3.4	暂定金额	70000	70000
4	规费		
4.1	社会保险费	44880	6000×7.48
4.2	住房公积金	13800	6000×2.3
5	税金	16795.24	(1+2+3+4)×3%
竣工结算总价合计=1+2+3+4+5		576636.44	1+2+3+4+5=576636.44

单元四 建筑面积计算

知识目标 1.了解计算建筑面积的意义；
2.熟悉建筑面积的基本概念；
3.掌握建筑面积计算规范中相关建筑面积的计算规则；
4.掌握所给案例的建筑面积计算。

能力目标 1.能解释建筑面积的计算规则；
2.能计算所给案例的建筑面积。

项目一 建筑面积的概念和意义

一、基本概念

单层建筑物的建筑面积，是指外墙勒脚以上的结构外围水平面积。多层建筑物的建筑面积，是指各层结构外墙外围水平面积的总和。建筑面积包括使用面积、辅助面积、结构面积。

建筑面积 1

使用面积是指建筑物各层平面中直接生产、生活使用的净面积的总和，如办公楼中各层办公室面积的总和。

辅助面积是指建筑物各层平面中，为辅助生产或生活所占净面积的总和，如宿舍楼中的楼梯、走道、浴室、厕所及住宅楼中的厨房等面积。

结构面积是指建筑物各层平面中的墙、柱等结构所占面积的总和。

居住面积指住宅建筑中居室净面积。有效面积指建筑物中使用面积与辅助面积之和。

其相互间的关系式为：

$$建筑面积=有效面积+结构面积=使用面积+辅助面积+结构面积 \tag{4-1}$$

建筑平面系数是指建筑物中使用面积与建筑面积的百分比。

建筑占地利用系数(又称建筑密度)是指建设项目一定用地范围内所有建筑物占地面积与用地总面积的百分比。

单方造价是指建筑工程总造价与建筑面积的比值。

【例 4-1】下列内容中,属于建筑面积中的辅助面积的是(A)。

A.阳台面积　　B.墙体所占面积

C.柱所占面积　　D.会议室所占面积

二、建筑面积的计算意义

完成建设工程建筑面积的多少,标志着一个国家的工农业生产发展状况、人民生活居住条件的改善程度和文化福利设施发展的程度。年度竣工建筑面积的多少,也是衡量和评价建筑施工企业的重要指标。

有了建筑面积,才能够计算出另一个重要的技术经济指标——单方造价(元/m^2)。建筑面积、单方造价两个技术经济指标,又是计划部门、规划部门、上级主管部门进行项目立项、项目审批、控制投资规模和标准的重要依据。

在编制工程建设概(预)算时,建筑面积也是计算某些分项工程量、确定某些费用指标的基础数据,从而可以减少概(预)算编制过程中的计算工作量。例如建筑物超高费用,场地平整、地面抹灰、地面垫层、室内回填土等工程量,均是利用建筑面积这个基数来计算的。

建筑面积是一项重要的技术经济指标。建筑面积的计算是工程计量最基础的工作,它在工程建设中起着非常重要的作用。首先,在工程建设的众多技术经济指标中,大多以建筑面积为基数,它是核定估算、概算、预算工程造价的一个重要基础数据,是计算和确定工程造价,并分析工程造价和工程设计合理性的一个基础指标;其次,建筑面积是国家进行建设工程数据统计、固定资产宏观调控的重要指标;最后,建筑面积还是房地产交易、工程承发包交易、建设工程有关运营费用核定等的关键指标。

三、术语

(1)建筑面积:建筑物(包括墙体)所形成的楼地面面积。

(2)自然层:按楼板、地板结构分层的楼层。

(3)结构层高:楼面或地面结构层上表面至上部结构层上表面之间的垂直距离。

(4)围护结构:围合建筑空间的墙体、门、窗。

(5)建筑空间:以建筑界面限定的、供人们生活和活动的场所。

(6)结构净高:楼面或地面结构层上表面至上部结构层下表面之间的垂直距离。

(7)围护设施:为保障安全而设置的栏杆、栏板等围挡。

(8)地下室:室内地平面低于室外地平面的高度超过室内净高的 1/2 的房间。

(9)半地下室:室内地平面低于室外地平面的高度超过室内净高的 1/3,且不超过1/2

的房间。

(10)架空层:仅有结构支撑而无外围护结构的开敞空间层。

(11)走廊:建筑物中的水平交通空间。

(12)架空走廊:专门设置在建筑物的二层或二层以上,作为不同建筑物之间水平交通的空间。

(13)结构层:整体结构体系中承重的楼板层。

(14)落地橱窗:突出外墙面且根基落地的橱窗。

(15)凸窗(飘窗):凸出建筑物外墙面的窗户。

(16)檐廊:建筑物挑檐下的水平交通空间。

(17)挑廊:挑出建筑物外墙的水平交通空间。

(18)门斗:建筑物入口处两道门之间的空间。

(19)雨篷:建筑物入口上方为遮挡雨水而设置的部件。

(20)门廊:建筑物入口前有顶棚的半围合空间。

(21)楼梯:由连续行走的梯级、休息平台和维护安全的栏杆(或栏板)、扶手以及相应的支托结构组成的作为楼层之间垂直交通使用的建筑部件。

(22)阳台:附设于建筑物外墙,设有栏杆或栏板,可供人活动的室外空间。

(23)主体结构:接受、承担和传递建设工程所有上部荷载,维持上部结构整体性、稳定性和安全性的有机联系的构造。

(24)变形缝:防止建筑物在某些因素作用下引起开裂甚至破坏而预留的构造缝。

(25)骑楼:建筑底层沿街面后退且留出公共人行空间的建筑物。

(26)过街楼:跨越道路上空并与两边建筑相连接的建筑物。

(27)建筑物通道:为穿过建筑物而设置的空间。

(28)露台:设置在屋面、首层地面或雨篷上的供人室外活动的有围护设施的平台。

(29)勒脚:在房屋外墙接近地面部位设置的饰面保护构造。

(30)台阶:联系室内外地坪或同楼层不同标高而设置的阶梯形踏步。

项目二　建筑面积计算规则

一、建筑物建筑面积的计算

建筑面积 2

建筑物的建筑面积应按自然层外墙结构外围水平面积之和计算。结构层高在 2.20 m 及以上的,应计算全面积;结构层高在 2.20 m 以下的,应计算 1/2 面积。

【例 4-2】图 4-1 为某建筑平面和剖面示意图,计算该单层建筑物的建筑面积。

解:根据《建筑工程建筑面积计算规范》(GB/T 50353—2013)3.0.1 条规定,由图可知,该单层建筑物层高在 2.20 m 以上,则其建筑面积为:$S=15\times5=75(m^2)$。

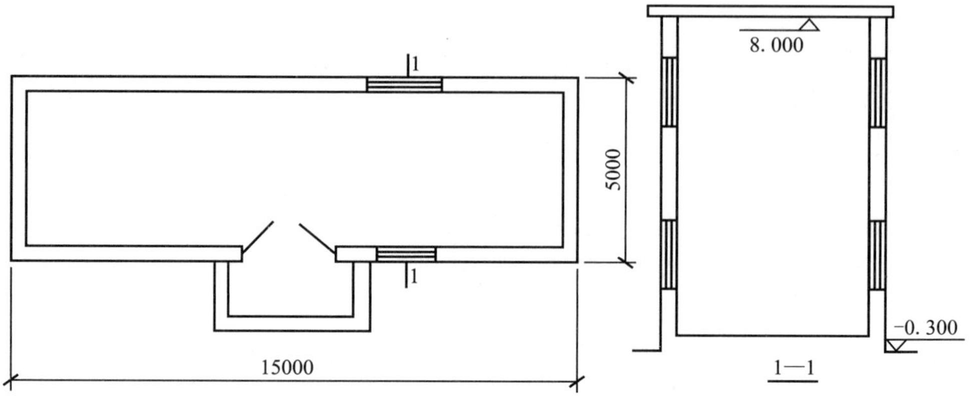

图 4-1　单层建筑物示意图

建筑物内设有局部楼层时，对于局部楼层的二层及以上楼层，有围护结构的应按其围护结构外围水平面积计算，无围护结构的应按其结构底板水平面积计算。结构层高在 2.20 m 及以上的，应计算全面积；结构层高在 2.20 m 以下的，应计算 1/2 面积。

【例 4-3】如图 4-2 所示，求设有局部楼层的单层平屋顶建筑物的建筑面积。

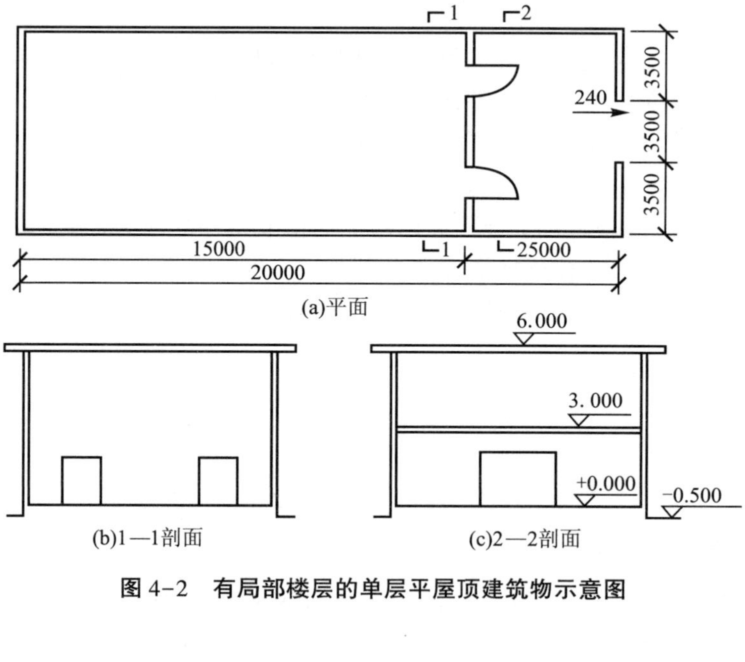

图 4-2　有局部楼层的单层平屋顶建筑物示意图

解：

一层建筑面积 $S_1=(20+0.24)\times(10.5+0.24)=217.38(\text{m}^2)$

楼隔层建筑面积 $S_2=(5+0.24)\times(10.5+0.24)=56.28(\text{m}^2)$

该建筑物全部建筑面积 $S=S_1+S_2=217.38+56.28=273.66(\text{m}^2)$

形成建筑空间的坡屋顶，如图 4-3 所示，结构净高在 2.10 m 及以上的部位应计算全面积；结构净高在 1.20 m 及以上至 2.10 m 以下的部位应计算 1/2 面积；结构净高在 1.20 m

以下的部位不应计算建筑面积。

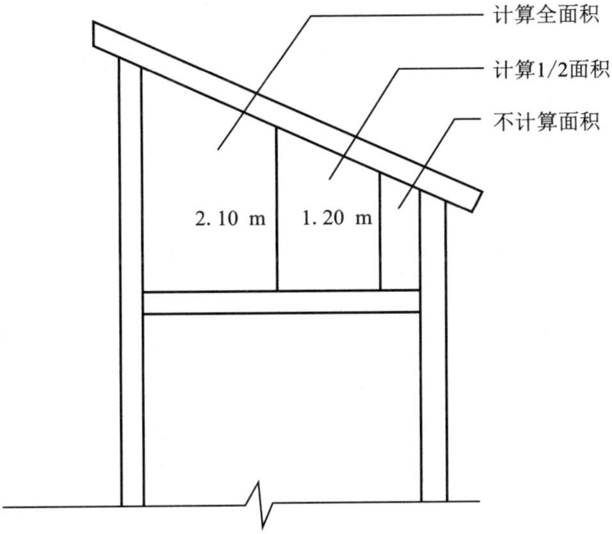

图 4-3　坡屋顶示意图

【例 4-4】根据图 4-4 计算该建筑物的建筑面积。

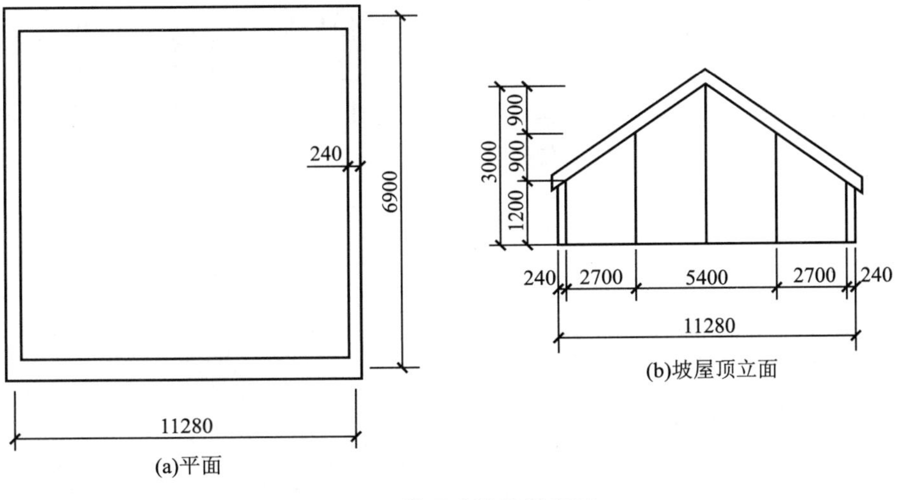

图 4-4　单层建筑物示意图

解：

$$S = 5.4\times(6.9+0.24)+2.7\times(6.9+0.24)\times0.5\times2$$
$$= 57.83(m^2)$$

场馆看台下的建筑空间，结构净高在 2.10 m 及以上的部位应计算全面积；结构净高在 1.20 m 及以上至 2.10 m 以下的部位应计算 1/2 面积；结构净高在 1.20 m 以下的部位不应计算建筑面积。室内单独设置的有围护设施的悬挑看台，应按看台结构底板水平投影面积计算建筑面积。有顶盖无围护结构的场馆看台应按其顶盖水平投影面积的 1/2 计算面积。

地下室、半地下室应按其结构外围水平面积计算。结构层高在 2.20 m 及以上的，应计算全面积；结构层高在 2.20 m 以下的，应计算 1/2 面积，见图 4-5。

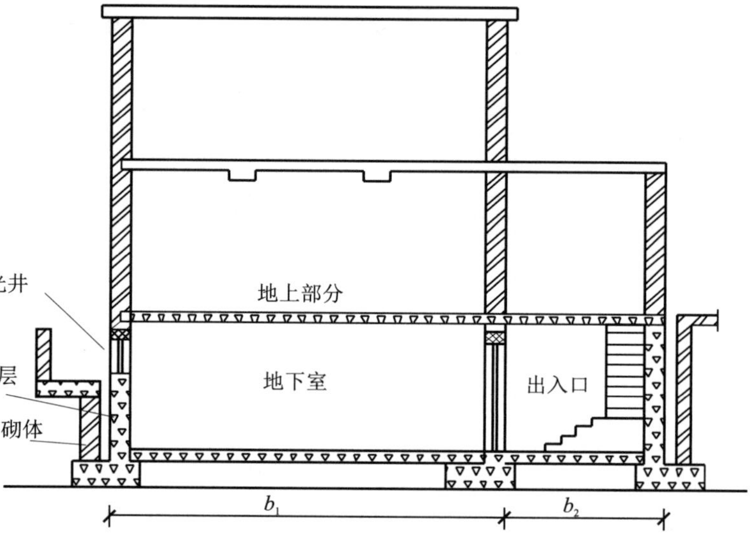

图 4-5 地下室示意图

出入口外墙外侧坡道有顶盖的部位，应按其外墙结构外围水平面积的 1/2 计算面积。

建筑物架空层及坡地建筑物吊脚架空层，应按其顶板水平投影计算建筑面积。结构层高在 2.20 m 及以上的，应计算全面积；结构层高在 2.20 m 以下的，应计算 1/2 面积，见图 4-6。

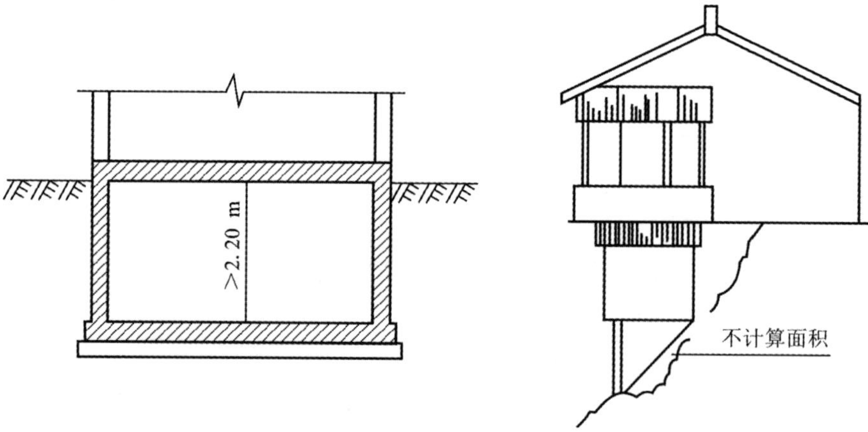

图 4-6 架空层示意图

建筑物的门厅、大厅应按一层计算建筑面积，门厅、大厅内设置的走廊应按走廊结构底板水平投影面积计算建筑面积。结构层高在 2.20 m 及以上的，应计算全面积；结构层高在 2.20 m 以下的，应计算 1/2 面积。

建筑物间的架空走廊，如图 4-7 所示，有顶盖和围护设施的，应按其围护结构外围水平面积计算全面积；无围护结构、有围护设施的，应按其结构底板水平投影面积计算 1/2 面积。

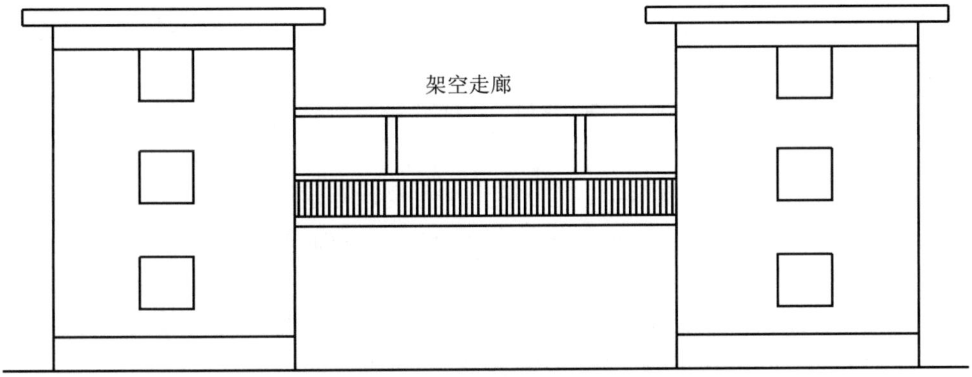

图 4-7 架空走廊示意图

立体书库、立体仓库、立体车库，有围护结构的，应按其围护结构外围水平面积计算建筑面积；无围护结构、有围护设施的，应按其结构底板水平投影面积计算建筑面积。无结构层的应按一层计算，有结构层的应按其结构层面积分别计算。结构层高在 2.20 m 及以上的，应计算全面积；结构层高在 2.20 m 以下的，应计算 1/2 面积。

有围护结构的舞台灯光控制室，应按其围护结构外围水平面积计算建筑面积。结构层高在 2.20 m 及以上的，应计算全面积；结构层高在 2.20 m 以下的，应计算 1/2 面积。

附属在建筑物外墙的落地橱窗，应按其围护结构外围水平面积计算建筑面积。结构层高在 2.20 m 及以上的，应计算全面积；结构层高在 2.20 m 以下的，应计算 1/2 面积。

窗台与室内楼地面高差在 0.45 m 以下且结构净高在 2.10 m 及以上的凸（飘）窗，应按其围护结构外围水平面积计算 1/2 面积。

有围护设施的室外走廊（挑廊），应按其结构底板水平投影面积计算 1/2 面积；有围护设施（或柱）的檐廊，应按其围护设施（或柱）外围水平面积计算 1/2 面积。

门斗应按其围护结构外围水平面积计算建筑面积，且结构层高在 2.20 m 及以上的，应计算全面积；结构层高在 2.20 m 以下的，应计算 1/2 面积。

门廊应按其顶板的水平投影面积的 1/2 计算建筑面积；有柱雨篷应按其结构板水平投影面积的 1/2 计算建筑面积；无柱雨篷的结构外边线至外墙结构外边线的宽度在 2.10 m及以上的，应按雨篷结构板的水平投影面积的 1/2 计算建筑面积。

设在建筑物顶部的、有围护结构的楼梯间、水箱间、电梯机房等，结构层高在 2.20 m 及以上的应计算全面积；结构层高在 2.20 m 以下的，应计算 1/2 面积。

围护结构不垂直于水平面的楼层，应按其底板面的外墙外围水平面积计算。结构净高在 2.10 m 及以上的部位，应计算全面积；结构净高在 1.20 m 及以上至 2.10 m 以下的部位，应计算 1/2 面积；结构净高在 1.20 m 以下的部位，不应计算建筑面积。

建筑物的室内楼梯、电梯井、提物井、管道井、通风排气竖井、烟道，应并入建筑物的自然层计算建筑面积。有顶盖的采光井应按一层计算面积,且结构净高在 2.10 m 及以上的,应计算全面积;结构净高在 2.10 m 以下的,应计算 1/2 面积。

室外楼梯应并入所依附建筑物自然层,并应按其水平投影面积的 1/2 计算建筑面积。

在主体结构内的阳台,应按其结构外围水平面积计算全面积;在主体结构外的阳台,应按其结构底板水平投影面积计算 1/2 面积。

有顶盖无围护结构的车棚、货棚、站台、加油站、收费站等,应按其顶盖水平投影面积的 1/2 计算建筑面积。

以幕墙作为围护结构的建筑物,应按幕墙外边线计算建筑面积。

建筑物的外墙外保温层,应按其保温材料的水平截面积计算,并计入自然层建筑面积。

与室内相通的变形缝,应按其自然层合并在建筑物建筑面积内计算。对于高低联跨的建筑物,当高低跨内部连通时,其变形缝应计算在低跨面积内。

对于建筑物内的设备层、管道层、避难层等有结构层的楼层,结构层高在 2.20 m 及以上的,应计算全面积;结构层高在 2.20 m 以下的,应计算 1/2 面积。

下列项目不应计算建筑面积:

(1)与建筑物内不相连通的建筑部件;

(2)骑楼、过街楼底层的开放公共空间和建筑物通道(见图 4-8、图 4-9);

(3)舞台及后台悬挂幕布和布景的天桥、挑台等;

(4)露台、露天游泳池、花架、屋顶的水箱及装饰性结构构件;

(5)建筑物内的操作平台、上料平台、安装箱和罐体的平台;

(6)勒脚、附墙柱、垛、台阶、墙面抹灰、装饰面、镶贴块料面层、装饰性幕墙,主体结构外的空调室外机搁板(箱)、构件、配件,挑出宽度在 2.10 m 以下的无柱雨篷和顶盖高度达到或超过两个楼层的无柱雨篷;

(7)窗台与室内地面高差在 0.45 m 以下且结构净高在 2.10 m 以下的凸(飘)窗,窗台与室内地面高差在 0.45 m 及以上的凸(飘)窗;

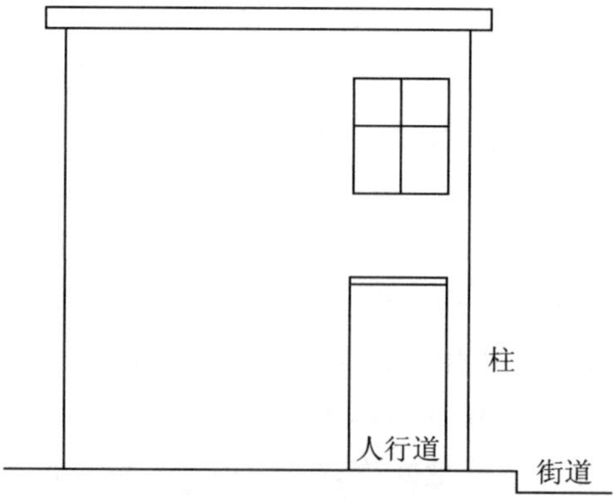

图 4-8　骑楼示意图

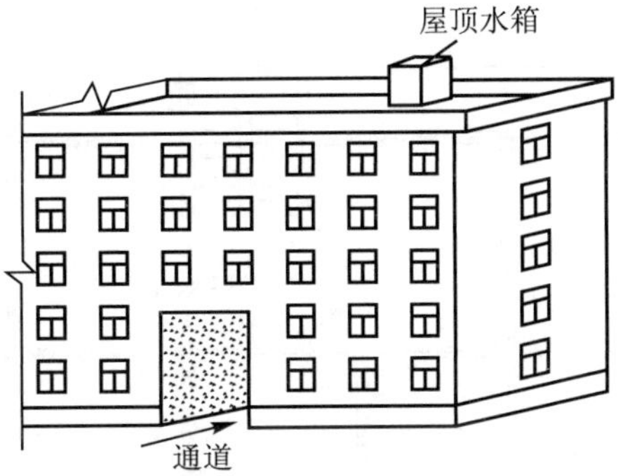

图 4-9 过街楼示意图

(8)室外爬梯、室外专用消防钢楼梯；

(9)无围护结构的观光电梯；

(10)建筑物以外的地下人防通道,独立的烟囱、烟道、地沟、油(水)罐、气柜、水塔、贮油(水)池、贮仓、栈桥等构筑物。

【综合训练 1】根据《建筑工程建筑面积计算规范》,下列内容中,应计算建筑面积的是(ABC)。

A.坡地建筑设计利用但无围护结构的吊脚架空层

B.建筑门厅内层高不足 2.20 m 的回廊

C.层高不足 2.20 m 的立体仓库

D.建筑物内钢筋混凝土操作平台

E.公共建筑物内自动扶梯

【综合训练 2】根据《建筑工程建筑面积计算规范》,下列内容中,不应计算建筑面积的是(ABCD)。

A.悬挑宽度为 1.80 m 的雨篷

B.与建筑物不连通的装饰性阳台

C.用于检修的室外钢楼梯

D.层高不足 1.20 m 的单层建筑坡屋顶空间

E.层高不足 2.20 m 的地下室

【综合训练 3】图 4-10 为某建筑标准层平面图,已知墙厚 240 mm,层高 3.0 m,求该建筑标准层的建筑面积。

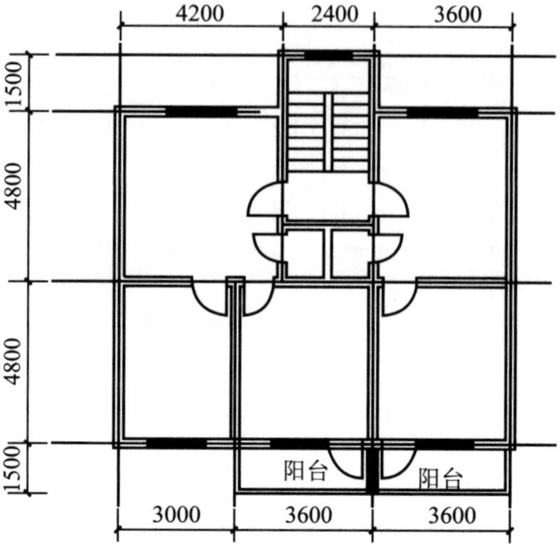

图 4-10 某建筑标准层平面图

解：

房心建筑面积 $S_1=(3+3.6+3.6+0.12\times2)\times(4.8+4.8+0.12\times2)+(2.4+0.12\times2)\times(1.5-0.12+0.12)$

$=102.73+3.96$

$=106.69(\text{m}^2)$

阳台建筑面积 $S_2=0.5\times(3.6+3.6)\times1.5=5.40(\text{m}^2)$

该建筑标准层建筑面积 $S=S_1+S_2=112.09(\text{m}^2)$

单元五 建筑工程工程量计量

知识目标

1. 了解工程量计算顺序；
2. 掌握各种建筑装饰工程工程量计算规则；
3. 熟悉工程量清单计算规范。

能力目标

1. 能解释工程量清单计算规范；
2. 能够熟练计算所给案例的工程量。

项目一　工程计量基础知识

一、工程量的概念

工程量是指按建筑工程量计算规则计算，以自然计量单位或物理计量单位所表示的各分部分项工程或结构、构件的实物数量。

工程量计算指建设工程项目以工程设计图纸、施工组织设计或施工方案及有关技术经济文件为依据，按照相关工程国家标准的计算规则、计量单位等规定进行工程数量的计算活动。在工程建设中简称工程计量。

自然计量单位是以物体自身的计量单位来表示的工程数量，如卫生器具安装以“套”为计量单位。

物理计量单位是指以物体（分项工程或构件）的物理法定计量单位来表示工程的数量，如混凝土梁、柱、板以“m^3”为计量单位，楼梯的栏杆、扶手以“m”为计量单位。

二、工程量计算的依据

（1）经审定的施工设计图纸及其说明。

(2)工程施工的合同、招标文件和商务条款。

(3)经审定的施工组织设计。

(4)工程量的计算规则。

工程量计算规则是规定在计算工程实物数量时,从设计文件和图纸中摘取数值的取定原则的法则。工程量的计算规则有两大类:一个是和预算定额相配套的,另一个是和国家公布的工程量计算规范相配套的。

(5)经审定的其他有关技术经济文件。

三、工程量计算规范

《房屋建筑与装饰工程工程量计算规范》(GB 50854—2013),包括了正文、附录和条文说明三部分,第二部分附录包括分部分项工程量项目(实体项目)和措施项目(非实体项目)的项目设置和工程量计算规则。

1.分部分项工程项目的内容

例如房屋建筑与装饰工程分为土石方、桩基、砌筑、混凝土及钢筋混凝土、楼地面装饰、天棚工程等,这个就叫作分部。分项是分部工程的组成部分,是按照不同的施工方法和材料、工序及路段长度来划分的。现浇混凝土基础分为带形基础、独立基础、满堂基础、桩基础、设备基础等等。桩基础、设备基础等叫作分项工程。

《房屋建筑与装饰工程工程量计算规范》(GB 50854—2013),附录中的分部分项工程内容包括项目编码、项目名称、项目特征、计量单位、工程量计算规则和工作内容等 6 个部分。

(1)项目编码:采用的是 12 位的阿拉伯数字。第 1、2 位作为专业工程代码。房屋建筑与装饰工程编码是 01,仿古建筑工程是 02,通用安装工程是 03 等。第 3、4 位叫作附录分类顺序码,比如房屋与装饰工程中的土石方工程,就是 0101。第 5、6 位是分部工程顺序码,比如房屋与装饰工程中的土石方工程,在第一位就是 01,是第一个专业。第7~9位是分项工程项目名称顺序码,如挖一般土方,就是 010101 后面再加 002。第 10~12 位是清单项目名称顺序码,同一个分项工程由于特征不同需要分别列举。

(2)项目名称:分部分项工程项目名称的设置和划分一般是以形成工程实体为原则命名的。

(3)项目特征:在描述工程量项目特征时应按以下原则:①按照计算规则规定的要求去描述,满足确定综合单价的需要;②宜采用标准图集。

必须描述的内容有:涉及正确计量的内容必须描述,要结合结构的要求进行必要的描述;涉及的材料要描述;涉及的安装方式要描述。

(4)计量单位:规范中的规定和定额是不一样的,关于清单的计量单位一定是物理计量单位和自然计量单位,而定额采用的是扩大的计量单位。

工程量计算规范中,附录中有两个或两个以上的计量单位时应结合拟建工程的实际情况选一个,而且一旦选了,后面一定要和它一致。

要求:如果以“t”为单位,保留小数点后三位,第四位四舍五入。以“m”“m^2”“m^3”“kg”为单位,保留小数点后两位,小数点第三位四舍五入。以“个”“件”“根”等为单位就是取整。

(5)工程量计算规则:是计算工程实体工程数量等净值的规则。

(6)工作内容:不同于项目特征,在编制清单时不需要描述。

2.措施项目的内容

措施项目是相对于工程实体的分部分项工程而言的,是对实际施工中必须发生的施工准备和施工过程中技术、生活、安全、环境保护等方面的非工程实体项目的总称。

附录中提出了两种类型的措施项目:第一个类型措施项目中列出了项目编码、项目名称、项目特征、计量单位、工程量计算规则、工作内容;第二个类型列出了项目编码、项目名称、未列出项目特征、计量单位和工作量计算规则。

3.工程量清单项目补充方法

随着新技术、新材料、新工艺等不断出现,有一些新的工程量,可能在这个施工里根本就没有遇到过,清单里没有,这时可以自己按照规范要求加。加的时候,内容应该涵盖前面6条,有项目编码、项目名称、项目特征、计量单位、工程量计算规则、工作内容,把增加的清单项目补充进去。补充进去后编码,编码由专业工程代码与B和三位阿拉伯数字组成。比如房屋建设与装饰工程是01专业,所以就是01B001,B代表增加,“补”。

四、工程量计算的要求

(1)工程量计算应采取表格形式,项目编码要正确,项目名称要完整,单位要用国际单位制表示,如“m”“t”等,还要在工程量计算表中列出计算公式,以便于计算和审查。

(2)工程量计算是根据设计图纸规定的各个分部分项工程的尺寸、数量,以及构件、设备明细表等,以物理计量单位或自然单位计算出来的各个具体工程和结构配件的数量。

工程量的计量单位应与预算定额中各个项目的单位一致。

即使有些计量单位一样,其含义也有所不同,如抹灰工程的计量单位大部分按平方米计算,但有的项目按水平投影面积计算,有的按垂直投影面积计算,还有的按展开面积计算,因此,对定额中的工程量计算规则应很好地理解。

(3)必须在熟悉和审查图纸的基础上进行,要严格按照定额规定和工程量计算规则,结合施工图所注位置与尺寸进行计算,不能人为地加大或缩小构件的尺寸,以免影响工程量计算的准确性。施工图设计文件上的标志尺寸通常有两种:标高均以“m”为单位,其他尺寸均以“mm”为单位。

(4)数字计算要精确。在计算过程中,小数点要保留三位。汇总时一般可以取小数点后两位。总之,应本着单位大、价值较高的可多保留几位,单位小、价值低的可少保留几位的原则,如使用钢材、木材的项目,其计算结果可保留两位小数。位数的保留应按有关要求确定。

(5)要按一定的顺序计算。为了便于计算和审核工程量,防止重算和漏算,计算工程量尺寸除了按定额项目的顺序进行计算外,对于每一个工程分项也要按一定的顺序进行计算。在计算过程中,如发现新项目,要随时补进去,以免遗忘。

(6)要结合图纸,尽量做到结构按分层计算,内装饰按分层、分房间计算,外装饰按分立面计算或按施工方案的要求分段计算。有些项目要按使用材料的不同分别进行计算，如钢筋混凝土框架工程工程量要一层层计算；外装饰工程可先计算出正立面，再计算背立面，最后计算侧立面等等。这样做可以避免漏项，同时也为编制工料分析和施工时安排进度计划，人、工、材料计划创造有利条件。

(7)计算底稿要整齐，数字清楚，数值准确，切忌草率零乱，辨认不清。工程量计算表是预算的原始单据，计算时要考虑可修改和补充的余地，一般每一个分部工程计算完后，可留一部分空白，不要各分部工程量之间挤得太紧。

五、工程计量的原则及步骤

1.工程计量的原则

(1)列项要正确，严格按照规范或有关规定的工程量计算规则计算工程量，避免错算。

(2)工程量计算单位必须与工程量计算规范或有关定额中规定的计量单位一致。

(3)计算口径要一致。根据施工图列出的工程量清单项目的口径必须与工程量计算规范中相应清单项目的口径一致。

(4)按图纸，结合建筑物的具体情况进行计算。要结合施工图纸，尽量做到结构按楼层，内装修按楼层分房间，外装修施工层分立面计算，或按施工方案的要求分段计算，或按使用的材料不同分别计算。在计算工程量时既要避免漏项，又要为安排施工进度和编制资源计划提供数据。

(5)工程量计算精度要统一，要满足规范要求。

2.工程计量的步骤

(1)计算出基数。基数是指在工程量计算中需要反复使用的基本数据。

(2)编制统计表。统计表在土建工程中主要是指门、窗、洞口面积统计表和墙体构件体积统计表。

(3)编制预制构件加工委托计划。

(4)按一定顺序计算工程量。

(5)计算其他项目，即不能用线面基数计算的其他项目工程量。

(6)工程量整理、汇总。

六、工程量计算顺序

1.单位工程工程量计算顺序

(1)按图纸顺序计算。根据图纸排列的先后顺序，由建施至结施；每个专业图纸由前至后，先平面再立面再剖面，先基本图再详图。

(2)按消耗量定额的分部分项顺序计算。按消耗量定额的章、节、子目次序，由前至后，逐项对照，定额项与图纸设计内容能对上号时就计算。

(3)按施工顺序计算。

(4)按统筹图计算。统筹图一般采用网络图的形式表示。

(5)按造价软件程序计算。

(6)管线工程计算顺序。水暖电气照明工程中的管道和线路系统应由进户管线开始,沿着管线的走向:主管线→支管线→设备;还可以先平面后立面,先地下后地上,先主体后一般,先内墙后外墙。住宅也可按建筑设计对称规律及单元个数进行计算。

2.分部分项工程计算顺序

(1)按照顺时针方向计算法。即先从平面图的左上角开始,自左至右,然后再由上而下,最后转回到左上角为止,这样按顺时针方向转圈依次进行计算。例如:计算外墙、地面、天棚等分部分项工程,都可以按照此顺序进行计算。

(2)按"先横后竖、先上后下、先左后右"计算法。即在平面图上从左上角开始,按"先横后竖、先上后下、先左后右"的顺序计算工程量。例如:房屋的条形基础土方、砖石基础、砖墙砌筑、门窗过梁、墙面抹灰等分部分项工程,均可以按照此顺序计算。

(3)按图纸分项编号顺序计算法。即按照图纸上所标注结构构件、配件的编号顺序进行计算。例如计算混凝土构件、门窗、屋架等分部分项工程,均可以按照此顺序计算。

注:按一定顺序计算工程量的目的是防止漏项少算或重复多算的现象发生,只要能实现这一目的,采用哪种顺序方法计算都可以。

七、工程量清单项目与定额工程量计算的区别与联系

现行国家标准《房屋建筑与装饰工程工程量计算规范》是以现行的全国统一工程预算定额为基础,特别是项目划分、计量单位、工程量计算规则等方面,尽可能多地与定额衔接,但工程量清单中的工程量是针对建筑产品而言的,且工程量清单计价是市场经济条件下的工程造价计价方式。在编制工程量计算规则时,对基础定额工程量计算规则中不适用于工程量清单项目的,以及不能满足工程量清单项目设置要求的部分进行了修改和调整。主要调整如下:

(1)在项目设置上区分实体项目和非实体项目,又有一定灵活性。

非实体项目主要是指措施项目,并且还有一定的灵活性。现浇混凝土工程中的工作内容,包括模板工程的内容,同时又在措施项目中单列了现浇混凝土模板的项目。

(2)专业划分更加精细,适用范围扩大,可操作性强。

(3)综合的工作内容不同。

《房屋建筑与装饰工程工程量计算规范》中的工程量计算规则是根据主体工程项目设置的,其内容涵盖了主体工程项目及主体项目以外的完成该综合实体(清单项目)的其他工程项目的全部工程内容。基础定额项目主要是以施工过程为对象划分的。

(4)计算口径的调整。

分部分项工程量的计算规则是按施工图纸的净量计算的,不考虑施工方法和加工余量;预算定额项目计量则是考虑了不同施工方法和加工余量的实际数量。

如土方工程中的010101004挖基础土方,《房屋建筑与装饰工程工程量计算规范》规定,其工程量按设计图示尺寸以基础垫层底面积乘以挖土深度进行计算,按规范规定应是净量(规范中也同时说明:在编制工程量清单时也可以将放坡及工作面增加的工程量并入土方工程量内)。预算定额项目计算则是按实际开挖量计算,包括放坡及工作面等

的开挖量,即包含了为满足施工工艺要求而增加的加工余量。

(5)计量单位的调整。

工程量清单项目的计量单位一般采用基本的物理计量单位或自然计量单位,如“m^2”“m^3”“m”“kg”“t”等,基础定额中的计量单位一般为扩大的物理计量单位或自然计量单位,如 100 m^2、1000 m^3、100 m 等。

综上所述,《房屋建筑与装饰工程工程量计算规范》(GB 50854—2013)中的工程量计算规则既是预算定额项目工程量计算规则的发展,又是对预算定额项目工程量计算规则的扬弃。它遵循市场经济发展规律,注意科学的方法,着眼科学技术的发展,反映了两种不同目标与用途的工程量计算规则的区别。

八、工程量计算方法

1.工程量计算技巧

(1)熟记消耗量定额说明和工程量计算规则;

(2)准确而详细地填列工程内容;

(3)结合设计说明看图纸;

(4)统筹主体,兼顾其他工程。

2.工程量计算的一般方法

在建筑工程中,计算工程量的原则是“先分后合,先零后整”。分别计算工程量后,如果各部分均套同一定额,可以合并套用。可以采用的方法有分段法、分层法、分块法、补加补减法、平衡法或近似法。

九、基数计算

运用统筹原理计算法计算工程量时,我们可以借助一些重复使用的数据来实现分项工程量的计算,从而减少工作量,提高效率。我们把计算分项工程量时重复使用的数据称为基数。

工程量计算基数主要有外墙中心线($L_{中}$)、内墙净长线($L_{内}$)、外墙外边线($L_{外}$)、底层建筑面积($S_{底}$),简称“三线一面”,其作用如表 5-1 所示。除此之外,工程量计算基数还有“一册”,即《造价员工作手册》。

表 5-1 基数计算作用表

基数名称	代号	可用以计算
外墙中心线	$L_{中}$	(1)外墙地槽长; (2)外墙基础垫层长; (3)外墙基础长; (4)外墙地圈梁、圈梁长; (5)外墙防潮层长; (6)外墙墙体长; (7)女儿墙压顶长

续表 5-1

基数名称	代号	可用以计算
内墙净长线	$L_{内}$	(1)内墙地槽长($L_{内}$-修正值); (2)内墙基础垫层长($L_{内}$-修正值); (3)内墙基础长; (4)内墙地圈梁、圈梁长; (5)内墙防潮层长; (6)内墙墙体长
外墙外边线	$L_{外}$	(1)平整场地; (2)外墙装饰脚手架; (3)外墙抹灰、装饰; (4)挑檐长; (5)排水坡长; (6)明沟(暗沟)长
底层建筑面积	$S_{底}$	(1)平整场地; (2)室内回填土; (3)室内地坪垫层、面层; (4)楼面垫层、面层; (5)天棚面层; (6)屋面找平层、防水层、面层等

1.三线

(1)外墙外边线($L_{外}$):指外墙的外侧与外侧之间的距离。其计算式如下:

$$L_{外}=\text{外墙定位轴线长}+\text{外墙定位轴线至外墙外侧的距离} \quad (5-1)$$

(2)外墙中心线($L_{中}$):指外墙中心至中心之间的距离。其计算式如下:

$$L_{中}=\text{外墙定位轴线长}+\text{外墙定位轴线至外墙中心的距离} \quad (5-2)$$

偏轴线基数的计算:

$$L_{中}=L_{外}-\text{外墙墙厚}\times4 \quad (5-3)$$

(3)内墙净长线($L_{内}$):指内墙与外墙(内墙)交点之间的距离。其计算式如下:

$$\begin{aligned}L_{内}&=\text{外墙定位轴线长}-\text{墙定位轴线至所在墙体内侧的距离}\\&=\text{建筑基础平面图中内墙混凝土基础或垫层净长度}\end{aligned} \quad (5-4)$$

2.一面

指建筑物底层(也称首层)建筑面积($S_{底}$),参考建筑面积计算规则来计算。$S_{底}$ 为建筑物底层建筑面积;$S_{房}$ 为建筑平面图中房心净面积。

3.一册

指《造价员工作手册》,它是由有些不能用“线”和“面”计算而又经常用的数据、公式和系数,汇编而成的手册。当计算有关分项工程量时,即可查阅手册快速计算。

【例 5-1】某工程一层平面图基数计算示意图如图 5-1 所示，要求计算基数三线一面。

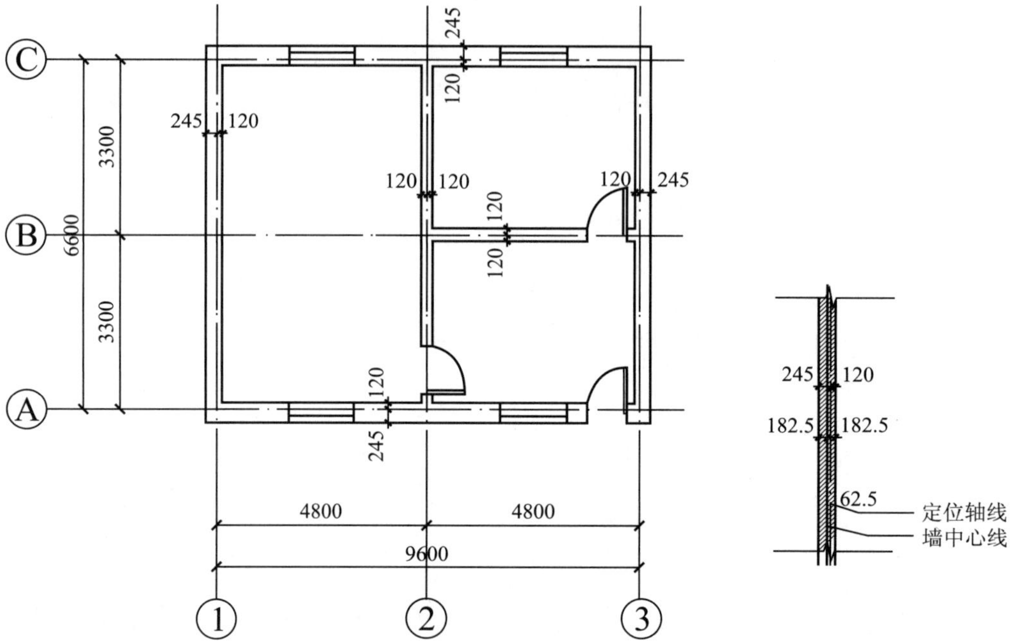

图 5-1　基数计算示意图

解：基数三线一面是指：外墙外边线（$L_{外}$）、外墙中心线（$L_{中}$）、内墙净长线（$L_{内}$），一面是指建筑物底层建筑面积（$S_{底}$），计算过程如下：

$$L_{外}=[(3.3\times2+0.245\times2)+(4.8\times2+0.245\times2)]\times2=34.36(\mathrm{m})$$

$$L_{中}=[(3.3\times2+0.0625\times2)+(4.8\times2+0.0625\times2)]\times2=32.90(\mathrm{m})$$

或

$$L_{中}=L_{外}-4\times外墙墙厚=34.36-4\times0.365=32.90(\mathrm{m})$$

$$L_{内}=3.3\times2-0.12\times2+4.8-0.12\times2=10.92(\mathrm{m})$$

$$S_{底}=(6.6+0.245\times2)\times(9.6+0.245\times2)=71.54(\mathrm{m}^2)$$

项目二 房屋建筑工程工程量计量

A 土石方工程

土石方工程包括土方工程、石方工程、回填三部分。不仅适用于建筑与装饰工程,也适用于其他专业工程。

一、计算土方工程量前应明确的资料

1.土壤类别划分

(1)《河南省房屋建筑与装饰工程预算定额(2016)》中的土壤和岩石的分类,是按照“土壤及岩石(普氏)分类表”综合取定,表中的Ⅰ~Ⅲ类为定额中的一般土,Ⅳ类为定额中的沙砾坚土,Ⅴ类为定额中的松石,Ⅵ~Ⅷ类为定额中的次坚石,Ⅸ、Ⅹ类为定额中的普坚石,Ⅺ~ⅩⅥ类为定额中的特坚石。

(2)土方体积均以挖掘前的天然密实度体积计算。天然密实度体积与其他土方体积的换算见土方体积折算系数表。

(普氏)分类表中土壤的划分与地质勘查资料中的分类不一致,不可套用。

计量规范规定:土壤的不同类型决定了土方工程施工的难易程度、施工方法、功效及工程成本,所以应掌握土壤类别的确定,如土壤类别不能准确划分时,招标人可注明为综合,由投标人根据地勘报告决定报价。

土壤分类可参考表5-2。

表5-2 土壤分类表

土壤分类	土壤名称	开挖方法
一、二类土	粉土、砂土(粉砂、细砂、中砂、粗砂、砾砂)、粉质黏土、弱中盐渍土、软土(淤泥质土、泥炭、泥炭质土)、软塑红黏土、冲填土	用锹,少许用镐、条锄开挖。机械能全部直接铲挖满载者
三类土	黏土、碎石土(圆砾、角砾)混合土、可塑红黏土、硬塑红黏土、强盐渍土、素填土、压实填土	主要用镐、条锄,少许用锹开挖。机械需部分刨松方能铲挖满载者或可直接铲挖但不能满载者
四类土	碎石土(卵石、碎石、漂石、块石)、坚硬红黏土、超盐渍土、杂填土	全部用镐、条锄挖掘,少许用撬棍挖掘。机械须普遍刨松方能铲挖满载者

注:本表土壤的名称及其含义按国家标准《岩土工程勘察规范(2009年版)》(GB 50021—2001)定义。

2.确定地下水位标高

土方工程由于基础埋置深度和地下水位的不同以及受到季节施工的影响,出现干土

与湿土之分。干、湿土的划分，应根据地质资料提供的地下常水位为界，地下常水位以上为干土，地下常水位以下为湿土。地表水排出后，土壤含水率≥25%时为湿土。人工挖土子目是按干土编制的，如挖湿土时，对应子目中“人工”乘以系数 1.18。当采用集水坑降水时，应按干、湿土分别计算，采取降水措施后，人工挖、运土相应项目人工乘以系数 1.09，机械挖、运土不再乘以系数。

机械土方子目以土壤天然含水率为准划分，含水率大于 25%时，定额子目人工、机械乘以系数 1.15；若含水率大于 40%，需要另行处理。

在同一沟槽或坑内有干、湿土时，工程量应分别计算，但选择子目时，则均按槽或坑的全深作为选择条件。

定额子目中未包括地下常水位以下施工的排水费用，发生时，应另按措施项目计算。

3.明确土方的施工方法和运距等

(1)明确土方开挖采用的施工方法，是人工开挖还是机械开挖。

(2)确定挖土的深度。挖土方的平均厚度应按自然地面测量标高至设计地坪标高间的平均厚度确定。基础土方、石方开挖深度应按基础垫层底表面标高至交付施工场地标高确定，无交付施工场地标高时，应按自然地面标高确定。

而建筑小区内部的室外管线工程，其开挖深度从设计管道基础底标高计算到设计室外地坪。

(3)是否需要放坡或采取支挡土板开挖。

(4)基础施工所需加宽工作面(按 2016 版定额中规定)。

(5)堆、弃土的地点及运距的确定。土方工程施工中，堆弃土的地点一般有三种方案：其一，可将挖出的土直接堆放在槽坑边，或运至施工现场某一地点堆放，回填后余土再行运出；其二，如果场地狭小，亦可全部运出施工现场，待回填时再将回填土运回；其三，部分运出，部分在施工现场某一地点存放，待回填时将其运回。具体编制时，应根据施工组织设计确定土方运输的方案。

(6)运土(包括回填土)的工具、方式。运土方是按天然密实度体积计算的，如回填土为松填或夯填时，可按土方体积折算系数表所列数值计算。

(7)是否存在开挖桩间土方的情况。开挖钻孔灌注桩、预制桩桩间土方时，不扣除桩所占体积，相应项目人工、机械乘以系数 1.50。

二、平整场地及挖一般土方

1.人工平整场地

土方工程-平整场地

建筑物场地厚度在±30 cm 以内的挖、填、找平，应按平整场地列项，平整场地按设计图示尺寸以建筑物首层建筑面积计算。

平整场地子目已综合考虑了各种因素，与实际不同时不能换算。计算挖土方时，也不扣除场地平整的厚度。

±30 cm 以外的竖向布置挖土或山坡切土，应按土方工程中项目列项。竖向布置挖土和管道支架、下水道、化粪池、窨井等零星工程不计算平整场地。围墙、地沟、水塔、烟囱按基础垫层面积计算平整场地。平整场地工程量按首层建筑面积计算，骑楼、过街楼下方面积不能计算。项目特征包括土壤类别、弃土运距、取土运距。在平整场地若需要外运土方或取土回填时，在清单项目特征中应描述弃土运距或取土运距，其报价应包括在平整场地项目中；当清单中没有描述弃土、取土运距时，应注明由投标人根据施工现场实际情况自行考虑到投标报价中。

【例 5-2】某工程首层如图 5-2 所示，为三类土，试编制其平整场地的工程量清单。

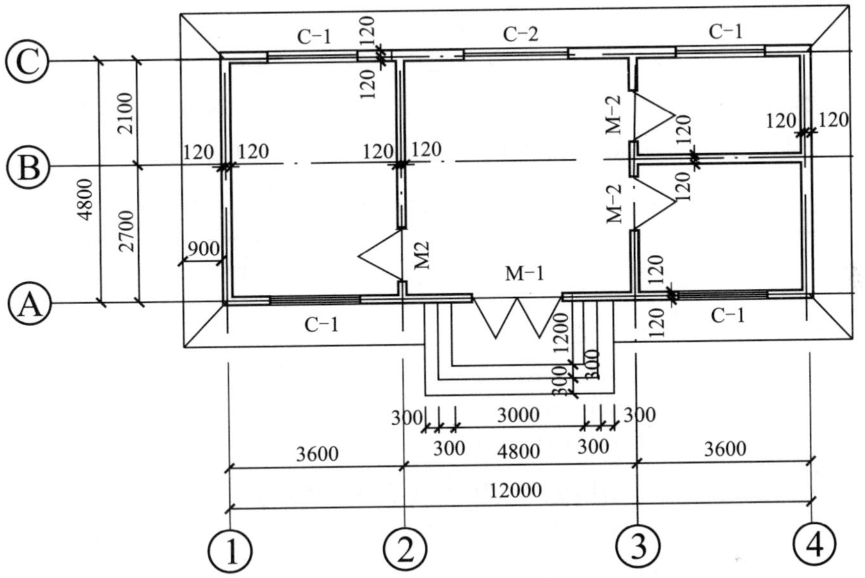

图 5-2　某工程首层图

解：平整场地的工程量按设计图示尺寸以建筑物首层建筑面积计算，其工程量为：

$$(12+0.24)\times(4.8+0.24)=61.69(\mathrm{m}^2)$$

平整场地的工程量清单如表 5-3 所示。

表 5-3　平整场地的工程量清单

序号	项目编码	项目名称	项目特征描述	计量单位	工程量	综合单价	合价
1	略	平整场地	(1)土壤类别：三类土 (2)弃土、取土运距：自定	m^2	61.69		

2.夯填土

夯填土是指按设计要求，在建筑物或构筑物工程施工时对地坪或沟槽进行夯填的工作。有人工夯填土和机械夯填土之分。原土夯实与碾压，按施工组织设计规定的尺寸，以面积计算。

原土打夯应按施工方案列项，基础土方开挖后为防止地基承载力发生改变，一般不进行打夯。

3.场地机械碾压

场地机械碾压子目分为原土机械碾压、填土机械碾压两个子目。场地机械碾压主要用于建筑施工前期“三通一平”工程和运动场、露天堆放场等工程开工前的场地平整碾压。

$$建筑场地原土碾压工程量=设计要求碾压的面积 \tag{5-5}$$

$$填土机械碾压工程量=设计要求碾压的面积\times填土厚度 \tag{5-6}$$

4.挖一般土方

按设计图示尺寸以体积计算，单位：m^3。挖土方平均厚度应按自然地面测量标高至设计地坪标高间的平均厚度确定。土石方体积应按挖掘前的天然密实度体积计算，如需按天然密实体积折算时，应按表 5-4 系数计算。挖土方如需截桩头时，应按桩基工程相关项目列项。桩间挖土不扣除桩的体积，并在项目特征中加以描述。

表 5-4 土方体积折算系数表

天然密实度体积	虚方体积	夯实后体积	松填体积
1.00	1.30	0.87	1.08
0.77	1.00	0.67	0.83
1.15	1.49	1.00	1.24
0.93	1.20	0.81	1.00

注：虚方指未经碾压、堆积时间≤1 年的土壤。

土方工程-沟槽开挖

三、挖沟槽土方及挖基坑土方

挖沟槽土方及挖基坑土方按设计图示尺寸以基础垫层底面积乘以挖土深度计算，单位：m^3。基础土方开挖深度应按基础垫层底表面标高至交付施工场地标高确定，无交付施工场地标高时，应按自然地面标高确定。

沟槽、基坑、一般土方的划分为：底宽≤7 m，且底长>3 倍底宽为沟槽；底长≤3 倍底宽，且底面积≤150 m^2 为基坑；超出上述范围，又非平整场地的为一般土方。

挖沟槽、基坑、一般土方因工作面和放坡增加的工程量（管沟工作面增加的工程量）是否并入各土方工程量中，按各省、自治区、直辖市或行业建设主管部门的规定实施。如并入各土方工程量中，办理工程结算时，按经发包人认可的施工组织设计规定计算，编制工程量清单时，可按规定计算。

1.放坡系数及工作面的确定

（1）放坡起点。土方工程施工时，为了防止土壁坍塌，保证施工安全，要求土壁稳定。因此，当土方开挖深度超过一定限度时，上口开挖宽度必须增大，将土壁做成具有一定坡度的边坡。放坡起点是指某类别土壤边壁直立不加支撑开挖的最大深度。

（2）放坡系数 k。根据土质情况，施工中，当开挖深度超过一定限度时，均应将其边壁做成具有一定坡度的边坡。土方边坡的坡度用高度 H 与边坡宽度 b 之比表示，放坡系数 $k=b/H$，如图 5-3 所示。

土方的边坡的大小与土质、开挖深度、开挖方法、边坡留置时间的长短、排水情况、附近堆土等有关，一般应按施工组织设计规定的放坡坡度进行施工。

如果施工组织设计无规定，则应按有关规范规定进行施工，供预算编制时使用，见表5-5。

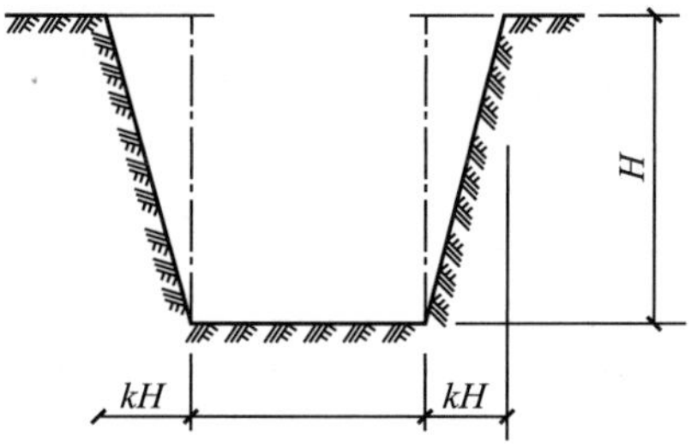

图 5-3　坡度系数的意义

表 5-5　土方工程放坡系数表

土壤类别	起点深度/m	人工挖土	机械挖土		
			基坑内作业	基坑上作业	沟槽上作业
一、二类土	>1.20	1∶0.50	1∶0.33	1∶0.75	1∶0.50
三类土	>1.50	1∶0.33	1∶0.25	1∶0.67	1∶0.33
四类土	>2.00	1∶0.25	1∶0.10	1∶0.33	1∶0.25

注：1.土方放坡的起点深度和放坡坡度，按施工组织设计计算；施工组织设计无规定时，按表计算。

2.基础土方放坡，自基础（含垫层）底标高算起。原槽、坑作基础垫层时，放坡自垫层上表面开始计算。

3.混合土质的基础土方，其放坡的起点深度和放坡坡度，按不同土类厚度加权平均计算。

4.计算基础土方放坡时，不扣除放坡交叉处的重复工程量。

（3）工作面。根据基础施工的需要，挖土时按基础垫层的双向尺寸向周边放出一定范围的操作面积，作为工人施工时的操作空间，这个单边放出的宽度，就称为工作面。

定额子目内，未考虑工作面和放坡应增加的费用。施工组织设计要求增加工作面和放坡时，增加土方工程量可依据本分部计算规则的相应规定计算，增加土方工程量的费用可考虑在综合单价内。

基础工程施工中所需要增加的工作面，应根据已批准的施工组织设计确定。但在编制预算时，无论实际为多少，均按综合基价中的有关规定计算，在工程量清单计价模式下，只按图示尺寸计算净工程量，而不考虑施工工艺因素引起的工程量变化（见表5-6）。

表 5-6　基础施工单面工作面宽度计算表

基础材料	每面增加工作面宽度/mm
砖基础	200
毛石、方整石基础	250
混凝土基础(支模板)	400
混凝土基础垫层(支模板)	150
基础垂直面做砂浆防潮层	400(自防潮层面)
基础垂直面做防水层或防腐层	1000(自防水层或防腐层面)
支挡土板	100(另加)

2.沟槽开挖工程量计算

(1)不放坡不支挡土板开挖。不放坡不支挡土板开挖是指沟槽的开挖深度不超过表 5-5 放坡起点深度,如图 5-4(a)所示。其计算公式为:

$$不放坡不支挡土板沟槽工程量=(a+2c)HL \qquad (5-7)$$

式中　a——图示基础垫层的宽度。

c——每边各增加的工作面宽度,指为保证施工人员正常施工,垫层两侧所增加的预留宽度,具体宽度见表 5-6,按施工组织设计规定计算。

L——所挖沟槽的长度。外墙按图示中心线长度计算,内墙按图示基础底面之间的净长线的长度计算,内外突出部分(垛、附墙、烟囱等)体积并入沟槽土方工程量内计算。

H——所挖沟槽、基坑的深度。按图示槽、坑底面至室外地坪深度计算,管道地沟按图示沟底至室外地坪深度计算。

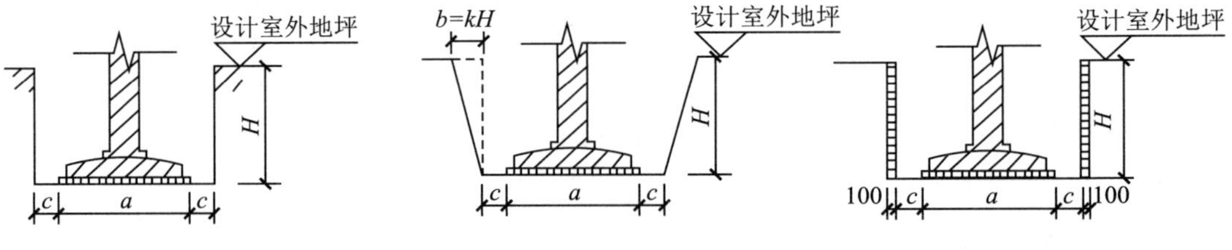

(a)不放坡不支挡土板开挖　(b)放坡开挖　(c)支挡土板开挖

图 5-4　挖沟槽示意图

(2)放坡开挖。放坡开挖是指沟槽的开挖深度超过表 5-5 放坡起点深度,这时为防止土方侧壁塌方,保证施工安全,土壁应做成有一定倾斜坡度的边坡,这个倾斜坡度可用放坡系数 k 表示为 $1:k$,见表 5-5。如图 5-4(b)所示,其计算公式为:

$$放坡沟槽工程量=(a+2c+kH)HL \qquad (5-8)$$

式中　k——放坡系数,$k=b/H$,$b=kH$。

(3)支挡土板开挖。支挡土板开挖是指在需要放坡的土方开挖中,由于现场限制不能放坡,或因土质原因,放坡后工程量较大时,就需要用支挡土板。支挡土板时,其基槽宽度按图示沟槽底宽单面加 10 cm、双面加 20 cm 计算。支挡土板后,不得再计算放坡工程量。如图 5-4(c)所示,其计算公式为:

$$单边支挡土板沟槽工程量=(a+2c+\frac{0.4}{2}kH+0.1)HL \tag{5-9}$$

$$双边支挡土板沟槽工程量=(a+2c+0.2)HL \tag{5-10}$$

【例 5-3】如图 5-4 所示,已知开挖深度(无垫层)$H=2.0$ m,槽底宽度 $a=1.80$ m,基础土质为三类土,采用人工开挖。试确定其开挖断面积是多少?

解:

$$沟槽断面积=(a+kH)\times H=(1.8+0.33\times2)\times2=4.92(\mathrm{m}^2)$$

3.基坑开挖工程量计算

基坑体积(V)以立方米计算,通常坑底为正方形、长方形或圆形。

(1)矩形基坑

$$V=(a+2c+kH)(b+2c+kH)H+\frac{0.4}{2}k^2H^3 \tag{5-11}$$

式中 a,b——基础双向尺寸,m,如图 5-5 所示;

c——单面工作面宽度,据表 5-6 确定;

k——放坡系数,据表 5-5 确定;

H——开挖深度,m。

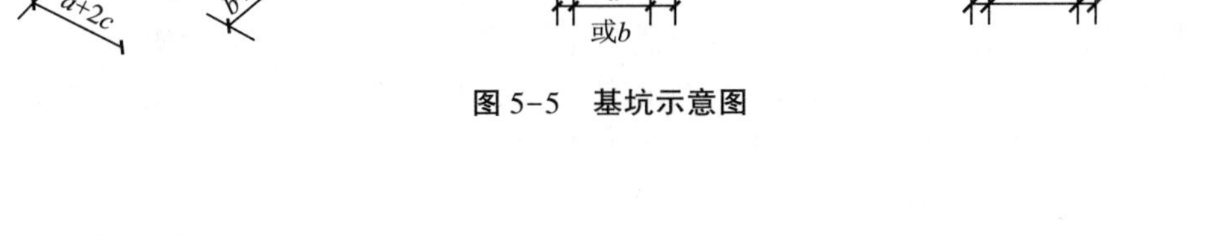

图 5-5 基坑示意图

(2)方形基坑

$$V=(a+2c+kH)^2H+\frac{0.4}{2}k^2H^3 \tag{5-12}$$

(3)圆形地坑(图 5-6)

$$V=\frac{0.4}{2}\pi H(R^2+r^2+Rr) \tag{5-13}$$

式中 r——坑底半径,m;

R——坑口半径,m。

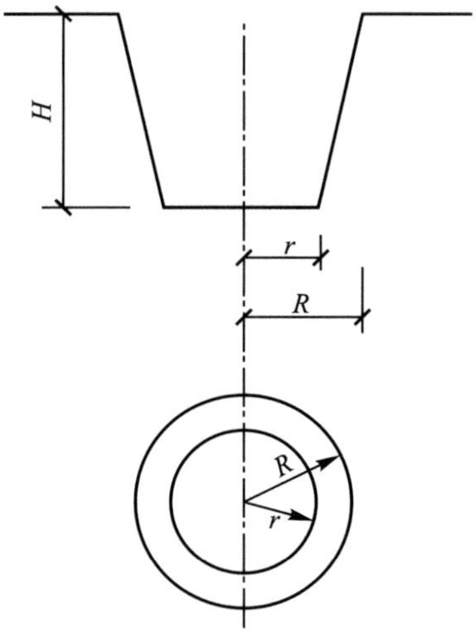

图 5-6 圆形基坑示意图

4.管道的沟槽长度

按设计规定计算。设计无规定时,以设计图示管道中心线长度(不扣除下口直径或边长≤1.5 m 的井池)计算。下口直径或边长>1.5 m 的井池的土石方,另按基坑的相应规定计算。

5.其他

挖土方出现流沙、淤泥时,可根据实际情况另行鉴别处理。

四、挖方工程量计算时的注意事项

(1)当开挖深度超过放坡起点深度时,可以采用放坡开挖,也可以采用支挡土板开挖。应根据已批准的施工组织设计规定选定的其中一种编制预算,如果施工组织设计无规定,则应按放坡开挖编制预算。

(2)综合基价内所列的放坡起点、放坡系数、工作面,仅作为编制预算时计算土方工程量使用。实际施工中,应根据具体的土质情况和挖土深度,按照安全操作规程和施工组织设计的要求放坡和设置工作面,以保证施工安全和操作要求。实际施工中无论是否放坡,无论放坡系数是多少,均按综合基价内的放坡系数计算工程量,不得调整。综合基价与实际工作面差异所发生的土方量差,亦不允许调整。

(3)当预算内计算了放坡工程量后,实际施工中由于边坡坡度不足所造成的边坡塌方,其经济损失均应由承包方承担,工程合同工期也不得顺延;边坡小面积发生的挡土板支挡,也不得套用支挡土板综合基价,其费用由承包方承担。

(4)当开挖深度超过放坡起点深度、而实际施工中某边土壁又无法采用放坡施工(如与原有建筑物或道路相邻一侧的开挖、稳定性较差的杂填土层的开挖等),确需采用支挡土板开挖时,必须有相应的已批准的施工组织设计,方可按支挡土板开挖编制预算。否则，不论实际是否需要采用支挡土板开挖，均按放坡开挖编制预算，支挡土板所用工料不得列入工程预算。

（5）计算支挡土板开挖的挖土工程量时，按图标槽、坑底宽度尺寸每边各加工作面10 cm计算。这10 cm为支挡土板所占宽度。

（6）综合单价中，土方体积均按天然密实度体积（即自然方）编制，工程量计算时均按自然方计算。工程量必须按照综合单价的规定进行计算，并严格按照综合单价规定的条件套用，不能以工程的施工组织设计或者车斗容量、总分包之间实测实量的结算土方量作为编制或调整工程预算的依据。

五、挖土方清单工程量计算规则

挖土方包括带形基础、独立基础、满堂基础（包括地下室基础）及设备基础等的挖方。带形基础应按不同底宽和深度，独立基础、满堂基础应按不同底面面积和深度分别列项。其工程量均按设计图示尺寸以基础垫层底面积乘以挖土深度计算。

外墙地槽按“中心线”计算，内墙地槽按“净长线”计算。

【例5-4】某多层砖混住宅土方工程。土壤类别为三类土；基础为砖大放脚带形基础，基础总长度为1590.60 m。施工基础所需工作面宽度，砖基础每边各增加工作面宽度150 mm，垫层宽度为920 mm；由于条件限制采用人工开挖，挖土深度为1.80 m；弃土运距为4 km。

试列出清单工程量及报价工程量的计算式及结果。

解：

（1）业主根据基础施工图计算

按设计图示尺寸以基础垫层底面积乘以挖土深度。

基础挖土截面积为：$0.92\times1.80=1.66(m^2)$

基础总长度为：1590.60 m

土方挖方总量为：2640.40 m^3

（2）投标人根据地质资料和施工方案计算

基础施工所需工作面宽度，砖基础每边各增加工作面宽度：150 mm

放坡系数为：1∶0.33

基础挖土截面为：$(0.92+2\times0.15+0.33\times1.80)\times1.80=3.26(m^2)$

基础总长度为：1590.60 m

土方挖方总量为：5193.63 m^3

六、机械挖土方

1.综合单价使用

（1）本分部机械是按照通常采用的种类和规格综合取定的，除有特殊注明外，不得换算。

(2)凡土壤中砾石比例大于30%,或遇多年沉积的沙砾及泥砾层石质时,执行机械挖出渣定额。

(3)机械土方子目以土壤天然含水率为准划分,含水率大于25%时,定额子目人工、机械乘以系数1.15;当天然含水率大于40%时,另行处理。

但当采用井点降水的方法降低地下水位后,不论实际含水量为多少,均不再考虑含水量造成的降效影响。

人工降低地下水位工程,其相应定额取定的水泵等机械设备均为综合取定,实际使用的设备型号及数量不同时也不调整。

(4)机械挖土方子目,未考虑工作面和放坡应增加的费用。施工组织设计要求增加工作面和放坡时,增加土方工程量可依据本分部计算规则的相应规定计算,增加土方工程量的费用可考虑在综合单价内。

(5)挖掘机(含小型挖掘机)挖土方项目,已综合了挖掘机挖土方和挖掘机挖土后,基底和边坡遗留厚度≤0.3 m人工清理和修整。使用时不得调整,人工基底清理和边坡修整不另行计算。

(6)小型挖掘机,系指斗容量≤0.30 m^3 的挖掘机,适用于基础(含垫层)底宽≤1.2 m的沟槽土方工程或底面积≤8 m^2的基坑土方工程。

(7)推土机推土,当土层平均厚度≤0.30 m时,相应项目人工、机械乘以系数1.25。

(8)挖掘机在垫板上作业时,相应项目人工、机械乘以1.25。挖掘机下铺设垫板、汽车运输道路上铺设材料时,其费用另行计算。

(9)人工、人力车、汽车的负载上坡(坡度≤15%)降效因素,已综合在相应运输项目中,不另行计算。推土机、装载机负载上坡时,其降效因素按坡道斜长乘以表5-7中的相应系数计算。

表5-7 重车上坡降效系数表

坡度/%	5~10	≤15	≤20	≤25
系数	1.75	2.00	2.25	2.50

2.计算机械土方工程前需确定的数据

在编制机械土方工程预算前,应根据已批准的施工组织设计及地质勘探报告、设计施工图纸等数据,确定以下内容:

(1)土壤的类别;

(2)土壤的地下水位及其含水量、降水方式;

(3)机械类型及其配套施工方案;

(4)开挖深度是否超过放坡起点深度;

(5)挖土机械是在坑内作业还是在坑上作业;

(6)是采用放坡开挖还是采用支挡土板开挖;

(7)基础施工所需加宽工作面(按综合单价中规定);

(8)堆、弃土的地点及运距;

(9)推土机推土运距按挖方区重心至回填区重心之间的直线距离计算,自卸汽车运土运距按挖方区重心至填土(或对方地点)重心之间的最短距离计算。

土方工程-基坑、回填土

七、土石方回填

根据施工方法和质量要求不同,回填土分为松填、夯填。回填体积以"m^3"为单位计算。回填土夯填是指将土回填后,用夯实机具进行夯实,适于较小面积的填土工程。例如墙基槽、柱基坑、室内地坪等的回填夯实。

土石方回填工作内容包括在现场内取土、回填、铺平和夯实等。工程量按设计图示尺寸以体积计算。各种土之间体积的换算可按土方体积折算系数表所列数值计算。

1.基础回填土

在基础完工后,需将基础周围的槽(坑)部分回填至室外地坪标高,如图 5-7 所示。

基础回填土计算公式为:

沟槽(坑)回填土体积=槽、坑挖土体积-设计室外地坪以下埋设部分体积(5-14)

式中,埋设部分体积包括基础垫层、墙基、柱基、杯形基础、基础梁、地圈梁、管道基础及设计室外地坪以下的地沟及地下室的体积等。

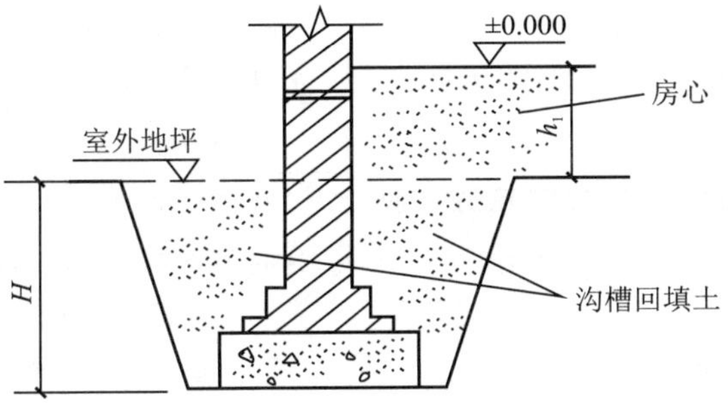

图 5-7　沟槽及室内回填土

2.管道沟槽回填土

管道沟槽回填土体积=挖土体积-管道所占体积　(5-15)

式中,管道直径不大于 500 mm 的管道所占体积可不扣除;管道直径超过 500 mm 的管道所占体积按表 5-8 规定扣除。

表 5-8　管沟回填土每延长米扣除体积表　单位:m^3

管道	公称直径(以内)/mm					
	500	600	800	1000	1200	1500
混凝土管道及钢筋混凝土管道	—	0.33	0.60	0.92	1:15	1.45
其他材质管道	—	0.22	0.46	0.74	—	—

3.室内回填土

室内回填土是指室内地面结构层以下不够设计标高时需回填的土方,计算公式为:

室内回填土体积=室内主墙间净面积×回填土厚度　(5-16)

式中回填土厚度=室内外设计标高差-室内结构层厚度

或

房心回填土工程量=墙体间净面积×回填土厚度

=(底层建筑面积-墙所占面积)×回填土厚度　　(5-17)

=($S_{底}-L_{中}$×外墙厚度$-L_{内}$×内墙厚度)×回填土厚度

八、运土

运土工程量按天然密实体积以立方米计算。余土外运或取土工程量,可按“余土外运体积=挖土总体积-回填土总体积-其他需土体积”计算;计算结果为正值时为余土外运体积,为负值时为需取土体积。

土方工程施工中,堆弃土的地点一般有三种方案:其一,可将挖出的土直接堆放在槽坑边,或运至施工现场某一地点堆放,回填后余土再行运出;其二,如果场地狭小,亦可全部运出施工现场,待回填时再将回填土运回;其三,部分运出,部分在施工现场某一地点存放,待回填时将其运回。具体编制时,应根据施工组织设计确定土方运输的方案选择。

运土方是按天然密实体积计算的,如回填土为松填或夯填时,可按土方体积折算系数表所列数值计算。人工运土方执行双轮车运土方子目,运距超过 400 m 者,执行机械运土子目。

运土工程量=挖土总(部分)体积　　(5-18)

余土外运工程量=挖土总体积-回填土总体积　　(5-19)

【综合训练 1】试计算图 5-8 所示土方工程预算定额基价费。已知地坪标高为 ±0.000 m,地下水位标高为-4.000 m,图示尺寸均为底部尺寸,土壤为四类土,采用人工开挖。(计算工程量时,可以分别计算,不考虑相交重算部分体积)

解:

(1)人工土方单价(1-7)基价

(1-7)基价=844.23 元/10 m^3

工程量=$(30+2.5\times0.25)\times(50+2.5\times0.25)\times2.5+1/3\times0.25^2\times2.5^3=3876.30(m^3)$

费用 1=844.23×3876.302/10=327249.04(元)

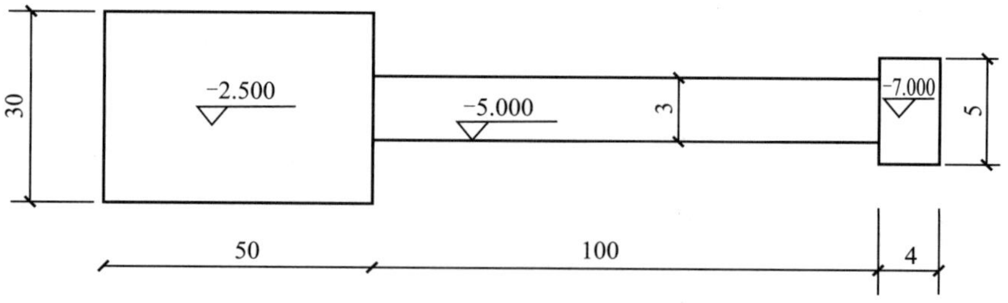

图 5-8　挖土平面示意图(单位:m)

(2)人工地槽(1-16)基价

干土:(1-16)基价 = 1250.77 元/10 m^3

湿土:(1-16)基价换 = 1250.77+807.50×(1.18-1) = 1396.12(元/10 m^3)

总工程量 = (3+0.25×5)×5×100 = 2125(m^3)

湿土工程量 = [3+(5-4)×0.25]×1×100 = 325(m^3)

干土工程量 = 2125-325 = 1800(m^3)

费用 2 = 1250.77×1800/10+1396.12×325/10 = 270512.50(元)

(3)人工地坑(1-24)基价

干土:(1-24)基价换 = 1317.71+850.53×(1.25-1) = 1530.34(元/10 m^3)

湿土:(1-24)基价换 = 1317.71-850.53+850.53×1.18×1.25 = 1721.71(元/10 m^3)

总工程量 = $(4+7\times0.25)\times(5+7\times0.25)\times7+1/3\times0.25^2\times7^3$ = 278.83 (m^3)

湿土工程量 = $(4+3\times0.25)\times(5+3\times0.25)\times3+1/3\times0.25^2\times3^3$ = 82.50(m^3)

干土工程量 = 278.83-82.50 = 196.33(m^3)

费用 3 = 1530.34×196.33/10+1721.71×82.50/10 = 44249.73(元)

(4)合计

总费用 = 费用 1+费用 2+费用 3 = 642011.27(元)

【综合训练 2】某工程大型基坑采用反铲挖掘机挖土,自卸汽车运土。四类土,基础混凝土垫层(厚 100 mm),双向尺寸为 15 m×40 m,底标高为-4.5 m,室外地坪标高为-0.600 m,采用坑上挖土,土方运距为 5500 m,试计算各分项工程量和综合费用。

解:

$$H = 4.5-0.6 = 3.9(\mathrm{m}) < 5.0(\mathrm{m})$$

(1)挖土量

挖土量 = $(40+0.33\times3.9)\times(15+0.33\times3.9)\times3.9+1/3\times0.33^2\times3.9^3$ = 2624.67(m^3)

(2)挖掘机挖装槽坑土方(1-54)基价

(1-54)基价 = 170.11 元/10 m^3

费用 1 = 170.11×2624.67/10 = 44 648.26(元)

(3)自卸汽车运土(1-65)基价、(1-66)基价

(1-65)基价 = 65.03 元/10 m^3

(1-66)基价 = 14.98 元/10 m^3

费用 2 = [65.03+14.98×(5.5-1)]×2624.67/10
= 34761.13(元)

(4)合计

总费用 = 费用 1+费用 2 = 79409.39(元)

【综合训练 3】某建筑物基础平面图及剖面图如图 5-9 所示。已知设计室外地坪以下砖基础体积量为 15.29 m^3,混凝土垫层的工程量为 2.76 m^3,室内地面厚度为 180 mm,每边增加工作面宽度 c = 150 mm,土质为一、二类土。要求挖出土堆于现场,回填后余下的

土外运。试对土石方工程相关项目进行列项，并计算工程量。放坡系数 $k=0.50$。

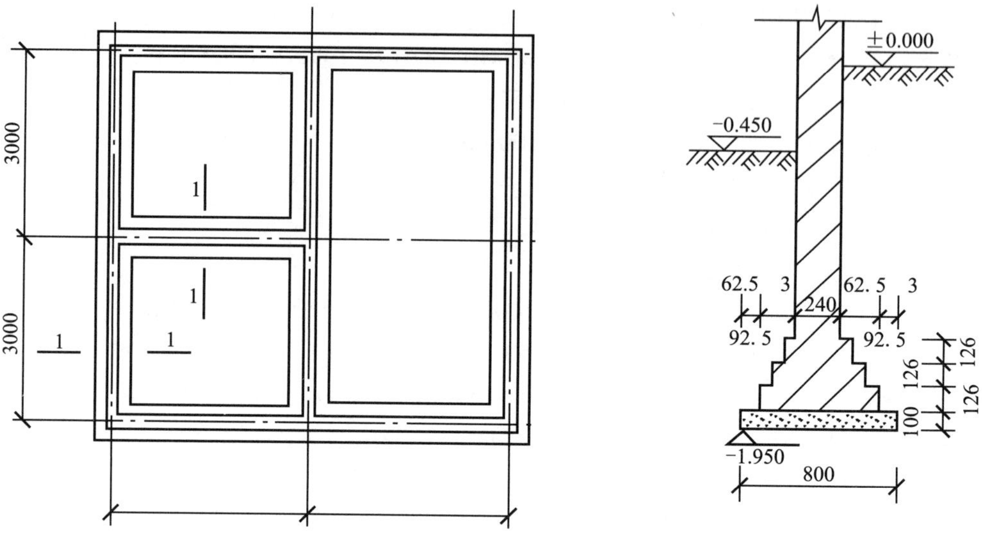

(a)平面图　　(b)剖面图

图 5-9　建筑物基础平面图及剖面图

解：

(1)列项

本工程相关的施工内容有平整场地、挖土、原土打夯、回填土、运土。从图上可以看出，应该执行挖沟槽项目。由此原土打夯不单独列项。故本工程应列的项目有平整场地、挖沟槽、基础回填土、房心回填土、运土。

(2)计算工程量

①基数计算

$$L_{外}=(3.6\times2+0.24+3\times2+0.24)\times2=27.36(\text{m})$$

$$L_{中}=(3.6\times2+3\times2)\times2=26.40(\text{m})$$

$$L_{内}=3\times2-0.24+3.6-0.24=9.12(\text{m})$$

$$S_{底}=(3\times2+0.24)\times(3.6\times2+0.24)=46.43(\text{m}^2)$$

②平整场地

$$平整场地工程量=S_{底}=(3\times2+0.24)\times(3.6\times2+0.24)=46.43(\text{m}^2)$$

③挖沟槽

$$挖槽深度=1.95-0.45=1.5(\text{m})>1.2(\text{m})$$

故挖沟槽时需放坡，放坡系数 $k=0.50$，由垫层下表面放坡，则有

外墙挖沟槽工程量 $=(a+2c+kH)HL_{中}$

$=(0.8+2\times0.15+0.50\times1.5)\times1.5\times26.4$

$=73.26(\text{m}^3)$

内墙挖沟槽工程量 $=(a+2c+kH)\times H\times$ 基底净长线

$=[(0.8+2\times0.15+0.50\times1.5)\times1.5]\times[3\times2-(0.4+0.15)\times2+3.6-(0.4+0.15)\times2]$

$=20.535(m^3)$

挖沟槽工程量=外墙挖沟槽工程量+内墙挖沟槽工程量

$=73.26+20.535=93.795(m^3)$

④回填土

基础回填土工程量=挖土体积-室外地坪以下埋设的基础、垫层等所占的体积

$=93.795-15.29-2.76$

$=75.745(m^3)$

房心回填土工程量=($S_{底}-L_{中}$×外墙厚度$-L_{内}$×内墙厚度)×回填土厚度

$=(46.43-26.4\times0.24-9.12\times0.24)\times(0.45-0.18)$

$=10.23(m^3)$

回填土体积=基础回填土体积+房心回填土体积

$=75.745+10.23$

$=85.975(m^3)$

⑤运土

运土体积=挖土总体积-回填土总体积

$=93.795-85.975$

$=7.82(m^3)$

计算结果为正,表示余土,应该余土外运。

B　地基处理与边坡支护工程

地基处理与边坡支护工程包括地基处理、基坑与边坡支护。分项工程中所涉及的项目特征“地层情况”按土石方工程中的规定,并根据岩土工程勘察报告按单位工程各地层所占比例(包括范围值)进行描述。对无法准确描述的地层情况,可注明由投标人根据岩土工程勘察报告自行决定报价。项目特征中的“桩长”应包括桩尖,空桩长度=孔深-桩长,孔深为自然地面至设计桩底的深度。

地基处理砂石垫层算量

一、地基处理

常用的复合地基处理方法有砂桩法、碎石桩法、灰土桩法、喷粉桩法、深层搅拌桩法、高压旋喷桩法等方法。根据施工方法不同,又可分为机械施工和人工施工两种。

水泥土搅拌成桩的施工方法有两种,即搅拌法和高压旋喷法,其中搅拌法成桩又分为干法和湿法。干法从钻头中喷出的水泥干粉,适用于含水量较高的土质,其工艺特点是“一次喷粉,一次搅拌”,桩身强度离散性大,桩身径向往往成层、成片状,抗拉强度低,易于折断,此即“粉喷桩”(亦称为“喷粉桩”)。湿法从钻头中喷出的是水泥浆,其成桩工艺可以采用“一次喷浆,二次搅拌”或“二次喷浆,三次搅拌”,使水泥浆与土体充分结合,形成水泥土桩。

高压旋喷桩利用钻机把带有特殊喷嘴的注浆管钻进到土层的预定位置后,用高压设备使浆液、水及气成为高压流从喷嘴中喷射出来,冲击破坏土体,使其产生预沉降。同时,钻杆以一定速度向上提升,使浆液与土粒强制混合,待浆液凝固后便在土中形成一个固结体,此即“旋喷桩”。

1.换填垫层、强夯地基

换填垫层按设计图示尺寸以体积计算。强夯,按设计图示强夯处理范围以面积计算。设计无规定时,按建筑物外围轴线每边各加 4 m计算。

强夯工程,指用起重机将大吨位夯锤起吊到很高处(一般不小于 6 m)自由落下,对土体进行强力夯实,以提高地基强度,降低地基的压缩性。其作用机制主要是用很大的冲击能使土中出现冲击波和很大的应力,迫使土中的孔隙压缩、土体局部液化,夯击点周围产生间隙,形成良好的排水通道,土体迅速固结。适用于黏性土、湿陷性黄土及人工填土地基的深层加固。

工程量计算时,应根据设计要求的夯击能、每点夯击次数,分别列项计算,套用相应的综合单价。

(1)强夯项目中每单位面积夯点数,指设计文件规定单位面积内的夯点数量。当设计文件的夯点数量与定额不同时,采用内插法计算消耗量。

(2)强夯的夯击数系指强夯机械就位后,夯锤在同一夯点上下起落的次数。

(3)强夯工程量应区别不同夯能量和夯点密度,按设计图示夯击范围及夯击遍数分别计算。

2.振冲桩(填料)

振冲桩(填料)以米(m)计量,按设计图示尺寸以桩长计算或以立方米(m^3)计量,按设计桩截面乘以桩长以体积计算。

3.砂石桩

砂石桩按设计图示尺寸以桩长（包括桩尖）计算，单位：m；或按设计桩截面乘以桩长（包括桩尖）以体积计算，单位：m^3。

4.水泥粉煤灰碎石桩

水泥粉煤灰碎石桩按设计图示尺寸以桩长（包括桩尖）计算，单位：m。夯实水泥土桩、石灰桩、灰土挤密桩等工程量计算规则与此项目相同。

5.深层搅拌桩

深层搅拌桩按设计图示尺寸以桩长（包括柱尖）计算，单位：m。粉喷桩、柱锤冲扩桩与此项目相同。

6.注浆地基

按设计图示尺寸以钻孔深度计算，单位：m；或按设计图示尺寸以加固体积计算，单位：m^3。高压喷射注浆类型包括旋喷、摆喷、定喷，高压喷射注浆方法包括单管法、双重管法、三重管法。

7.褥垫层

按设计图示尺寸以铺设面积计算，单位：m^2；或按设计图示尺寸以体积计算，单位：m^3。

二、基坑与边坡支护

支护工程预应力锚索算量

1.地下连续墙

按设计图示墙中心线长乘以厚度再乘以槽深以体积计算，单位：m^3。地下连续墙和喷射混凝土（砂浆）的钢筋网、咬合灌注桩的钢筋笼及钢筋混凝土支撑的钢筋制作、安装，混凝土挡土墙按混凝土及钢筋混凝土工程中相关项目列项。

（1）导墙开挖。工程量＝墙中心线长×开挖宽度×深度。

（2）导墙混凝土浇灌。工程量＝墙中心线长×厚度×深度。

（3）机械成槽。工程量＝墙中心线长×厚度×成槽深度。成槽深度按自然地坪至连续墙底面的垂直距离另加0.5 m计算。

（4）泥浆外运。工程量＝成槽工程量。

（5）连续墙混凝土浇灌。工程量＝墙中心线长×墙厚度×墙深度。

（6）清底置换、接头管安拔按分段施工时的槽壁单元以段计算。

2.咬合灌注桩

按设计图示尺寸以桩长（包括桩尖）计算，单位：m；或按设计图示数量计算，单位：根。

3.圆木桩、预制钢筋混凝土板桩

按设计图示尺寸以桩长（包括桩尖）计算，单位：m；或按设计图示数量计算，单位：根。

4.型钢桩

按设计图示尺寸以质量计算，单位：t；或按设计图示数量计算，单位：根。

5.钢板桩

按设计图示尺寸以质量计算，单位：t；或按设计图示墙中心线长乘以桩长以面积计算，单位：m^2。

6.锚杆（锚索）、土钉

按设计图示尺寸以钻孔深度计算，单位：m；或按设计图示数量计算，单位：根。

（1）锚杆子目中注浆按满灌考虑，当锚杆设计有"非锚固段（自由段）"时应调整灌浆用量，自由段的防腐隔离要求可另行计算。

（2）锚杆子目中的钢筋和铁件可按施工图设计用量调整。土钉定额中的锚杆长度按单根长度 8 m 以内考虑，超过 8 m 时，人工费乘以系数 1.25。

（3）锚杆间的连梁可另行计算费用。

（4）基坑深度大于 6 m 时，人工乘以系数 1.3。

（5）锚杆支护子目中分机械土层锚杆钻孔、灌浆。按设计图示尺寸的长度计算，预应力锚杆的制作、安装按照设计要求的杆径和长度以质量计算。

7.喷射混凝土、水泥砂浆

喷射混凝土、水泥砂浆按设计图示尺寸以面积计算，单位：m^2。

8.钢筋混凝土支撑

钢筋混凝土支撑按设计图示尺寸以体积计算，单位：m^3。

9.钢支撑

钢支撑按设计图示尺寸以质量计算，单位：t。不扣除孔眼质量，焊条、铆钉、螺栓等不另增加质量。

【例 5-5】某工程灌注桩土壤级别为二级土，单根桩设计长度为 8 m，总根数为 127 根，桩截面为 $\phi800$，灌注混凝土强度等级为 C30。试编制灌注桩的工程量清单。

解：混凝土灌注桩的工程量按设计图示尺寸以桩长（包括桩尖）或根数计算。

混凝土灌注桩工程量为：$8\times127=1016$（m）（根据桩长计算）或 127 根（根据根数计算）。

【例 5-6】某工程采用喷粉桩进行地基加固，已知桩长为 12 m，桩径为 0.5 m，水泥掺量为每米 50 kg，共 2000 根桩，试编制喷粉桩的工程量清单。

解：喷粉桩的工程量按设计图示尺寸以桩长（包括桩尖）计算。其工程量为：

$$12\times2000=24000\text{(m)}$$

打桩工程量=设计桩长（包括桩尖）×设计截面面积

送桩工程量=（设计桩顶至自然地坪距离+0.5 m）×截面面积

【综合训练 4】某边坡工程采用土钉支护，根据岩土工程勘察报告，地层为带块石的碎石土，土钉成孔直径为 90 mm，采用 1 根 HRB335、直径为 25 mm 的钢筋作为杆体，成孔深度均为 10.0 m，土钉入射倾角为 15°，杆筋送入钻孔后，灌注 M30 水泥砂浆。混凝土面板采用 C20 喷射混凝土，厚度为 120 mm，如图 5-10、图 5-11 所示。

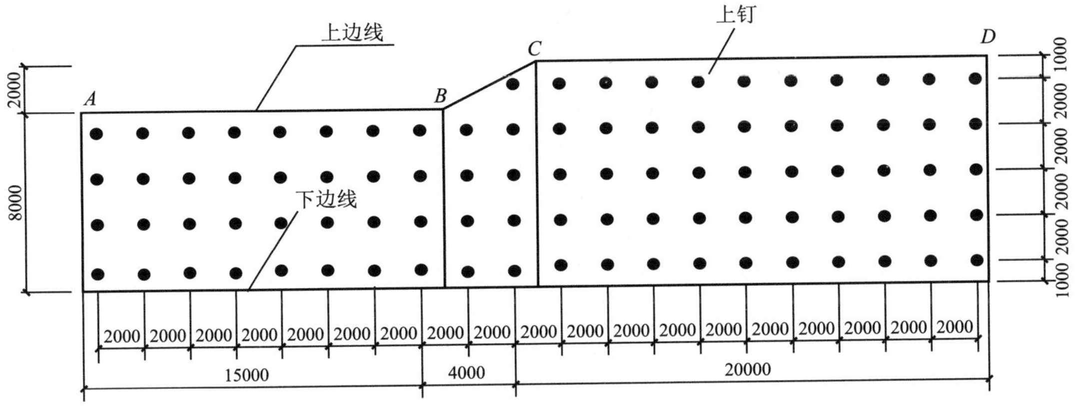

图 5-10　*AD* 段边坡立面图

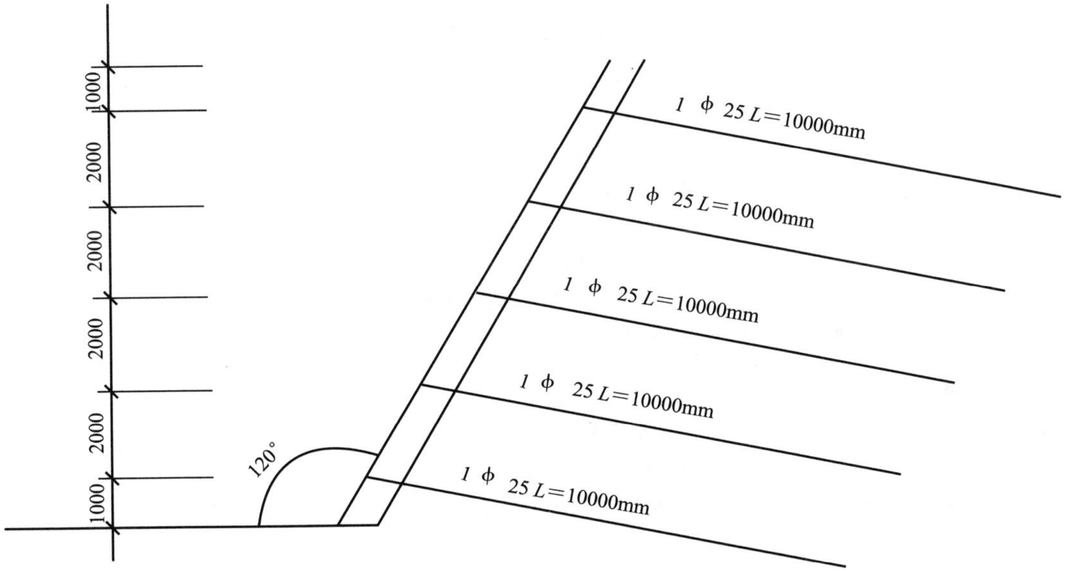

图 5-11　*AD* 段边坡剖面图

问题：根据以上背景资料及现行国家标准《建设工程工程量清单计价规范》《房屋建筑与装饰工程工程量计算规范》，试列出该边坡分部分项工程量清单（不考虑挂网及锚杆、喷射平台等内容）。

解：该边坡分部分项工程量清单见表 5-9、表 5-10。

表 5-9　清单工程量计算表　　工程名称：某工程

序号	项目编码	项目名称	计算式	工程量合计	计量单位
1	略	土钉	n=91 根	91	根

续表 5-9

序号	项目编码	项目名称	计算式	工程量合计	计量单位
2	略	喷射混凝土	(1)*AB* 段 $S_1=8\div\sin\frac{\pi}{3}\times 15=138.56(m^2)$ (2)*BC* 段 $S_2=(10+8)\div 2\div\sin\frac{\pi}{3}\times 4=41.57(m^2)$ (3)*CD* 段 $S_3=10\div\sin\frac{\pi}{3}\times 20=230.94(m^2)$ $S=138.56+41.57+230.94=411.07(m^2)$	411.07	m^2

表 5-10　分部分项工程和单价措施项目清单与计价表　工程名称：某工程

序号	项目编码	项目名称	项目特征描述	计量单位	工程量	综合单价	合价
1	略	土钉	(1)地层情况：四类土 (2)钻孔深度：10.0 m (3)钻孔直径：90 mm (4)置入方法：钻孔置入 (5)杆体材料品种、规格、数量：1 根 HRB335、直径为 25 mm 的钢筋 (6)浆液种类、强度等级：M30 水泥砂浆	根	91		
2	略	喷射混凝土	(1)部位：*AD* 段边坡 (2)厚度：120 mm (3)材料种类：喷射混凝土 (4)混凝土(砂浆)种类、强度等级：C20	m^2	411.07		

注：根据规范规定，碎石土为四类土。

桩基工程

桩基工程桩护壁混凝土和模板算量

C　桩基工程

桩基础工程包括打桩、灌注桩。项目特征中涉及"地层情况"和"桩长"的，地层情况和桩长描述与"地基处理与边坡支护工程"一致；项目特征中涉及"桩截面、混凝土强度等级、桩类型"的，可直接用标准图代号或设计桩型进行描述。

一、打桩

1.预制钢筋混凝土方桩、预制钢筋混凝土管桩

预制钢筋混凝土方桩、预制钢筋混凝土管桩以"m"计量，按设计图示尺寸以桩长(包

括桩尖)计算;或以“m^3”计量,按设计图示截面积乘以桩长(包括桩尖)以实体积计算;或以“根”计量,按设计图示数量计算。

预制钢筋混凝土方桩、预制钢筋混凝土管桩项目以成品桩考虑,应包括成品桩购置费。如果现场预制,应包括现场预制桩的所有费用。打试验桩和打斜桩应按相应项目单独列项,并应在项目特征中注明试验桩或斜桩(斜率)。

(1)打桩

$$\text{工程量}=\text{设计桩长(包括桩尖)}\times\text{设计截面面积} \tag{5-20}$$

(2)送桩

$$\text{工程量}=(\text{设计桩顶至自然地坪距离}+0.5\ \text{m})\times\text{截面面积} \tag{5-21}$$

【例 5-7】某工程有 30 根钢筋混凝土柱,根据上部荷载计算,每根柱下需要设 4 根 350 mm×350 mm 断面的预制钢筋混凝土方桩,桩长 30 m,由 3 根长 10 m 的方桩用焊接方式接桩。桩顶距自然地面 5 m,采用柴油打桩机。计算桩基础工程量。

解:打桩工程量$=0.35\times0.35\times30\times30\times4=441(\text{m}^3)>15\ \text{m}^3$,属正常工程(河南省定额)。

(1)打桩

$$\text{工程量}=0.35\times0.35\times30\times30\times4=441\ \text{m}^3$$

(2)接桩

$$\text{工程量}=30\times4\times2=240(\text{个})$$

(3)送桩

$$\text{工程量}=0.35\times0.35\times(5+0.5)\times30\times4=80.85(\text{m}^3)$$

2.钢管桩

钢管桩按设计图示尺寸以质量计算,单位:t;或按设计图示数量计算,单位:根。

3.截(凿)桩头

截(凿)桩头按设计桩截面乘以桩头长度以体积计算,单位:m^3;或按设计图示数量计算,单位:根。截(凿)桩头项目适用于地基处理与边坡支护工程、桩基础工程所列桩的桩头截(凿)。

二、灌注桩

1.泥浆护壁成孔灌注桩、沉管灌注桩、干作业成孔灌注桩

泥浆护壁成孔灌注桩、沉管灌注桩、干作业成孔灌注桩工程量按设计图示尺寸以桩长(包括桩尖)计算,单位:m;或按不同截面在桩上范围内以体积计算,单位:m^3;或按设计图示数量计算,单位:根。

泥浆护壁成孔灌注桩是指在泥浆护壁条件下成孔,采用水下灌注混凝土的桩。其成孔方法包括冲击钻成孔、冲抓锥成孔、回旋钻成孔、潜水钻成孔、泥浆护壁的旋挖成孔等。沉管灌注桩的沉管方法包括锤击沉管法、振动沉管法、振动冲击沉管法、内夯沉管法等。干作业成孔灌注桩是指在不用泥浆护壁和套管护壁的情况下,用钻机成孔后,下钢筋笼,灌注混凝土的桩,适用于地下水位以上的土层。其成孔方法包括螺旋钻成孔、螺旋钻成孔扩底、干作业旋挖成孔等。

2.挖孔桩土(石)方

挖孔桩土(石)方按设计图示尺寸(含护壁)截面积乘以挖孔深度以体积计算,单位:m^3。混凝土灌注桩的钢筋笼制作、安装,按混凝土与钢筋混凝土工程中相关项目编码列项。

3.人工挖孔灌注桩

桩基工程桩芯混凝土算量

人工挖孔灌注桩按桩芯混凝土体积计算,单位:m^3;或按设计图示数量计算,单位:根。

4.钻孔压浆桩

钻孔压浆桩按设计图示尺寸以桩长计算,单位:m;或按设计图示数量计算,单位:根。灌注桩后压浆按设计图示以注浆孔数计算。

【例 5-8】现浇灌注桩,桩设计长度为 10 m,直径为 400 mm,混凝土强度等级为 C20,采用柴油打桩机打孔,一级土,钢筋笼制作 0.23 t,计算一根桩的工程量。

解:

(1)现浇灌注桩 C20

$$工程量=(10+0.25)\times\left(\frac{0.4}{2}\right)^2\times3.14=1.29(m^3)$$

(2)钢筋笼制作

$$工程量=0.23\ t$$

三、河南省预算定额基价使用

(1)定额包括打桩、灌注桩两节。

(2)定额适用于陆地上的桩基工程,所列打桩机械的规格、型号是按常规施工工艺和方法综合取定的,施工现场的土质级别也进行了综合取定。

(3)单位工程的桩基工程量小于表 5-11 对应的量时,相应项目人工、机械乘以系数 1.25。灌注桩单位工程的桩基工程量是指灌注混凝土的量。

(4)桩基施工前场地平整、压实地表、地下障碍处理等定额均未考虑,发生时另行计算。

(5)打桩工程以平地(坡度≤15°)打桩为准,坡度>15°打桩时,按相应子目人工、机械应乘以系数 1.15。

如在地坑内打桩(基坑深度大于 1.5 m,基坑面积≤500 m^2),打桩或在地坪上打坑槽内桩(坑槽深度大于 1.0 m),按相应定额子目人工、机械乘以系数 1.11。

(6)定额子目中各种机械灌注桩的材料用量,已包括规定的充盈系数和材料损耗率。人工挖空桩已综合考虑护壁和桩芯的混凝土,并包括了材料损耗。

表 5-11 单位工程桩基工程量表

项 目	单位工程的工程量
预制钢筋混凝土方桩	200 m^3

续表 5-11

项　目	单位工程的工程量
预应力钢筋混凝土管桩	1000 m
预制钢筋混凝土板桩	100 m^3
钻孔、旋挖成孔灌注桩	150 m^3
沉管、冲孔成孔灌注桩	100 m^3
钢管桩	50 t

D　砌筑工程

一、砖基础

砌筑工程 1

砌筑工程 2

砖基础由基础墙和大放脚组成，其剖面一般都做成阶梯形，这个阶梯形通常被称为大放脚。砖基础具有造价低、施工简便的特点，一般在荷载不大、基础宽度小、土质较好、地下水位较低时采用。在编制砖基础预算前需确定的资料：砖基础与墙身（柱身）的划分界线，砖基础断面形式及其标高，砂浆种类及其强度等级。

1.砖基础与墙（柱）身界线划分

（1）砖基础与墙（柱）身使用同一种材料时，以设计室内地坪为界（有地下室者，以地下室室内设计地坪为界），以下为基础，以上为墙（柱）身。

（2）砖基础与墙（柱）身使用不同材料时，位于设计室内地坪（或地下室室内地坪）±300 mm 以内时，以不同材料为界；超过±300 mm，应以设计室内地坪为界（或地下室室内地坪为界），以下为基础，以上为墙（柱）身。

2.大放脚的形式及分类

（1）墙体厚度尺寸的取定。

标准砖的尺寸为 240 mm×115 mm×53 mm，由标准砖砌筑的墙体厚度，按表 5-12 取定。

表 5-12　标准砖砌体计算厚度表

砖数	1/4	1/2	3/4	1	1.5	2	2.5	3
计算厚度/mm	53	115	180	240	365	490	615	740

当使用非标准砖时，由非标准砖砌筑的墙体厚度，应按砖的实际规格和设计厚度取定。

（2）大放脚的形式及分类。

大放脚是指从基础墙断面上看单边或两边阶梯形的放出部分。根据每步放脚的高度是否相等，分为等高式和不等高式两种。等高放脚，每步放脚层数相等，高度为126 mm（两皮砖，两灰缝）；每步放脚宽度相等，为 62.5 mm（一砖长加一灰缝的 1/4），如图 5-12 所示。不等高放脚，每步放脚高度不等，为 63 mm 与 126 mm 互相交替间隔放脚；每步放脚宽度相等，为 62.5 mm，如图 5-13 所示。

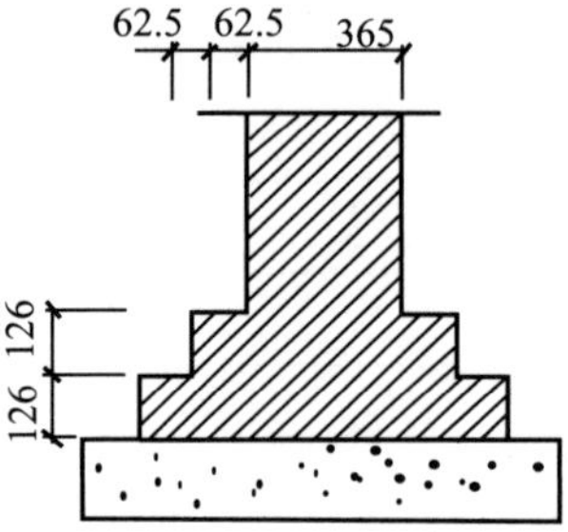

图 5-12 等高式

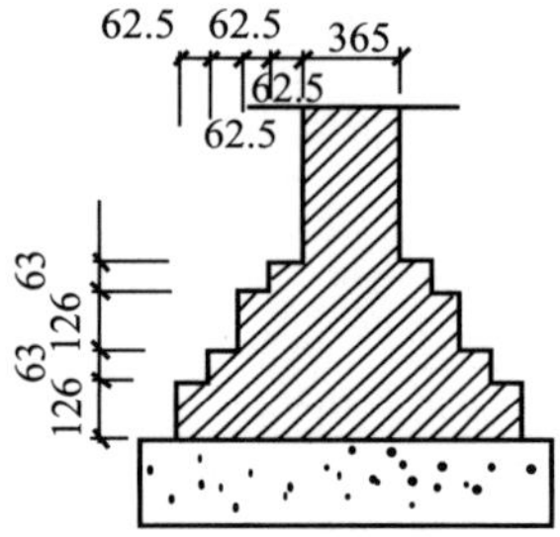

图 5-13 不等高式

(3)大放脚折算高度和折算断面积。

标准砖墙基大放脚折算高度及折算断面积,可查表 5-13、表 5-14。

表 5-13 等高式黏土标准砖墙基大放脚折算为墙高和断面积表

大放脚层数	折算为高度/m						折算为面积/m²
	1/2 砖(0.115)	1 砖(0.240)	1.5 砖(0.365)	2 砖(0.490)	2.5 砖(0.615)	3 砖(0.740)	
一	0.137	0.066	0.043	0.032	0.026	0.021	0.01575
二	0.411	0.197	0.129	0.096	0.077	0.064	0.04725
三	0.822	0.394	0.259	0.193	0.154	0.128	0.09450
四	1.369	0.656	0.432	0.321	0.256	0.213	0.15750
五	2.054	0.984	0.647	0.432	0.384	0.319	0.23630
六	2.876	1.378	0.906	0.675	0.538	0.447	0.33080

表 5-14 不等高式黏土标准砖墙基大放脚折算为墙高和断面积表

大放脚层数	折算为高度/m						折算为面积/m²
	1/2 砖(0.115)	1 砖(0.240)	1.5 砖(0.365)	2 砖(0.490)	2.5 砖(0.615)	3 砖(0.740)	
一(一低)	0.069	0.033	0.022	0.016	0.013	0.011	0.00788
二(一高一低)	0.342	0.164	0.108	0.080	0.064	0.053	0.03938
三(二高一低)	0.685	0.328	0.216	0.161	0.128	0.106	0.07875
四(二高二低)	1.096	0.525	0.345	0.257	0.205	0.170	0.12600
五(三高二低)	1.643	0.788	0.518	0.386	0.307	0.255	0.18900
六(三高三低)	2.260	1.083	0.712	0.530	0.423	0.351	0.25990

注:1.折算高度为基础墙两边阶梯形部分的断面积折算成基础墙厚度所得到的高度。

2.折算面积为基础墙两边阶梯形部分的断面积,不包括中间基础墙的面积。

【例 5-9】标准砖四层不等高放脚，如图 5-14(a)所示，计算大放脚折算断面面积及折算高度。

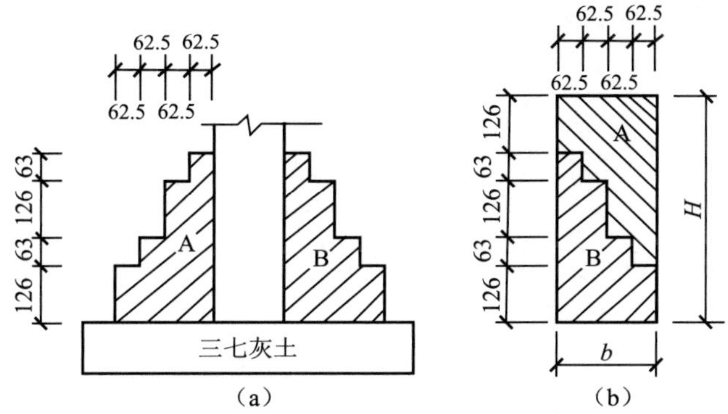

图 5-14　标准砖四层不等高放脚

解：四层不等高放脚断面 A、B 两部分叠加为矩形，如图 5-14(b)所示。

由大放脚的构造知，每步放脚高度为一皮砖时，其高度为 63 mm；每步放脚高度为两皮砖时，其高度为 126 mm，每步放脚的宽度均为 62.5 mm。因此，叠加矩形的高、宽很容易算出，得：

$$b=0.0625\times4=0.25(\text{m})$$

$$H=0.126\times3+0.063\times2=0.504(\text{m})$$

$$\text{大放脚折算断面积}=b\times H=0.25\times0.504=0.126(\text{m}^2)$$

3.砖墙基础工程量的计算

砖墙基础工程量按设计图示尺寸以体积计算。

计算公式为：

$$\text{砖墙基础工程量}=\text{砖基础长度}\times\text{砖基础断面面积}\pm\text{应增加(扣除)体积} \quad (5-22)$$

上式中各项计算方法如下。

(1)砖基础长度。

外墙砖基础按外墙中心线长度计算，内墙砖基础按内墙净长线长度计算。遇有偏轴线时，应将轴线移为中心线计算。

(2)砖基础断面面积。

$$\text{砖基础断面面积}=\text{基础墙厚度}\times(\text{基础高度}+\text{大放脚折算高度}) \quad (5-23)$$

或

$$\text{砖基础断面面积}=\text{基础墙厚度}\times\text{基础高度}+\text{大放脚折算断面积} \quad (5-24)$$

式中，基础墙厚度为标准砖时，按表查用。

大放脚折算高度是将大放脚折加的断面面积按其相应墙厚折合成的高度，计算公式为：

$$\text{大放脚折算高度}(\Delta H)=\frac{\text{大放脚折算面积}(\Delta S)}{\text{基础厚度}} \quad (5-25)$$

等高式和不等高式砖基础大放脚的折算高度和折算面积如表 5-13、表 5-14 所示，供计算基础体积时查用。

基础高度为大放脚底面至基础顶面(即分界面)的高度。

(3)应扣除和不扣除的体积(m^3)。

应扣除:单个面积在0.3 m^2以上孔洞所占体积,砖基础中嵌入的钢筋混凝土柱(包括独立柱、框架柱、构造柱及柱基等)、梁(包括基础梁、圈梁、过梁、挑梁等)。

不扣除:基础大放脚T形接头的重叠部分及嵌入基础内的钢筋、铁件、管道、基础砂浆防潮层和单个面积在0.3 m^2以内的孔洞所占体积。

计算墙体工程量应扣除和不扣除的内容见表5-15。

(4)应增加和不增加的体积(m^3)。

应增加:附墙垛基础宽出部分的体积。

不增加:靠墙暖气沟的挑檐的体积。

计算墙体工程量应增加和不增加的内容见表5-16。

表5-15 计算墙体工程量应扣除和不扣除的内容

部位	应扣除	不扣除
孔洞	门窗洞口、过人洞、空圈、0.3 m^2以上的孔洞	0.3 m^2以下的孔洞
嵌入墙体	嵌入墙身的钢筋混凝土柱、梁、圈梁、挑梁、过梁及凹进墙内的壁龛、管槽、暖气槽、消火栓箱所占体积	梁头、板头、檩头、垫木、木楞头、沿椽木、木砖、门窗走头、墙身内的加固钢筋、木筋、铁件、钢管

表5-16 计算墙体工程量应增加和不增加的内容

部位	应增加	不增加
凸出墙面	凸出墙面的墙垛	凸出墙面的腰线、挑檐、压顶、窗台线、虎头砖、门窗套的体积

【例5-10】某砖基础墙为370 mm,采用五层等高,基础高度为2.1 m,计算断面面积。

解:

$$基础断面面积=0.365\times(2.1+0.647)=1.003(m^2)$$

或

$$基础断面面积=0.365\times2.1+0.23630=1.003(m^2)$$

【例5-11】如图5-15所示,带形砖基础长度为50 m,墙厚1.5砖,高1.0 m,三层等高大放脚,试计算砖基础工程量。

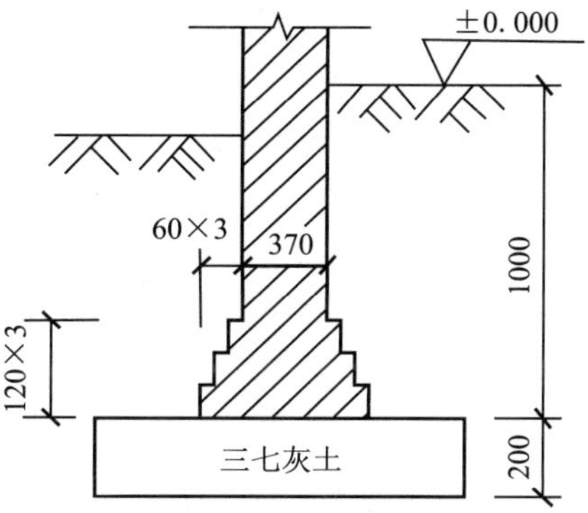

图 5-15　三层等高大放脚砖基础

解:图 5-15 中,墙厚设计标注尺寸为 370 mm,大放脚高度设计标注尺寸为 120 mm,大放脚宽度设计尺寸为 60 mm,均为非标准标注,在计算工程量时应改为标准尺寸,即墙厚 365 mm,大放脚高 126 mm,大放脚宽 62.5 mm。

方法一:按大放脚折算为断面积计算

查表,三层等高大放脚折算断面积为 0.09450 m^2,根据公式有:

砖墙基础工程量=砖基础长度×(基础墙厚度×基础高度+大放脚折算断面积)

$$= 50\times(0.365\times1.0+0.09450)= 22.98(m^3)$$

方法二:按大放脚折算为折算高度计算

查表,三层等高大放脚墙厚 1.5 砖时的折算高度为 0.259 m,根据公式有:

砖墙基础工程量=砖基础长度×[基础墙厚度×(基础高度+大放脚折算高度)]

$$=50\times[0.365\times(1.0+0.259)]=22.98(m^3)$$

4.砖柱基础大放脚

砖柱基础大放脚,指沿砖柱四边阶梯形的放出部分。与砖墙基础大放脚相同,也分为等高式和不等高式两种。其每步放脚的高度及宽度,也与砖墙基大放脚相同。整个砖柱基大放脚的折算体积,可直接按表 5-17、表 5-18 查用。表中数值不包括中间柱的体积。

表 5-17　等高式标准砖柱基大放脚折算体积表　　单位:m^3

矩形砖柱两边之和(砖数)	大放脚层数(等高)				
	二	三	四	五	六
3	0.0443	0.0965	0.1740	0.2807	0.4206
3.5	0.0502	0.1084	0.1937	0.3103	0.4619
4	0.0562	0.1203	0.2134	0.3398	0.5033
4.5	0.0621	0.1320	0.2331	0.3693	0.5446

续表 5-17 单位：m^3

矩形砖柱两边之和(砖数)	大放脚层数(等高)				
	二	三	四	五	六
5	0.0681	0.1438	0.2528	0.3989	0.5860
5.5	0.0739	0.1556	0.2725	0.4284	0.6273
6	0.0798	0.1674	0.2922	0.4579	0.6687
6.5	0.0856	0.1792	0.3119	0.4875	0.7150
7	0.0916	0.1911	0.3315	0.5170	0.7513
7.5	0.0975	0.2029	0.3512	0.5465	0.7927
8	0.1034	0.2147	0.3709	0.5761	0.8340

表 5-18 不等高式标准砖柱基大放脚折算体积表 单位：m^3

矩形砖柱两边之和(砖数)	大放脚层数(不等高)				
	二	三	四	五	六
3	0.0376	0.0811	0.1412	0.2266	0.3345
3.5	0.0446	0.0909	0.1569	0.2502	0.3669
4	0.0475	0.1008	0.1727	0.2738	0.3994
4.5	0.0524	0.1107	0.1885	0.2975	0.4319
5	0.0573	0.1205	0.2042	0.3210	0.4644
5.5	0.0622	0.1303	0.2199	0.3450	0.4968
6	0.0671	0.1402	0.2357	0.3683	0.5293
6.5	0.0721	0.1500	0.2515	0.3919	0.5619
7	0.0770	0.1599	0.2672	0.4123	0.5943
7.5	0.0820	0.1697	0.2829	0.4392	0.6267
8	0.0868	0.1795	0.2987	0.4628	0.6592

5.砖柱基础工程量的计算

砖柱基础工程量，按体积以“m^3”计算。砖柱和砖柱基础工程量以底层室内地坪为界分别计算，砖柱按砖柱定额执行，砖柱基础按砖基础定额执行。

砖柱基础工程量可按下式计算：

砖柱基础工程量＝柱断面积×基础高度＋大放脚体积 (5-26)

式中 基础高度——由柱基底面至底层室内地坪高度；

大放脚体积——按矩形砖柱两边之和除以一砖厚度(240 mm)，所得数值以及放脚形式查表 5-17 和表 5-18 可得。

(1)矩形砖柱基础工程量计算公式：

$$V_{矩}=A\times B\times H+V_{放} \tag{5-27}$$

式中 $V_{矩}$—— 矩形砖柱基础工程量；

A,B —— 矩形砖柱截面的长、宽尺寸，m；

H—— 矩形砖柱砖基础高度，自矩形砖柱砖基础大放脚底面至砖基础顶面（即分界面）的高度，m；

$V_{放}$—— 矩形砖柱基础大放脚折算体积。

（2）圆形砖柱基础工程量计算公式：

$$V_{圆}=\frac{1}{4}\pi D^2\times H_1+ D^2\times H_2+V_{放} \tag{5-28}$$

式中 $V_{圆}$—— 圆形砖柱基础工程量；

D —— 圆形砖柱直径，m；

H_1—— 圆形砖柱砖基础大放脚底面至基础顶面（即分界面）的高度，m；

H_2—— 大放脚的总高度，按各阶高度的标准值计算，m；

$V_{放}$—— 矩形砖柱基础大放脚折算体积。

【例 5-12】矩形砖柱、柱基底部至底层室内地坪高 2 m，柱断面为 370 mm×490 mm，按五层等高放脚，计算砖柱基大放脚体积。

解：

（1）矩形砖柱两边之和砖数

$$\frac{370+490}{240}\approx 3.5$$

采用五层等高放脚，查表 5-17 可得大放脚体积为 0.3103 m^3。

（2）砖柱体积

$$0.365\times 0.49\times 2+0.3103\approx 0.668(m^3)$$

二、砖砌体

砖砌体主要是指由砖和砂浆形成的砖墙、砖柱等构件。建筑物的墙体既起围护、分隔作用，又起承重构件作用。按墙体所处平面位置的不同，可分为外墙和内墙；按受力情况的不同，可分为承重墙和非承重墙；按装修做法不同，可分为清水墙和混水墙；按组砌方法不同，可分为实心砖墙、空斗墙、空花墙、填充墙等。砖柱按材料分为标准砖柱和灰砂砖柱；按形状不同分为砖方柱、砖圆柱。

1.实心砖墙

实心砖墙组砌方法适用于各种类型的实心砖墙，各种建筑砌块按照不同的施工方法、不同的规格，可分为外墙、内墙、围墙、双面清水墙、双面混水墙、单面清水墙。实心砖墙根据所采用材料的不同，分为烧结煤矸石空心砖和烧结煤矸石普通砖两种。烧结煤矸石普通砖中根据墙厚设置了 1 砖以上、1 砖、3/4 砖、1/2 砖墙的综合单价子目。砖砌体和砌块砌体不分内、外墙，均执行对应品种的砖和砌块项目，其中：

①定额中均已包括了立门窗框的调直以及腰线、窗台线、挑檐等一般出线用工。

②清水砖砌体均包括了原浆勾缝用工。设计需加浆勾缝时,应另行计算。

③轻集料混凝土小型空心砌块墙的门窗洞口等镶砌的同类实心砖部分已包含在定额内,不单独另行计算。

围墙套用墙相关定额项目,双面清水围墙按相应单面清水墙项目,人工用量乘以系数 1.15 计算。

定额中各类砖、砌块及石砌体的砌筑均按直形砌筑编制,如为圆弧形砌筑,按相应定额人工用量乘以系数 1.10,砖、砌块及石砌体及砂浆(黏结剂)用量乘以系数 1.03 计算。

(1)计算公式:

$$V=L\times H\times\delta-V_{扣}+V_{增} \tag{5-29}$$

式中 V——实心砖墙工程量,m^3;

L——墙长,m;

H——墙高,m;

δ——墙厚,m;

$V_{扣}$——应扣除部分体积,m^3;

$V_{增}$——应增加部分体积,m^3。

(2)墙长度。

外墙长度按中心线长度计算。应注意定位轴线若为偏轴线时,要移至中心线。按中心线计算时,图 5-16 中外角的阴影部分未计算,而内角的阴影部分计算了两次。由于是中心线,这部分是相等的,用内角来弥补外角正好余缺平衡。若为偏轴线时计算,显然余缺是不平衡的。

内墙长度按净长线计算。内墙与外墙"丁"字相交时,如图 5-17(a)所示,计算内墙长度时,要算至外墙的里边线,这就避免了阴影部分重复计算;内墙与内墙"L"形相交时,两面内墙的长度均算至中心线,如图 5-17(b)所示;内墙与内墙"十"字相交时,按较厚墙体的内墙长度计算,较薄墙体的内墙长度算至较厚墙体的外边线处,如图 5-17(c)所示。

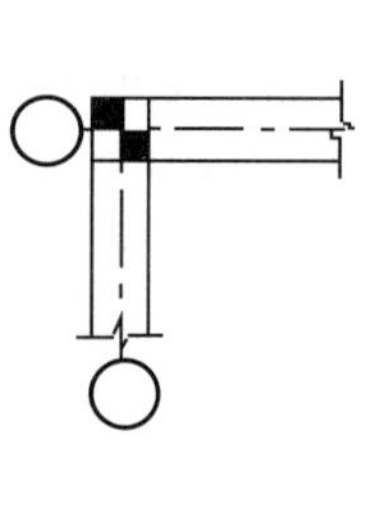

图 5-16 外墙长度

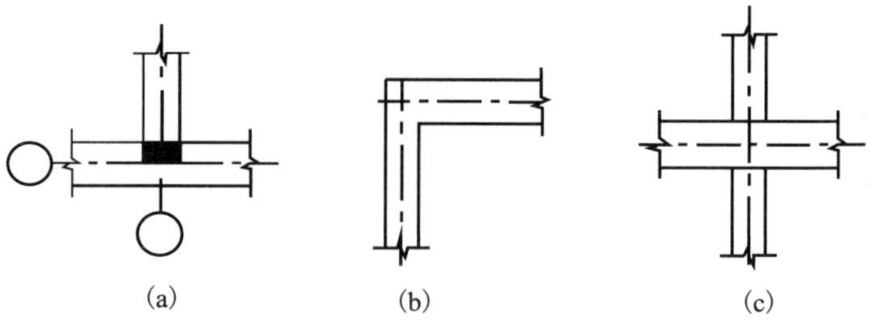

图 5-17 内墙长度

(3)墙高度。

砖墙高度的起点,均从墙身与墙基的分界面开始计算,如图 5-18 所示。

外墙:斜(坡)屋面无檐口天棚者算至屋面板底;有屋架且室内外均有天棚者算至屋架下弦底另加 200 mm;无天棚者算至屋架下弦底另加 300 mm,出檐宽度超过 600 mm 时按实砌高度计算；平屋面算至钢筋混凝土板底，如图 5-19 所示。

内墙：位于屋架下弦者，其高度算至屋架底；无屋架者算至天棚底另加 100 mm；有钢筋混凝土楼板隔层者算至楼板顶；有框架梁时算至梁底，如图 5-19 所示。

女儿墙：从屋面板上表面算至女儿墙顶面（如有混凝土压顶时算至压顶下表面）的高度。

内外山墙：按其平均高度计算。

（4）墙厚度。

综合单价子目中，实心砖的规格是按标准砖编制的，其规格为 240 mm×115 mm×53 mm。砌块、多孔砖规格是按常用规格编制的。使用非标准砖时，其砌体厚度应按实际规格和设计厚度换算。

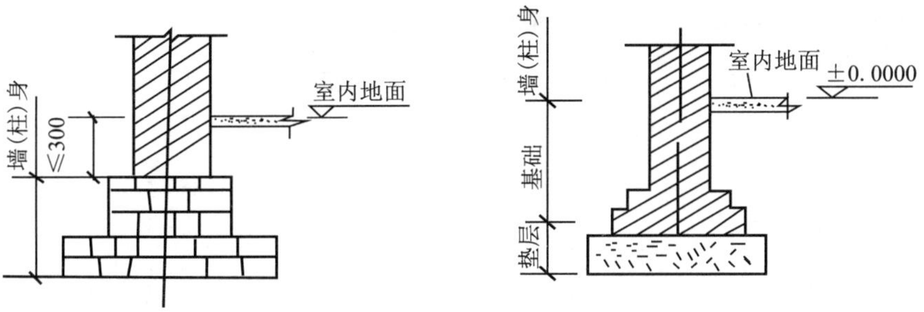

图 5-18　砖墙高度的起点

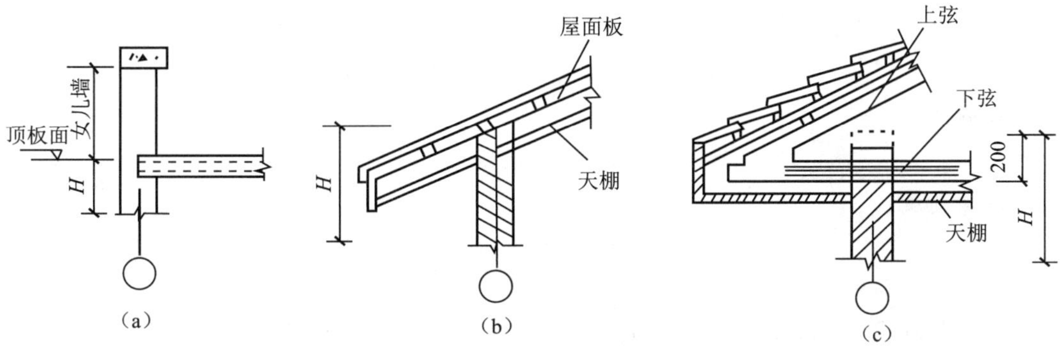

图 5-19　内、外墙高度

【例 5-13】某传达室平、立面图如图 5-20 所示，砖墙体用 M2.5 混合砂浆、240 mm×115 mm×5 mm标准砖砌筑，M-1 为 1000 mm×2400 mm，M-2 为 900 mm×2400 mm，C-1 为 1500 mm×1500 mm；门窗上部均设过梁，断面为 240 mm×180 mm，长度按门窗洞口宽度每边增加 250 mm。外墙均设圈梁（内墙不设），断面为 240 mm×240 mm。外墙面采用 1:1 水泥砂浆勾缝。

试列出清单工程量的计算式及结果。

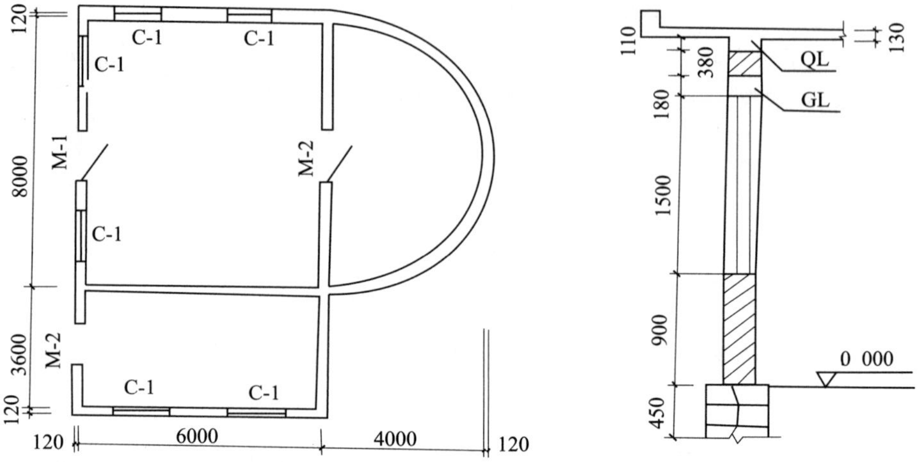

图 5-20　某传达室平、立面图

解：

（1）基础数据计算

外墙直墙中心线长度：

$$6.00+3.60+6.00+3.60+8.00=27.20\ (\mathrm{m})$$

外墙弧形墙中心线长度：

$$4.00\times3.14=12.56\ (\mathrm{m})$$

内墙净长线长度：

$$6.00-0.24+8.00-0.24=13.52\ (\mathrm{m})$$

外墙高度：

$$0.90+1.50+0.18+0.38=2.96\ (\mathrm{m})$$

内墙高度：

$$0.90+1.50+0.18+0.38+0.11+0.13=3.20\ (\mathrm{m})$$

（2）外墙直墙工程量：

$$(27.20\times2.96-2.40-2.16-2.25\times6)\times0.24-0.065-0.060-0.086\times6=14.35\ (\mathrm{m}^3)$$

（3）内墙工程量：

$$(13.52\times3.20-2.16)\times0.24-0.06=9.80\ (\mathrm{m}^3)$$

（4）半圆弧外墙工程量：

$$12.56\times2.96\times0.24=8.92\ (\mathrm{m}^3)$$

（5）墙体工程量合计：

$$14.35+9.80+8.92=33.07\ (\mathrm{m}^3)$$

2.其他墙体

（1）空斗墙。按设计图示尺寸以空斗墙外形体积计算，单位：m^3。墙角、内外墙交接处、门窗洞口立边、窗台砖、屋檐处的实砌部分体积并入空斗墙体积内。

（2）空花墙。按设计图示尺寸以空花部分外形体积计算，单位：m^3。不扣除空洞部分体积。

(3)填充墙。按设计图示尺寸以填充墙外形体积计算,单位:m^3。

3.实心砖柱、多孔砖柱

按设计图示尺寸以体积计算,扣除混凝土及钢筋混凝土梁垫、梁头、板头所占体积,单位:m^3。

4.零星砌砖

以下项目按零星项目列项:框架外表面的镶贴砖部分,空斗墙的窗间墙、窗台下、楼板下、梁头下等的实砌部分,台阶、台阶挡墙、梯带、锅台、炉灶、蹲台、池槽、池槽腿、砖胎模、花台、花池、楼梯栏板、阳台栏板、地垄墙及≤0.3 m^2 的孔洞填塞等。

以上项目中砖砌锅台与炉灶可按外形尺寸以设计图示数量计算,单位:个;砖砌台阶可按图示尺寸水平投影面积计算,单位:m^2;小便槽、地垄墙可按图示尺寸长度计算,单位:m;其他工程按图示尺寸截面积乘以长度计算,单位:m^3。

5.砖检查井、砖散水、砖地坪、砖地沟、砖明沟、砖砌挖孔桩护壁

(1)砖检查井以“座”为单位,按设计图示数量计算。

(2)砖散水、砖地坪以“m^2”为单位,按设计图示尺寸以面积计算。

(3)砖地沟、砖明沟以“m”为单位,按设计图示以中心线长度计算。

(4)砖砌挖孔桩护壁以“m^3”为单位,按设计图示尺寸以体积计算。

三、砌块砌体

同砖砌体。

(1)砌体内加筋、墙体拉结的制作、安装,应按 GB 50854—2013 附录 E 中相关项目编码列项。

(2)砌块排列应上下错缝,内外搭砌。如果搭错缝长度满足不了规定的压搭要求,应采取压砌钢筋网片的措施,具体构造要求按设计规定。若设计无规定时,应注明由投标人根据工程实际情况自行考虑;钢筋网片按 GB 50854—2013 附录 F 中相关项目编码列项。

(3)砌体垂直灰缝宽>30 mm 时,采用 C20 细石混凝土灌实。灌注的混凝土应按 GB 50854—2013 附录 E 中相关项目编码列项。

四、石砌体

1.石基础

(1)基础长度:外墙按中心线计算,内墙按净长线计算。

(2)石基础、石勒脚、石墙身的划分:基础与勒脚应以设计室外地坪为界,勒脚与墙身应以设计室内地坪为界。石围墙内外地坪标高不同时,应以较低地坪标高为界,以下为基础;内外标高之差为挡土墙时,挡土墙以上为墙身。基础垫层包括在基础项目内,不计算工程量。

2.石勒脚

石勒脚项目适用于各种规格(粗料石、细料石等)、各种材质(砂石、青石、大理石、花岗石等)和各种类型(直形、弧形等)的勒脚。其工程量按设计图示尺寸以体积计算,单

位：m^3。它是扣除单个面积>0.3 m^2 的孔洞所占的体积。

3.石墙

同砖墙。

4.石挡土墙

其工程量按设计图示尺寸以体积计算，单位：m^3。

5.石柱

其工程量按设计图示尺寸以体积计算，单位：m^3。

6.石栏杆

其工程量按设计图示尺寸以长度计算，单位：m。

7.石护坡

其工程量按设计图示尺寸以体积计算，单位：m^3。

8.石台阶

石台阶项目包括石梯带（垂带），不包括石梯膀，其工程量按设计图示尺寸以体积计算，单位：m^3。

9.其他

（1）石坡道。按设计图示尺寸以水平投影面积计算，单位：m^2。

（2）石地沟、石明沟。按设计图示尺寸以中心线长度计算，单位：m。

五、垫层

垫层按设计图示尺寸以体积计算，单位：m^3。

除混凝土垫层应按 GB 50854—2013 附录 E 中相关项目编码列项外，没有包括垫层要求的清单项目应按垫层项目编码列项。

E　混凝土及钢筋混凝土工程

一、概述

在对建设工程工程量清单中分部分项工程量清单的混凝土项目进行组价时，使用《河南省房屋建筑与装饰工程预算定额（2016）》第五章相应内容，应该注意以下问题。

1.混凝土分项工程

（1）混凝土按预拌混凝土编制，采用现场搅拌时，执行相应的预拌混凝土项目，再执行现场搅拌混凝调整费项目。现场搅拌混凝土调整费项目中，仅包含了冲洗搅拌机用水量，如需冲洗石子，用水量另行处理。

（2）预拌混凝土是指在混凝土厂集中搅拌、用混凝土罐车运输到施工现场并入模的混凝土（圈过梁及构造柱项目中已综合考虑了因施工条件限制不能直接入模的因素）。固定泵、泵车项目适用于混凝土送到施工现场未入模的情况，泵车项目仅适用于高度在 15 m 以内，固定泵项目适用于所有高度。

（3）混凝土按常用强度等级考虑，设计强度等级不同时可以换算；混凝土各种外加剂统一在配合比中考虑；图纸设计要求增加的外加剂另行计算。

（4）毛石混凝土，按毛石占混凝土体积的20%计算，如设计要求不同时，可以换算。

（5）独立桩承台执行独立基础项目，带形桩承台执行带形基础项目，与满堂基础相连的桩承台执行满堂基础项目。

（6）满堂基础底面向下加深的梁，可按带形基础计算。

（7）现浇钢筋混凝土柱、墙项目，均综合了每层底部灌注水泥砂浆的消耗量。地下室外墙执行墙相应项目。

（8）压型钢板上浇捣混凝土，执行平板项目，人工乘以系数1.10。

（9）型钢组合混凝土构件，执行普通混凝土相应构件项，人工、机械乘以系数1.20。

（10）挑檐、天沟壁高度≤400 mm时，执行挑檐项目；挑檐、天沟壁高度>400 mm时，按全高执行栏板项目。

（11）楼梯是按建筑物一个自然层双跑楼梯考虑，如：单坡直行楼梯（即一个自然层、无休息平台），按相应项目定额乘以系数1.2；三跑楼梯（即一个自然层、两个休息平台），按相应项目定额乘以系数0.9；四跑楼梯（即一个自然层、三个休息平台），按相应项目定额乘以系数0.75。

（12）阳台不包括阳台栏板及压顶内容。

（13）空调板执行悬挑板子目。

（14）散水混凝土厚度按60 mm编制，如设计厚度不同时，可以换算；散水包含了混凝土浇筑、表面压实抹光及嵌缝内容，未包括基础夯实、垫层内容。

（15）台阶混凝土含量是按1.22 $m^3/10\ m^2$综合编制的，如设计含量不同时，可以换算；台阶包括了混凝土浇筑及养护内容，未包括基础夯实、垫层及面层装饰内容，发生时执行其他章节相应项目。

（16）与主体结构不同时，浇捣的厨房、卫生间等处墙体下部现浇混凝土翻边执行圈梁相应项目。

（17）独立现浇门框按构造柱项目执行。

（18）凸出混凝土柱、梁的线条，并入相应柱、梁构件内；凸出混凝土外墙面、阳台梁、栏板外侧≤300 mm的装饰线条，执行扶手、压顶项目；凸出混凝土外墙、梁外侧>300 mm的板，按伸出外墙的梁、板体积合并计算，执行悬挑板项目。

（19）外形尺寸体积在1 m^3以内的独立池槽执行小型构件项目，1 m^3以上的独立池槽及建筑物相连的梁、板、墙结构式水池，分别执行梁、板、墙相应项目。

（20）小型构件是指单件体积0.1 m以内且本节未列项目的小型构件。

（21）本节仅按预拌混凝土编制了施工现场预制的小型构件项目，其他混凝土预制构件定额均按外购成品考虑。

（22）预制混凝土隔板，执行预制混凝土架空隔热板项目。

2.钢筋

（1）钢筋工程按钢筋的不同品种和规格以现浇构件、预制构件、预应力构件以及箍筋分别列项，钢筋的品种、规格比例按常规工程设计，综合考虑。

（2）除定额规定单独列项计算以外，各类钢筋、铁件的制作成型、绑扎、安装、接头、固定所用人工材料、机械消耗均已综合在相应项目内，设计另有规定者，按设计要求计算。直径25 mm以上的钢筋连接按机械连接考虑。

（3）钢筋工程中的措施钢筋，按设计图纸规定及施工验收规范要求计算，按品种、规格执行相应项目。如采用其他材料时，另行计算。

（4）弧形构件钢筋执行钢筋相应项目，人工乘以系数 1.05。

（5）预应力混凝土构件中的非预应力钢筋按钢筋相应项目执行。

（6）非预应力钢筋未包括冷加工，如设计要求冷加工时，应另行计算。

（7）预应力钢筋如设计要求人工时效处理时，应另行计算。

（8）后张法钢筋的锚固是按钢筋帮条焊、U 形插垫编制的，如采用其他方法锚固时，应另行计算。

（9）预应力钢丝束、钢绞线综合考虑了一端、两端张拉；锚具按单锚、群锚分别列项，单锚按单孔锚具列入，群锚按 3 孔列入。预应力钢丝束、钢绞线长度大于 50 m 时，应分段张拉；用于地面预制构件时，应扣除项目中张拉平台摊销费。

（10）地下连续墙钢筋笼安放，不包括钢筋制作，钢筋笼制作按现浇钢筋制作安装相应项目执行。

（11）固定预埋铁件（螺栓）所消耗的材料按实计算，执行相应项目。

（12）现浇混凝土小型构件，执行现浇构件钢筋相应项目，人工、机械乘以系数 2。

二、现浇混凝土基础

混凝土及钢筋混凝土基础具有承载力大、整体性好、坚固、耐久、不怕水等优点。一般结构复杂、地下水位高及高层建筑等工程，经常采用这种基础。

常见的混凝土基础有独立基础、杯形基础、带形基础、满堂基础、箱形基础、桩承台基础、设备基础等。在混凝土基础中设计配置钢筋时，便成为钢筋混凝土基础。

现浇混凝土基础，按设计图示尺寸以体积计算，不扣除构件内钢筋、预埋铁件和伸入承台的桩头所占体积。

1.独立基础

独立基础是指现浇钢筋混凝土柱下的单独基础。其施工特点是柱子与基础整浇为一体。独立基础是柱子基础的主要形式，按其形式可分为阶梯形和四棱锥台形，如图 5-21 所示。

独立基础与筏板基础

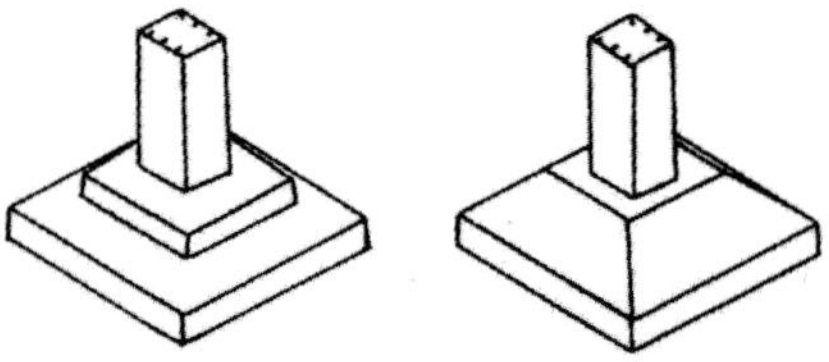

（a）阶梯形　（b）四棱锥台形

图 5-21　独立基础

（1）独立基础与柱子的划分。独立基础与柱子以柱基上表面为分界线，以上为柱子，以下为独立基础，如图 5-22 所示。

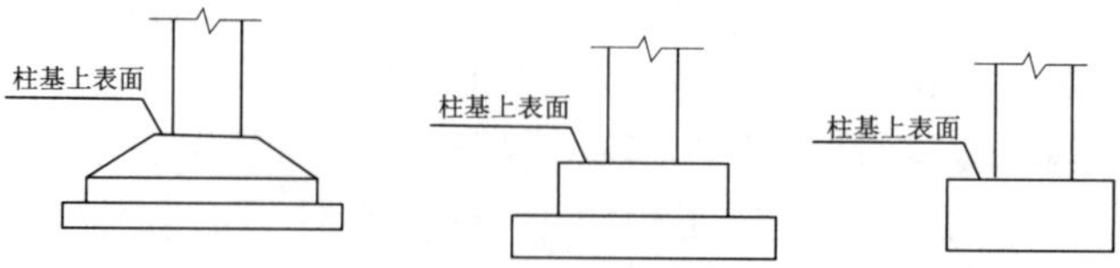

图 5-22　独立基础与柱子划分示意图

(2)独立基础工程量计算。

阶梯形独立基础的体积计算比较容易，只需按图示尺寸分别计算出每阶的立方体体积。四棱锥台形独立基础，如图5-23所示，其体积为四棱锥台体积加底座体积。计算公式为：

$$V=A\times B\times h+[A\times B+(A+a)(B+b)+a\times b]\times\frac{H}{6} \tag{5-30}$$

式中　V——四棱锥台独立基础体积，m^3；

A、B——四棱锥台底边的长、宽，m；

a、b——四棱锥台上边的长、宽，m；

H——四棱锥台的高度，m；

h——四棱锥台底座的厚度，m。

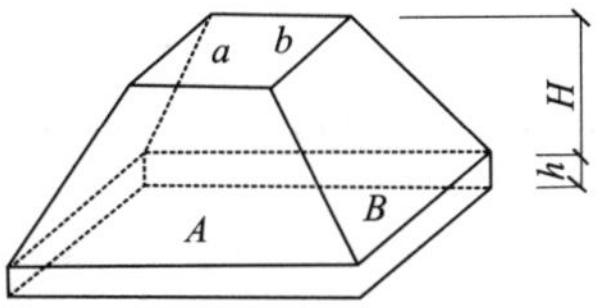

图5-23　四棱锥台形独立基础

2.杯形基础

杯形基础是指预制钢筋混凝土柱下的现浇单独基础。其施工特点如下：现浇单独基础时，将基础的顶部做成杯口，待其达到规定强度后，再将预制钢筋混凝土柱插入杯口内，最后灌注细石混凝土，使柱与基础连成整体。杯形基础按形式可分为阶梯形和锥形，一般以锥形居多，其中锥形又可分为一般锥形和高脖锥形，如图5-24所示。高脖锥形基础，基础扩大顶面以上短柱部分高大于1 m时，短柱与基础分别计算，短柱执行柱项目，基础执行独立基础项目。

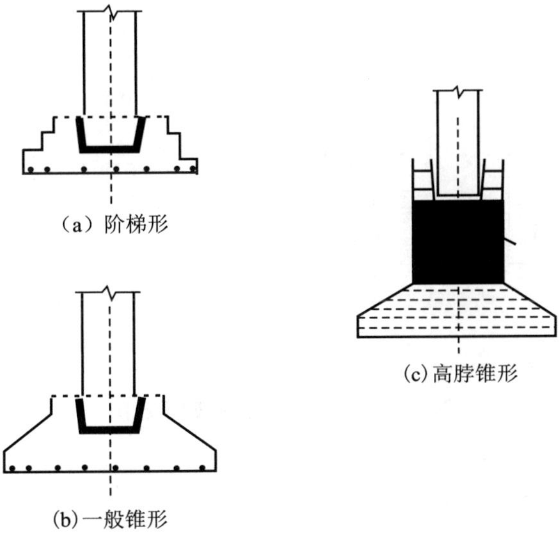

图5-24　杯形基础

(1)阶梯形杯形基础工程量：

$$工程量=外形体积-杯芯体积 \tag{5-31}$$

外形体积可分阶按图示尺寸计算，计算时不考虑杯芯。杯芯体积按四棱锥台计算公式计算。

(2)锥形杯形基础工程量：

$$工程量=底座体积+四棱锥台体积+脖口体积-杯芯体积 \tag{5-32}$$

四棱锥台体积的计算同独立基础；四棱锥台、脖口体积计算时，不考虑杯芯。

【例 5-14】某车间有图 5-25 所示的杯形基础共 10 个，混凝土强度等级为 C20(40)(32.5 水泥)，求杯形基础的清单项目费。

解：杯形基础由脖口部分(体积为 V_1)、四棱锥台部分(体积为 V_2)、基底部分(体积为 V_3)，扣除杯芯部分(体积为 V_4)组成，即 $V=V_1+V_2+V_3-V_4$。

$$V_1=(0.3\times2+0.025\times2+0.5)\times(0.3\times2+0.025\times2+0.9)\times0.4=1.15\times1.55\times0.4=0.713\ (\mathrm{m}^3)$$

$$V_2=\frac{0.3}{6}\times[3.0\times4.2+(3.0+1.15)\times(4.2+1.55)+1.15\times1.55]=1.912(\mathrm{m}^3)$$

$$V_3=3.0\times4.2\times0.4=5.040(\mathrm{m}^3)$$

$$V_4=\frac{0.85}{6}\times[0.5\times0.9+(0.5+0.025\times2+0.5)\times(0.9+0.025\times2+0.9)+(0.5+0.025\times2)\times(0.9+0.025\times2)]=\frac{0.85}{6}\times(0.5\times0.9+1.05\times1.85+0.55\times0.95)=0.413\ (\mathrm{m}^3)$$

$$V=V_1+V_2+V_3-V_4=0.713+1.912+5.040-0.413=7.252(\mathrm{m}^3)$$

$$V_{总}=10\times V=72.52(\mathrm{m}^3)$$

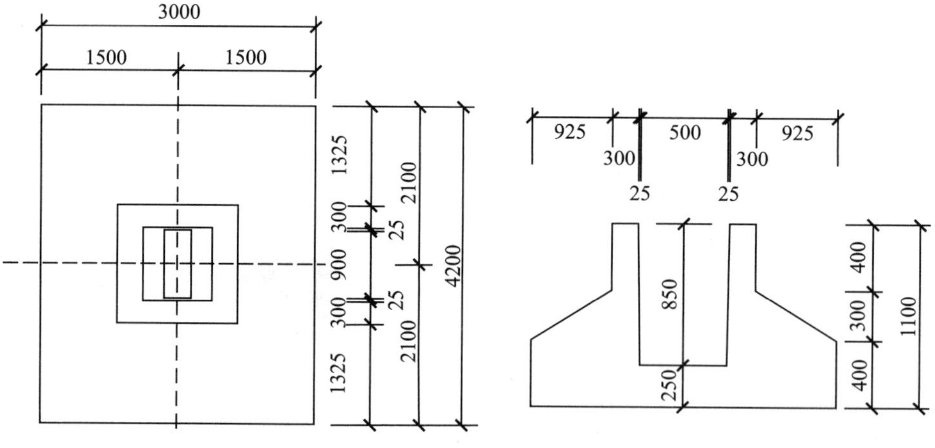

图 5-25　某工程杯形基础示意图

3.带形基础

带形基础

带形基础又称条形基础，其外形呈长条状，断面形式一般有梯形、阶梯形和矩形等。常用于房屋上部荷载较大、地基承载能力较差的混合结构房屋墙下基础。

(1)带形基础：不分有肋式与无肋式，均按带形基础项目计算，有肋式带形基础，肋高

(指基础扩大顶面至梁顶面的高)小于等于1.2 m时,合并计算;大于1.2 m时,扩大顶面以下的基础部分,按无肋带形基础项目计算,扩大顶面以上部分,按墙项目计算。

(2)带形基础工程量计算公式:

$$V=SL+V_T \tag{5-33}$$

式中 V——带形基础工程体积,m^3;

S——带形基础断面面积,m^2;

L——带形基础长度,外墙基础长度按带形基础中心线长度,内墙基础长度按带形基础净长线长度(即长度算至"丁"字相交基础的侧面,如图5-26所示);

V_T——"T"形接头的搭接部分的体积。

梯形断面带形基础每个"丁"字接头(如图5-27所示)的体积可按下式计算:

$$V_T=bHL_T+(2b+B)h_1L_T/6 \tag{5-34}$$

式中,b、B、h_1、H、L_T如图5-27所示。

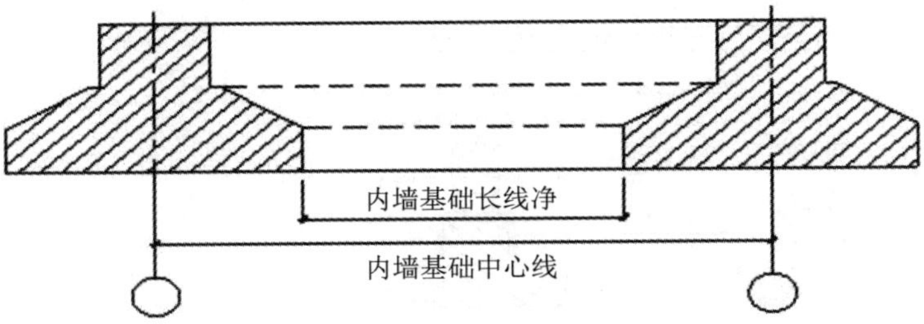

图5-26 内墙带形基础净长线示意图

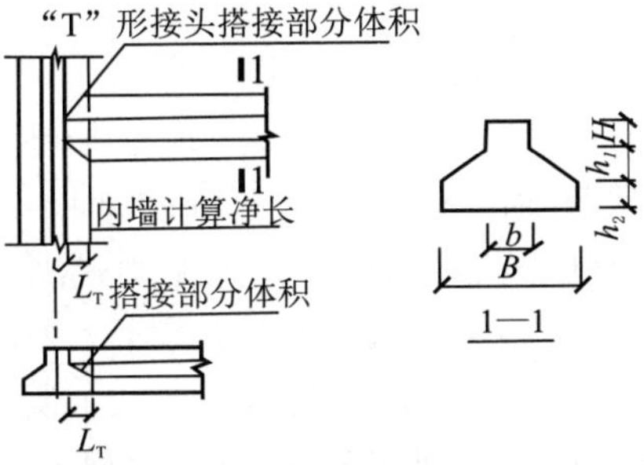

图5-27 梯形断面带形基础

【例5-15】某建筑物基础平面图及剖面图如图5-28所示,基础为现浇有梁式条形基础,试计算现浇混凝土基础清单工程量。

解:内墙下基础之间的净长如图5-28所示,其体积为各部分面积分别乘以各部分之间的长度。

(1)外墙下基础工程量:

$$V_1=[(0.08\times2+0.24)\times0.3+\frac{1}{2}\times(0.08\times2+0.24+1.2)\times0.15+1.2\times0.2]\times24=11.52(m^3)$$

(2)内墙下基础工程量:

梁间净长:$L_1=4.8-(0.12+0.08)\times2=4.4(m)$

$$斜坡中心线长:L_2=4.8-(0.2+0.2)\times 2=4(\mathrm{m})$$

$$基底净长\ L_3=4.8-1.2=3.6(\mathrm{m})$$

内墙下基础工程量：

$$V_2=(0.08\times 2+0.2)\times 0.3\times 4.4+\frac{1}{2}\times(0.08\times 2+0.24+1.2)\times 0.15\times 4+1.2\times 0.2\times 3.6=1.82(\mathrm{m}^3)$$

现浇混凝土基础工程量：

$$V=11.52+1.82=13.34(\mathrm{m}^3)$$

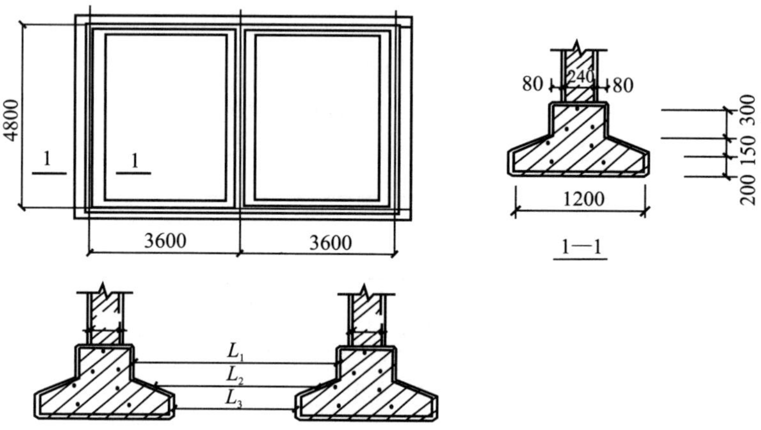

图 5-28　某建筑物基础平面图和剖面图

4.满堂基础

当建筑物上部荷载较大,地基承载能力又比较弱时,采用简单的条形基础已不能适应地基变形的需要,常将墙或柱下基础连成一片,这种基础称为满堂基础(又称筏片基础)。满堂基础分有梁式满堂基础和无梁式满堂基础两种。

无梁式满堂基础有扩大或角锥形柱墩时,并入无梁式满堂基础内计算。有梁式满堂基础梁高(从板面至板底计算,梁高不含板厚)小于等于 1.2 m 时,基础和梁合并计算;大于 1.2 m 时,底板按无梁式满堂基础模板项目计算,梁按混凝土墙模板项目计算。箱式满堂基础应分别按无梁式满堂基础、柱、墙、梁、板的有关规定计算。地下室底板按无梁式满堂基础模板项目计算。

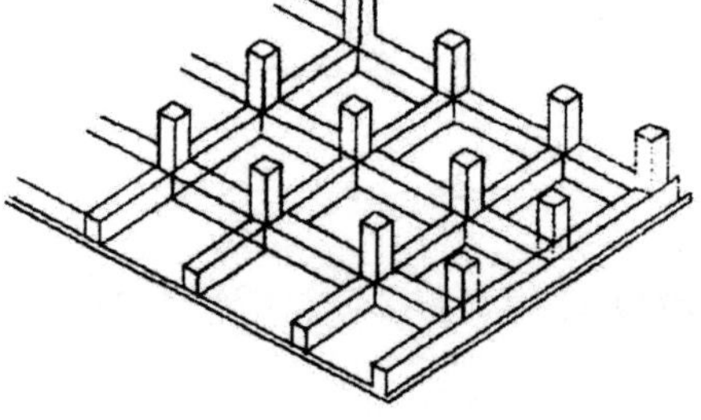

图 5-29　有梁式满堂基础

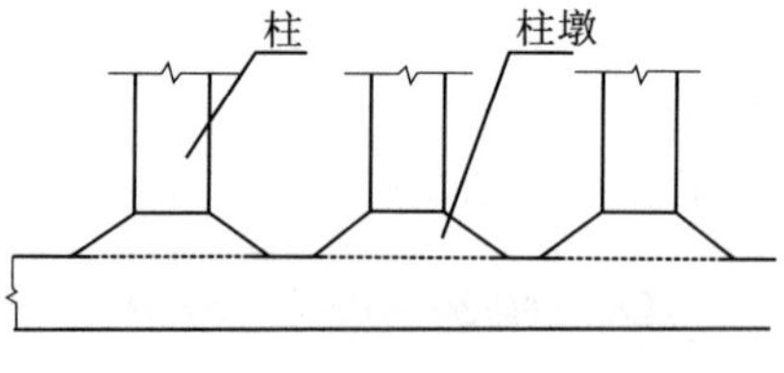

图 5-30　无梁式满堂基础

5.箱形基础

箱形基础是指由顶板、底板及纵横墙板(包括镶入钢筋混凝土墙板中的柱)连成整体的基础,具有较好的整体刚度,多用于天然地基上中高层建筑的基础,有抗震、人防及地下室要求的高层建筑也多采用箱形基础。箱式基础分别按基础、柱、墙、梁、板等有关规定计算。

6.桩承台

桩承台是在已打完的桩顶上,将桩顶部的混凝土剔凿掉,露出钢筋,浇灌混凝土使之与桩顶连成一体的钢筋混凝土基础。预算定额中根据桩承台结构形式分为独立桩承台和带形桩承台两种。其工程量计算按图示桩承台尺寸以“m^3”计算。

7.设备基础

块体设备基础按不同体积,分别计算模板工程量;框架设备基础应分别按基础、柱以及墙的相应项目计算;楼层面上的设备基础并入梁、板项目计算,如在同一设备基础中部分为块体,部分为框架时,应分别计算。框架设备基础的柱模板高度应由底板或柱基的上表面算至板的下表面;梁的长度按净长计算,梁的悬臂部分应并入梁内计算。设备基础地脚螺栓套孔以不同深度以数量计算。

【综合训练5】某住宅工程基础平面图如图5-31所示,室外地坪-0.3 m,混凝土基础垫层采用C15(40)支模浇筑,钢筋混凝土基础采用C20(40)混凝土,砖基础采用M7.5水泥砂浆砌筑。试计算混凝土基础垫层、钢筋混凝土基础、砖基础的清单工程量(不计模板、钢筋工程量)。

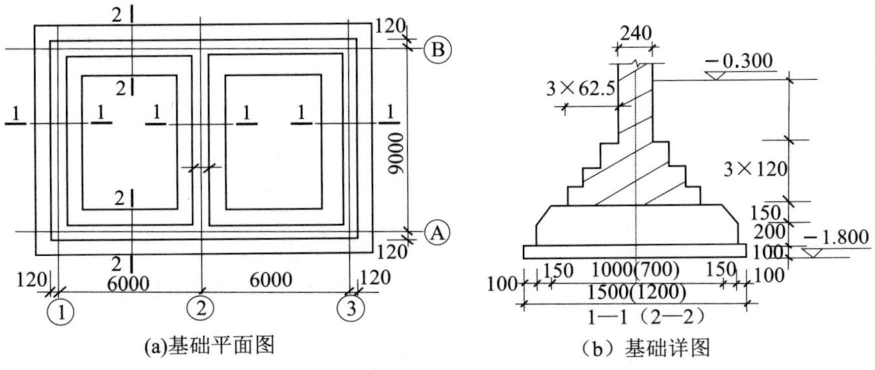

图5-31 某住宅工程基础平面图

解:

(1) C15(40)混凝土基础垫层:

$$V_1=0.1\times1.5\times[9\times2+(9-1.2)]+0.1\times1.2\times12\times2=6.75(m^3)$$

(2) C20(40)钢筋混凝土带形基础:

$$V_2=(1.3\times0.2+\frac{1.0+1.3}{2}\times0.15)\times(9\times2+9-1)+(1.0\times0.2+\frac{0.7+1.0}{2}\times0.15)\times12\times2+\frac{1}{6}\times\frac{1-0.7}{2}\times(1.3+2\times1.0)\times0.15\times2=11.245+7.86+0.02475=19.130(m^3)$$

(3) M7.5 水泥砂浆砖基础：

$$V_3=[0.24\times(1.8-0.1-0.2-0.15)+0.0945]\times[(9+12)\times2+(9-0.24)]$$
$$=0.4185\times50.76=21.243\ (m^3)$$

柱的电算化算量

三、现浇混凝土柱

异形柱指柱面有凹凸或竖向线脚的柱，截面为“工”字形、“十”字形、“T”形或正五边至正七边形的柱。

截面为七边形以上的正多边形柱执行圆柱子目。截面为“L”形或变截面的矩形柱（如底 600 mm×600 mm，顶 400 mm×400 mm）可按平均周长执行相应矩形柱子目。

构造柱是指按设计要求先砌筑墙体、后浇筑混凝土的柱，而柱至少有一边以墙体为侧模板。

柱工程量按设计图示尺寸以体积计算，即按设计柱断面面积乘以柱高计算。依附柱的牛腿和升板的柱帽的体积并入柱身体积计算，不扣除构件内钢筋、预埋铁件所占体积。

$$柱工程量=设计柱断面积\times柱高 \tag{5-35}$$

1.柱高的确定

见图 5-32。有梁板的柱高，应以柱基（或楼板）上表面至上一层楼板上表面之间的高度计算。

无梁板的柱高，应以柱基（或楼板）上表面至柱帽下表面之间的高度计算。

框架柱的柱高，应以柱基上表面至柱顶面的高度计算。

构造柱按全高计算，当需分层计算时，首层构造柱高应自柱基（或地圈梁）上表面算至上一层圈梁上表面，其他各层为各楼层上、下两道圈梁上表面之间的距离。若构造柱上、下与主、次梁连接，则以上、下主次梁间的净高计算柱高。

依附柱上的牛腿和升板的柱帽，并入柱身体积计算；钢管混凝土柱以钢管高度按照钢管内径计算混凝土体积。

2.断面面积的确定

矩形柱、圆形柱均以设计图示断面尺寸计算断面面积。

构造柱按设计图示尺寸（包括与砖墙咬接部分在内）计算断面面积。

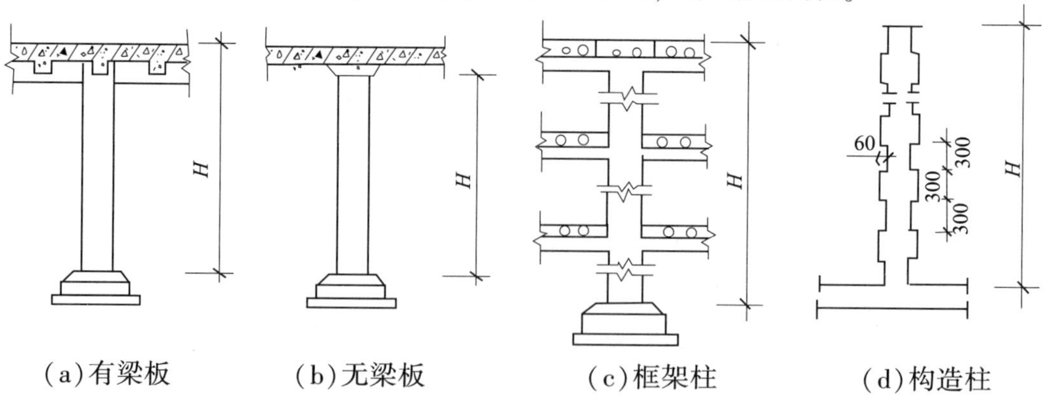

(a)有梁板　(b)无梁板　(c)框架柱　(d)构造柱

图 5-32　柱高的确定

四、现浇混凝土梁

梁的电算化算量

1.相关概念

基础梁是指直接以独立基础或柱为支点的梁，一般多用于不设条形基础时墙体的承托梁。

单梁、连续梁是指梁上没有现浇板的矩形梁。

异形梁是指梁截面为“T”字形、“十”字形、“工”字形，梁上没有现浇板的梁。

变截面梁也按异形梁子目执行。

圈梁是指以墙体为底模板浇筑的梁，包括以墙体为底模浇筑的框架梁、连系梁。

过梁是指在墙体砌筑过程中，门窗洞口上同步浇筑的梁。

叠合梁是指在预制梁上部预留一定高度，甩出钢筋，待楼板安装就位后加绑钢筋，浇灌混凝土的梁。

2.工程量计算

现浇混凝土梁按设计图示尺寸以体积计算，不扣除构件内钢筋、预埋铁件所占体积。伸入墙内的梁头、梁垫并入梁体积内。

(1)单梁、连续梁。

$$工程量=梁长\times设计断面面积 \tag{5-36}$$

梁长的计算规定：梁与柱连接时，梁长算至柱侧面；主梁与次梁连接时，次梁长算至主梁的侧面；圈梁与过梁连接时，过梁应并入圈梁计算。

(2)“T”字形、“十”字形、“工”字形异形梁。

$$工程量=梁长\times设计断面面积 \tag{5-37}$$

梁长的计算规定，同单梁、连续梁。

(3)变截面梁(异形梁，如图5-33所示)。

$$工程量=\frac{1}{2}\times L_2\times(h_1+h_2)\times b \tag{5-38}$$

变截面梁梁长为变截面部分的长度。与变截面部分连接的梁，应根据其结构特征另列项目计算，套用相应的单梁、连续梁、圈(过)梁综合单价。当相连的为“T”字形、“十”字形异形梁时，则工程量合并计算，执行异形梁综合单价。

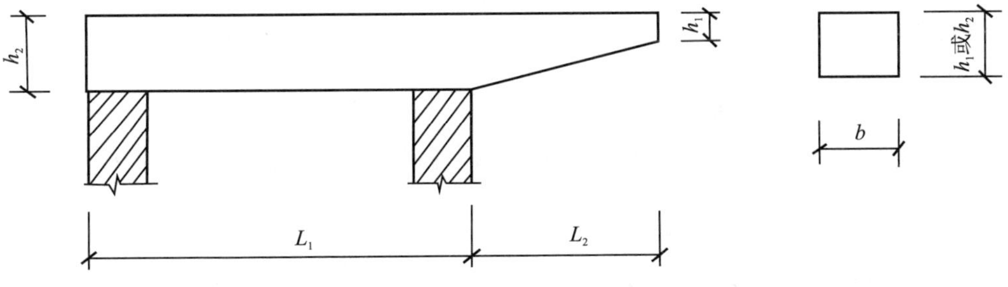

图5-33　带挑梁的单梁示意图

(4)圈梁、过梁。

$$工程量=梁长\times设计断面面积 \tag{5-39}$$

圈梁、过梁按设计图示长度计算。

圈梁、过梁与主、次梁或柱(包括构造柱交接者),圈、过梁长度应算至主、次梁或柱的侧面。圈梁与现浇板整浇时,板算至圈梁侧面,圈梁部分仍单独列项,执行圈梁综合单价。过梁与板整浇时,过梁并入板工程量,执行板综合单价。

(5)叠合梁。

叠合梁工程量按设计图示的第二次浇筑部分的体积计算。

(6)现浇混凝土桁架。

现浇混凝土桁架工程量按设计图示尺寸的体积计算。

五、现浇混凝土板

现浇板按设计图示尺寸以体积计算,不扣除构件内钢筋、预埋铁件及单个面积0.3 m^2以内的孔洞所占体积。各类板伸入墙内的板头并入板体积内计算。具体规定如下:

(1)有梁板(包括主、次梁与板)按梁、板体积之和计算。

(2)无梁板按板和柱帽体积之和计算,周边带围梁者,并入无梁板工程量内计算。

各类板伸入砖墙内的板头并入板体积内计算,薄壳板的肋、基梁并入薄壳体积内计算。空心板按设计图示尺寸以体积(扣除空心部分)计算。

(3)栏板、扶手按设计图示尺寸以体积计算,伸入砖墙内的部分并入栏板、扶手体积计算。

(4)挑檐、天沟按设计图示尺寸以墙外部分体积计算。挑檐、天沟板与板(包括屋面板)连接时,以外墙外边线为分界线;与梁(包括圈梁等)连接时,以梁外边线为分界线;外墙外边线以外为挑檐、天沟。

(5)凸阳台(凸出外墙外侧用悬挑梁悬挑的阳台)按阳台项目计算;凹进墙内的阳台,按梁、板分别计算;阳台栏板、压顶分别按栏板、压顶项目计算。

(6)雨篷梁、板工程量合并,按雨篷以体积计算。高度≤400 mm 的栏板并入雨篷体积内计算;栏板高度>400 mm 时,其超过部分,按栏板计算。

(7)叠合梁、板分别按梁、板相应项目执行。

(8)压型钢板上浇捣混凝土,执行平板项目,人工用量乘以系数 1.10。

(9)挑檐、天沟壁高度≤400 mm 时,执行挑檐项目;挑檐、天沟壁高度>400 mm 时,按全高执行栏板项目。

(10)阳台不包括阳台栏板及压顶内容。

(11)空调板执行悬挑板子目。

(12)预制板间补现浇板缝,适用于板缝小于预制板的模数,但需支模才能浇筑的混凝土板缝。

【例 5-16】图 5-34 所示为某房屋二层结构平面图,已知一层板顶标高 3.3 m,二层板顶标高 6.6 m,现浇板厚 100 mm,各构件混凝土强度等级为 C25,各构件尺寸见表5-19。

试计算第二层各混凝土构件清单工程量。(定位轴线通过柱子中间)

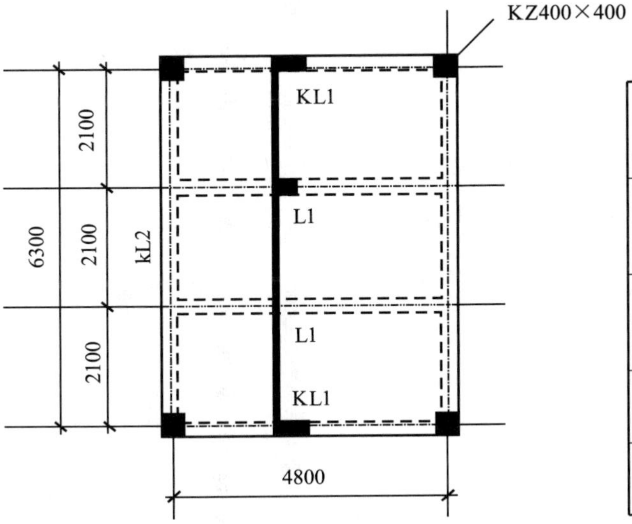

图 5-34 某房屋二层结构平面图

表 5-19 构件尺寸

构件	尺寸(宽×高)/mm
KZ	400×400
KL1	250×550
KL2	300×600
L1	250×500

解:

(1)矩形柱工程量:

$$柱高\ H=6.6-3.3=3.3(\mathrm{m})$$

$$V=0.4\times0.4\times3.3\times4=2.11(\mathrm{m}^3)$$

(2)矩形梁工程量:

$$\mathrm{KL1}:长度=4.8-0.2\times2=4.4(\mathrm{m})$$

$$V_1=0.25\times(0.55-0.1)\times4.4\times2=0.99(\mathrm{m}^3)$$

$$\mathrm{KL2}:长度=6.3-0.2\times2=5.9(\mathrm{m})$$

$$V_2=0.3\times(0.6-0.1)\times5.9\times2=1.77(\mathrm{m}^3)$$

$$\mathrm{L1}:长度=4.8-0.1\times2=4.6(\mathrm{m})$$

$$V_3=0.25\times0.5\times4.6\times2=1.15(\mathrm{m}^3)$$

$$矩形梁工程量=0.99+1.77+1.15=3.91(\mathrm{m}^3)$$

(3)现浇有梁板工程量:

工程量=长×宽×厚-柱子所占体积$=(6.3+0.2\times2)\times(4.8+0.2\times2)\times0.1-0.4\times0.4\times0.1\times4=3.484-0.064=3.42(\mathrm{m}^3)$

【综合训练 6】某现浇钢筋混凝土单层厂房(如图 5-35 所示),屋面板顶面标高 5.0 m,柱基础顶面标高-0.5 m,柱截面尺寸:Z3=300 mm×400 mm,Z4=400 mm×500 mm,Z5=300 mm×400 mm(注:柱中心线与轴线重合)。用现场搅拌机拌 C20 混凝土(石子粒径 20 mm,简称 20 石),求柱、有梁板、挑檐及天沟三个子目的现浇钢筋混凝土工程清单工程量。

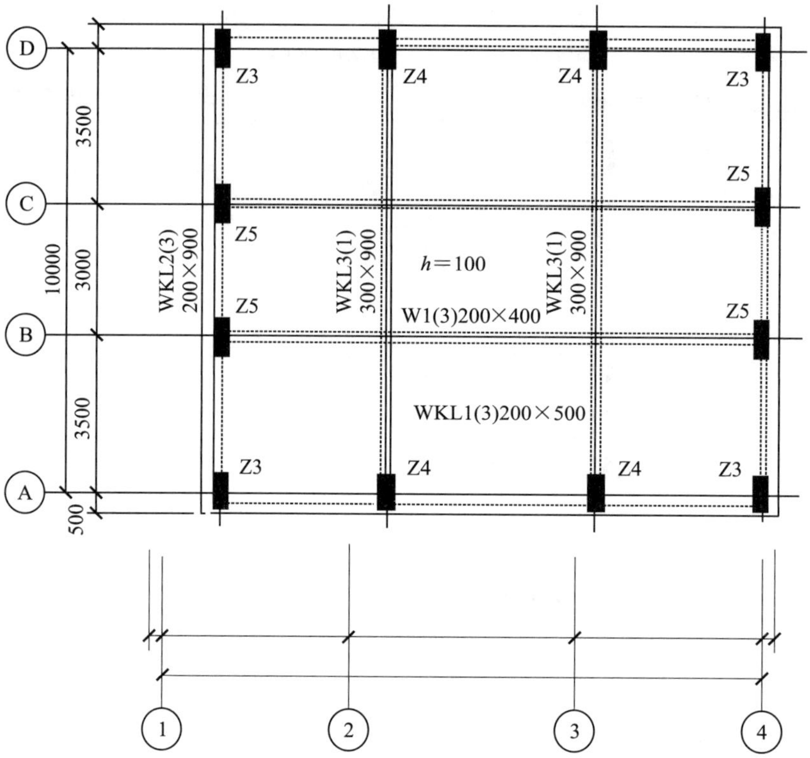

图 5-35 现浇钢筋混凝土单层厂房

解：

(1)项目清单编制：

依据计价规范清单项目，现浇柱混凝土工程清单项目如下。

矩形柱：

柱高 5.0 m，柱截面尺寸在 1.8 m 以内，C20 混凝土(20 石)，现场搅拌。

现浇有梁板：

板底标高 4.9 m，板厚 100 mm，C20 混凝土(20 石)，现场搅拌。

现浇挑檐、天沟：

C20 混凝土(20 石)，现场搅拌。

(2)清单工程量计算：

①现浇矩形柱：

$$Z3: 0.3\times0.4\times5.5\times4=2.64(m^3) \qquad Z4: 0.4\times0.5\times5.5\times4=4.40(m^3)$$

$$Z5: 0.3\times0.4\times5.5\times4=2.64(m^3)$$

$$小计: 9.68\ m^3$$

②现浇有梁板：

$$WKL1: (16-0.15\times2-0.4\times2)\times0.2\times(0.5-0.1)\times2=2.38(m^3)$$

$$WL1: (16-0.15\times2-0.3\times2)\times0.2\times(0.4-0.1)\times1=0.91(m^3)$$

$(16-0.2\times2-0.3\times2)\times0.2\times(0.4-0.1)\times1=0.90(m^3)$

WKL2：$(10-0.2\times2-0.4\times0.5)\times0.2\times(0.5-0.1)\times2=1.50(m^3)$

WKL3：$(10-0.25\times2)\times0.3\times(0.9-0.1)\times2=4.56(m^3)$

板：$[(10+0.2\times2)\times(16+0.15\times2)-(0.3\times0.4\times8+0.4\times0.5\times4)]\times0.1=16.78(m^3)$

小计：27.03 m^3。

③现浇挑檐、天沟：

$\{[0.3\times(16+0.35\times2)]+[0.2\times(11-0.3\times2)]\}\times2\times0.1=1.42(m^3)$

表 5-20 现浇钢筋混凝土工程量清单

工程名称：现浇钢筋混凝土单层厂房

序号	项目编码	项目名称	项目特征	计量单位	工程量
1	略	现浇矩形柱	柱高 5.0 m；柱截面尺寸 1.8 m 以内；C20 混凝土 20 石；现场搅拌	m^3	9.68
2	略	现浇有梁板	板底标高 4.9 m；板厚 100 mm；C20 混凝土（20 石）；现场搅拌	m^3	26.94
3	略	现浇挑檐、天沟	C20 混凝土（20 石）；现场搅拌	m^3	1.42

（3）投标人计价工程量计算。

现浇柱 9.68 m^3，现浇有梁板 27.03 m^3，现浇挑檐、天沟 1.42 m^3。

表 5-21 现浇钢筋混凝土单层厂房建筑工程量计算表

顺序	工程项目轴线说明	工程量计算式					数量/m^3
		同样件数	长/m	宽/m	高/m	长×宽×高/m^3	
1.现浇柱	Z3	4	0.4	0.3	5.5	0.66	2.64
	Z4	4	0.5	0.4	5.5	1.1	4.40
	Z5	4	0.4	0.3	5.5	0.66	2.64
	小计						9.68
2.现浇有梁板	（B）（E）轴 WKL1	2	16−0.15×2−0.4×2=14.9	0.2	0.5−0.1	1.19	2.38
	（C）轴 WL1	1	16−0.15×2−0.3×2=15.1	0.2	0.4−0.1	0.91	0.91
	（D）轴 WL1	1	16−0.2×2−0.3×2=15	0.2	0.4−0.1	0.90	0.90

续表 5-21

顺序	工程项目轴线说明	工程量计算式					数量/m^3
		同样件数	长/m	宽/m	高/m	长×宽×高/m^3	
2.现浇有梁板	①④轴 WKL2	2	10−0.2×2−0.4×0.5=9.4	0.2	0.5−0.1	0.752	1.50
	②③轴 WKL3	2	10−0.25×2=9.5	0.3	0.9−0.1	2.28	4.56
	板	1	16+0.15×2=16.3	10+0.2×2=10.4	0.1	16.952	16.95
	扣去柱	8	0.4	0.3	0.1	0.012	0.096
		4	0.5	0.4	0.1	0.02	0.08
	板体积						16.78
	小计						27.03
3.现浇挑檐、天沟	现浇挑檐、天沟		{[0.3×(16+0.35×2)]+[0.2×(11−0.3×2)]}×2×0.1				1.42

六、现浇混凝土楼梯

包括直形楼梯、弧形楼梯。按设计图示尺寸以水平投影面积计算，单位：m^2，不扣除宽度≤500 mm 的楼梯井，伸入墙内部分不计算；或者以“m^3”计量，按设计图示尺寸以体积计算。

整体楼梯（包括直形楼梯、弧形楼梯）水平投影面积包括休息平台、平台梁、斜梁和楼梯的连接梁。当整体楼梯与现浇楼板无梯梁连接时，以楼梯的最后一个踏步边缘加300 mm为界。

七、现浇混凝土其他构件

（1）散水、坡道和室外地坪。按设计图示尺寸以面积计算，单位：m^2。不扣除单个面积≤0.3 m^2 的孔洞所占面积。不扣除构件内钢筋、预埋铁件所占体积。

（2）电缆沟、地沟。按设计图示以中心线长度计算，单位：m。

（3）台阶。以“m^2”计量，按设计图示尺寸水平投影面积计算；或者以“m^3”计量，按设计图示尺寸以体积计算。架空式混凝土台阶,按现浇楼梯计算。

(4)扶手、压顶。以“m”计量,按设计图示的中心线延长米计算;或者以“m^3”计量,按设计图示尺寸以体积计算。

(5)化粪池、检查井。按设计图示尺寸以体积计算;以“座”计量,按设计图示数量计算。

(6)其他构件,主要包括现浇混凝土小型池槽、垫块、门框等,按设计图示尺寸以体积计算,单位:m^3。

八、后浇带

若设计混凝土与定额不同,可换算。后浇带按设计图示尺寸以体积计算。

九、预制混凝土构件

1.预制混凝土柱、梁

预制混凝土柱包括矩形柱、异形柱,预制混凝土梁包括矩形梁、异形梁、过梁、拱形梁、鱼腹式吊车梁、其他梁。均按设计图示尺寸以体积计算,单位:m^3,不扣除构件内钢筋、预埋铁件所占体积,或按设计图示尺寸以数量计算,单位:根。

2.预制混凝土屋架

包括折线形屋架、组合屋架、薄腹屋架、门式刚架屋架、天窗架屋架,均按设计图示尺寸以体积计算,单位:m^3,不扣除构件内钢筋、预埋铁件所占体积;或按设计图示尺寸以数量计算,单位:榀。三角形屋架应按折线形屋架项目编码列项。

3.预制混凝土板

(1)平板、空心板、槽形板、网架板、折线板、带肋板、大型板。按设计图示尺寸以体积计算,单位:m^3,不扣除构件内钢筋、预埋铁件及单个尺寸≤300 mm×300 mm 的孔洞所占体积,扣除空心板空洞体积;或按设计图示尺寸以数量计算,单位:块。

(2)沟盖板、井盖板、井圈。按设计图示尺寸以体积计算,单位:m^3;或按设计图示尺寸以数量计算,单位:块。

4.预制混凝土楼梯

以“m^3”计量,按设计图示尺寸以体积计算,扣除空心踏步板空洞体积;或以“段”计量,按设计图示数量计算。

5.其他预制构件

包括烟道、垃圾道、通风道及其他构件(预制钢筋混凝土小型池槽、压顶、扶手、垫块、隔热板、花格等,按其他构件项目编码列项)。

其工程量计算以“m^3”计量,按设计图示尺寸以体积计算,不扣除单个面积≤300 mm×300 mm的孔洞所占体积,扣除烟道、垃圾道、通风道的孔洞所占体积;或以“m^2”计量,按设计图示尺寸以面积计算,扣除单个面积≤300 mm×300 mm 的孔洞所占面积;或以“根”计量,按设计图示尺寸以数量计算。

【例 5-17】某工业厂房设有 C30(20)钢筋混凝土现场预制“工”字形牛腿柱 20 根,柱子尺寸如图 5-36 所示,现场就位距离 30 m,试计算该牛腿柱的工程量。

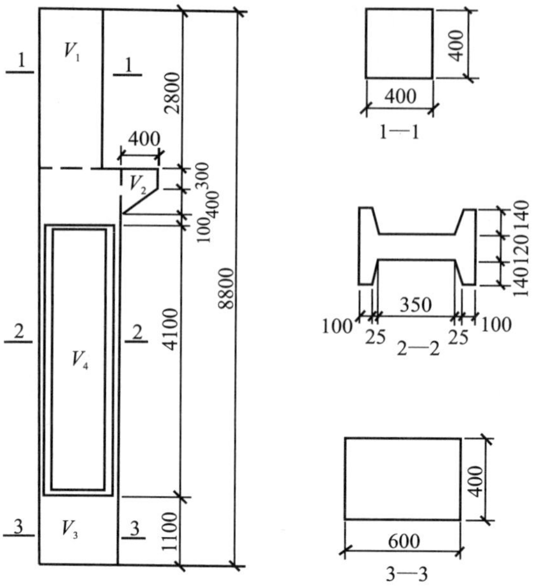

图 5-36 某工业厂房牛腿柱示意图

解：

(1)牛腿柱制作安装工程量：

$$V=(V_1+V_2+V_3-V_4)\times 20$$

$$V_1=0.4\times 0.4\times 2.8=0.448(m^3)$$

$$V_2=\frac{(0.3+0.4+0.3)}{2}\times 0.4\times 0.4=0.08(m^3)$$

$$V_3=0.6\times 0.4\times 6=1.44(m^3)$$

$$V_4=\frac{0.14}{6}\times[0.35\times 4.05+(0.35+0.4)\times(4.05+4.1)+0.4\times 4.1]\times 2=0.43(m^3)$$

$$V=(0.448+0.08+1.44-0.43)\times 20=30.76(m^3)$$

(2)牛腿柱场内运输工作量：

$$V=30.76(m^3)$$

十、钢筋工程

(一)钢筋工程基本知识

1.钢筋的表示方法

钢筋混凝土及预应力混凝土结构中，常用的钢筋有：

(1)HPB235 级钢筋(符号为 ϕ，直径为 8~20 mm)：指现行国家标准《钢筋混凝土用热轧光圆钢筋》中的 Q235 钢筋。

(2)HRB335 级钢筋(符号为Φ，直径为 6~50 mm)：指现行国家标准《钢筋混凝土用热轧带肋钢筋》中的 20MnSi 钢筋。

(3)HRB400 级钢筋(符号为Φ，直径为 6~50 mm)：指现行国家标准《钢筋混凝土用热轧带肋钢筋》中的 20MnSiV、20MnSiNB、20MnTi 钢筋。

(4)RRB400 级钢筋(符号为Φ^R,直径为 8~40 mm):指现行国家标准《钢筋混凝土用余热处理钢筋》中的 K20MnSi 钢筋。

2.混凝土保护层

为了防止钢筋锈蚀,钢筋混凝土中有一定厚度的保护层。混凝土保护层,是指从钢筋外边缘至构件外表面之间的距离。最小保护层应符合设计图纸中要求。

表 5-22 纵向受力钢筋的混凝土最小保护层厚度

单位:mm

环境类别		板、墙、壳			梁			柱		
		≤C20	C25~C45	≥C50	≤C20	C25~C45	≥C50	≤C20	C25~C45	≥C50
一		20	15	15	30	25	25	30	30	30
二	a	—	20	20	—	30	30	—	30	30
	b	—	25	20	—	35	30	—	35	30
三		—	30	25	—	40	35	—	40	35

现行国家标准《混凝土结构设计规范》规定:纵向受力的普通钢筋及预应力钢筋,其混凝土保护层厚度,不应小于受力钢筋直径,并应符合表 5-22 的规定。混凝土结构环境类别划分见表 5-23。

表 5-23 混凝土结构的环境类别

环境类别		条件
一		室内正常环境
二	a	室内潮湿环境;非严寒和非寒冷地区的露天环境;与无侵蚀性的水或土壤直接接触的环境
	b	严寒和寒冷地区的露天环境;与无侵蚀性的水或土壤直接接触的环境
三		使用除冰盐的环境,严寒和寒冷地区冬季水位变动的环境,滨海室外环境

3.钢筋的锚固

钢筋的锚固长度是指在结构设计计算中自钢筋不需要点至钢筋截断位置的长度,用L_a(L_{ae})表示。

根据现行《混凝土结构设计规范》的规定,当计算中充分利用纵向受拉钢筋长度时,其锚固长度不应小于表 5-24 规定的数值。

表 5-24 普通纵向受拉钢筋的最小锚固长度 L_a

单位:mm

钢筋类型	混凝土强度等级					
	C15	C20	C25	C30	C35	≥C40
HPB235 级钢筋	36.9d	30.5d	26.5d	23.5d	21.4d	19.6d
HRB335 级钢筋	46.2d	38.2d	33.1d	29.4d	26.8d	24.6d
HRB400 级钢筋	55.4d	45.8d	39.7d	35.2d	32.1d	29.5d

4.钢筋的搭接接头

根据国家现行标准《混凝土结构工程施工质量验收规范》的规定:

(1)钢筋的接头宜设置在受力较小处。同一纵向受力钢筋不宜设置两个或两个以上接头。

(2)同一连接区段内,纵向受力钢筋搭接接头面积百分率应符合设计要求;当设计无具体要求时,应符合下列规定:

①梁类、板类及墙类构件,不宜大于25%;

②柱类构件,不宜大于50%。

当工程中确有必要增大接头面积百分率时,对梁类构件,不应大于50%;对其他构件,可根据实际情况放宽。

(3)当纵向受拉钢筋的绑扎搭接头面积百分率不大于25%时,其最小搭接长度应符合表5-25的规定。

表5-25 纵向受拉钢筋的最小搭接长度

钢筋类型		混凝土强度等级			
		C15	C20~C25	C30~C35	≥C40
光圆钢筋	HPB235	45d	35d	30d	25d
带肋钢筋	HRB335	55d	45d	35d	30d
	HRB400		55d	40d	35d

注:两根直径不同的钢筋的搭接长度,以较细钢筋直径计算。

(4)当纵向受拉钢筋搭接接头面积百分率大于25%,但不大于50%时,其最小搭接长度应按表5-25数值乘以系数1.2取用;当接头面积百分率大于50%时,应按表5-25中的数值乘以系数1.35取用。

5.受力钢筋的弯钩

(1)直钢筋端部弯钩增加量:

直钢筋端部180°弯钩增加量为6.25d;

直钢筋端部90°弯钩增加量为L+3.5d(L为弯折平直段长度)。

(2)箍筋端部弯钩增加量:

箍筋端部180°弯钩(S形单支箍用)增加量为8.25d;

箍筋端部135°弯钩增加量为12.89d;

箍筋端部90°弯钩增加量为6.21d;

钢筋端部弯钩增加长度可查表5-26。

表 5-26 钢筋的每个弯钩增加的长度 单位:mm

弯钩钢筋直径 d/mm	受力钢筋端部弯钩		箍筋端部弯钩		
	180° 弯钩 $L=3d, D=2.5d, \Delta L_1=6.25d$	135° 弯钩 $L=5d, D=4d, \Delta L_2=7.89d$	90°弯钩 $L=5d, D=5d, \Delta L_5=6.21d$	135° 弯钩 $L=10d, D=4d, \Delta L_6=12.89d$	180° 弯钩 $L=5d, D=2.5d, \Delta L_7=8.25d$
6	50	50	50	77	50
6.5	50	51	50	84	54
8	50	63	50	103	66
10	63	79	62	129	83
12	75	95	75	155	99
14	88	110	89	180	116
16	100	126	99	206	132
18	113	142	—	—	—
20	125	158	—	—	—
22	138	174	—	—	—
25	156	197	—	—	—
28	175	221	—	—	—
32	200	252	—	—	—

6.弯起钢筋增加长度

弯起钢筋主要在梁和板中,其弯起角(α)由设计确定。当设计无明确规定时,弯起角按以下规定计算:板按 30°;梁高 800 mm 以内者,按 45°,梁高大于 800 mm 时,按 60°。

计算弯起钢筋设计长度时,需计算出弯起段长度与其水平投影长度的差额(即弯起增加量)ΔL(h 为弯起高度)。

当 $\alpha=30°$时,$\Delta L=0.268h$;

当 $\alpha=45°$时,$\Delta L=0.414h$;

当 $\alpha=60°$时,$\Delta L=0.577h$。

(二)钢筋工程工程量计算

1.一般钢筋

一般钢筋工程量按设计图示钢筋(网)长度(面积)乘以单位理论质量计算,根据设计要求和钢筋定尺长度必须计算的搭接用量应合并计算在内。在编制标底或预算时,设计未明确要求钢筋采用机械接头(含其他接头)或对焊时,钢筋的搭接可按以下规定计算:

(1)柱子主筋和剪力墙竖向钢筋按建筑物层数计算搭接。

(2)梁板非盘圆钢筋按每 8 m 计算一次搭接。

2.预应力钢筋(钢丝束、钢绞线)

预应力钢筋(钢丝束、钢绞线)工程量,按设计图示钢筋(钢丝束、钢绞线)长度乘以单位理论质量计算。应注意：

（1）低合金钢筋两端均采用螺杆锚具时，钢筋长度按孔道长度减0.35 m计算，螺杆另行计算。

（2）低合金钢筋一端采用镦头插片、另一端采用螺杆锚具时，钢筋长度按孔道长度计算，螺杆另行计算。

（3）低合金钢筋一端采用镦头插片、另一端采用帮条锚具时，钢筋按增加0.15 m计算；两端均采用帮条锚具时，钢筋长度按孔道长度增加0.3 m计算。

（4）低合金钢筋采用后张混凝土自锚时，钢筋长度按孔道长度增加0.35 m计算。

（5）低合金钢筋（钢绞线）采用JM、XM、QM型锚具，孔道长度在20 m以内时，钢筋长度按增加1 m计算；孔道长度20 m以上时，钢筋（钢绞线）长度按孔道长度增加1.8 m计算。

（6）碳素钢丝采用锥形锚具，孔道长度在20 m以内时，钢丝束长度按孔道长度增加1 m计算；孔道长在20 m以上时，钢丝束长度按孔道长度增加1.8 m计算。

（7）碳素钢丝束采用镦头锚具时，钢丝束长度按孔道长度增加0.35 m计算。

3.钢筋接头

钢筋电渣压力焊接接头、锥螺纹接头、电弧焊焊接接头等均按设计要求需配置的数量计算。计算方法如下：

（1）设计要求柱子主筋、剪力墙竖向钢筋采用机械接头时，可按建筑物层数计算接头数量。

（2）设计要求梁、板水平钢筋采用机械接头的，非盘元钢筋按每8 m一个接头计算。凡计算钢筋接头的，均不再计算钢筋搭接长度。

（3）焊接封闭箍筋按设计要求需要配置的数量计算。

4.钢筋工程量计算公式

$$\text{钢筋工程量}=\sum\text{单根钢筋长度}\times\text{根数(或箍数)}\times\text{每米理论质量} \qquad (5-40)$$

（1）单根直钢筋长度计算公式

$$\text{钢筋长度}=\text{构件长度}-2\times\text{端部保护层厚度}+2\times\text{端部弯钩增加长度} \qquad (5-41)$$

式中，端部混凝土保护层厚度按设计规定，当设计无规定时，可参考表5-22规定；端部弯钩增加长度，根据设计规定的弯钩形式，按表5-26规定取定。

当端部设计带有弯钩时，按设计要求另外增加弯钩长度。

当钢筋中部设计有接头时，还应另外增加搭接长度。

当直钢筋不是沿构件通长布置时，其钢筋长度应按设计图示长度另增加弯钩、弯搭接等长度计算。

（2）单根弯起钢筋长度计算公式

$$\text{钢筋长度}=\text{构件长度}-2\times\text{端部保护层厚度}+2\times\text{弯钩增加长度} \qquad (5-42)$$

弯起钢筋增加长度的计算同直钢筋，当设计带有弯钩时，还应另外增加其长度。

（3）箍筋长度计算公式

①方形或矩形箍筋

$$\text{每箍长度}=\text{构件周长}-8\times\text{混凝土保护层厚度}+2\times\text{弯钩增加长度} \qquad (5-43)$$

计算时,混凝土保护层厚度为主筋混凝土保护层厚度减箍筋直径。但当其小于15 mm时,按15 mm计取。

弯钩增加长度,根据设计规定的弯钩形式,按表5-26取定。但设计要求平直段长度、弯弧内径不同时,应另行按公式弯起增加量 ΔL 计算。

当设计为封闭焊接箍筋时,公式中"2×弯钩增加长度"应该为设计搭接焊的搭接长度。

②S形单肢箍筋

$$每箍长度=构件厚度-2\times混凝土保护层厚度+2\times弯钩增加长度+d \quad (5-44)$$

式中,构件厚度为S形单肢箍布箍方向的厚度;d 为箍筋直径。

5.钢筋图示根数及长度的确定

钢筋根数及长度应按设计图示规定。当设计图示无明确规定时,可参考以下条款确定。

(1)混凝土条形基础底板在"T"字形及"十"字形交接处,底板横向受力钢筋仅沿一个主要受力方向通长布置,另一个方向的横向受力钢筋可布置到主要受力方向底板宽度1/4处。在拐角处底板受力钢筋沿两个方向布置。

(2)剪力墙水平分布钢筋应伸至墙端,并向内水平弯折10 d 后截断(d 为水平分布钢筋直径)。

当端部有翼墙或转角墙时,内墙面两侧的水平分布钢筋和外墙内侧的水平分布钢筋应伸至翼墙或转角墙外边,并分别向两侧水平弯折15d 后截断。

在转角墙处,外墙外侧的水平分布钢筋应在墙端外角处弯入翼墙,并与翼墙外侧水平分布筋搭接1.2L_a。

(3)柱箍筋通高布置。梁箍筋自距梁边50 mm处开始布置,次梁自距主梁边50 mm处开始布置。

(4)梁板中平行于梁的板筋,自距梁边50 mm开始布置。

(5)梁上布构造负筋的分布钢筋,自距梁边一个分布钢筋间距开始布置。

6.钢筋图示用量计算时应注意的问题

钢筋图示用量计算时,应根据设计图示进行。有些构造钢筋在设计图示中省略未画出或只做文字说明,而这些钢筋在施工时是必不可少的,在编制预算时应注意。

(1)板双层配置钢筋时的架立筋(又称铁马)。

(2)板周边上层负筋的分布钢筋。

(3)柱与砌体墙、构造柱与砌体墙、后砌隔墙与先砌墙等之间的拉结钢筋。

(4)预制板缝内及板头缝内的设计增加钢筋。

(5)其他设计或标准图集要求的构造钢筋。

(6)采用标准图集的预制构件,其钢筋图示用量可直接查得。

钢筋每米理论质量见表5-27。

表 5-27　钢筋每米理论质量表

规格		理论质量/(kg/m)	规格		理论质量/(kg/m)	规格		理论质量/(kg/m)
直径/mm	截面面积/cm^2		直径/mm	截面面积/cm^2		直径/mm	截面面积/cm^2	
3	0.0707	0.056	14	1.539	1.21	28	6.158	4.83
4	0.1257	0.099	15	1.767	1.39	30	7.069	5.55
4.5	0.1590	0.125	16	2.011	1.58	32	8.042	6.31
5	0.1963	0.154	17	2.270	1.78	34	9.079	7.13
5.5	0.2375	0.186	18	2.545	1.998	36	10.18	7.99
6	0.2827	0.222	19	2.853	2.23	38	11.34	8.90
6.5	0.3318	0.260	20	23.142	22.47	240	12.57	9.86
7	0.3848	0.302	21	3.646	2.72	42	13.85	10.90
7.5	0.4418	0.347	22	3.801	2.98	45	15.90	12.50
8	0.5207	0.395	23	4.155	3.26	48	18.10	14.20
8.5	0.5675	0.445	24	4.524	3.55	50	19.64	15.40
9	0.6362	0.499	25	4.909	3.85	53	22.06	17.30
9.5	0.7080	0.556	26	5.309	4.17	60	28.27	22.20
10	0.7854	0.617						
10.5	0.8659	0.680						
11	0.9503	0.746						
11.5	1.039	0.815						
12	1.131	0.888						
13	1.327	1.040						

梁钢筋识读 1

梁钢筋识读 2

钢筋建模（梁钢筋）

【例 5-18】计算单梁钢筋用量（如图 5-37 所示，ϕ 12：0.888 kg/m，ϕ 18：1.998 kg/m，ϕ6：0.222 kg/m）。

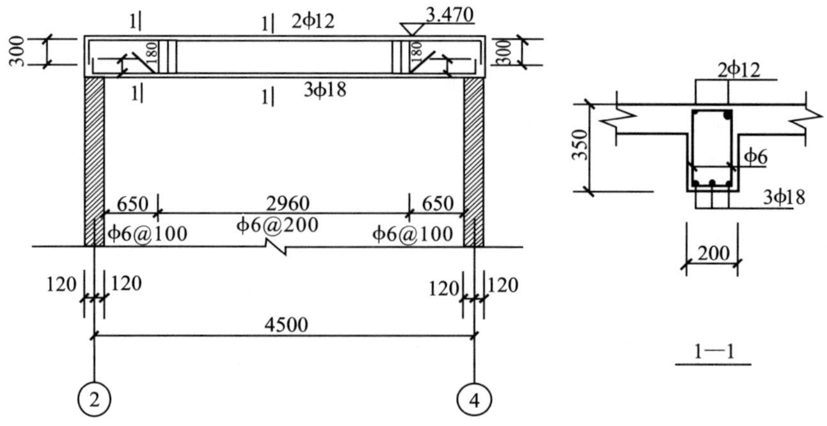

图 5-37　L-2 钢筋配置

解：

(1) 3ϕ18 受力筋长度：

[4.5+0.24−0.05(2 个保护层)+0.18×2(2 个锚固长度)]×3＝5.05×3＝15.15(m)

质量：10.1×1.998＝20.180(kg)

(2) 1ϕ18 弯起筋：

长度：4.5+0.24−0.05(2 个保护层)+0.3×2(2 个锚固长度)+2×0.268(弯起增加值)

＝5.29+0.536＝5.826(m)

质量：5.826×1.998＝11.64(kg)

(3) 2ϕ12 架立筋长度：

[4.5+0.24−0.05(2 个保护层)+0.3×2(2 个锚固长度)]×2＝5.29×2＝10.58(m)

质量：10.58×0.888＝9.395(kg)

(4) ϕ6 箍筋：

单个箍筋长：(0.2+0.35)×2−0.025×8+2×13×0.006

＝1.1−0.2+0.156＝1.056(m)

箍筋个数：650÷100+2960÷200+650÷100+1＝7+15+7+1＝30

总长：1.056×30＝31.68(m)　　质量：31.68×0.222＝7.033(kg)

【例 5-19】计算图 5-38 所示现浇板的钢筋工程量、混凝土的工程量。已知梁的截面尺寸均为 250 mm×300 mm，板厚为 80 mm，混凝土等级为 C20。

板钢筋识读 1

板钢筋识读 2

柱钢筋识读 1

柱钢筋识读 2

柱钢筋识读 3

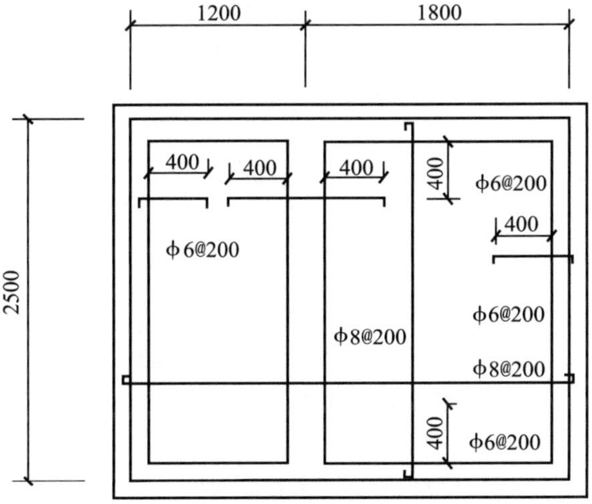

图 5-38　现浇板钢筋配置

解：

1.现浇板的钢筋工程量

根据规定，板的钢筋保护层厚 15 mm，梁的钢筋保护层厚 25 mm。

(1)板底钢筋

X 向 ϕ8@200；

单根钢筋长：$1.2+1.8+0.25-0.015\times2+6.25\times0.008\times2=3.32(m)$

根数：$[(2.5-0.25-0.05\times2)\div0.2+1]=12$(根)

总长：$3.32\times12=39.84(m)$

Y 向 φ8@200：

单根钢筋长：$2.5+0.25-0.015\times2+6.25\times0.008\times2=2.82(m)$

根数：$[(1.2-0.25-0.05\times2)\div0.2+1]+[(1.8-0.25-0.05\times2)\div0.2+1]=13$(根)

总长：$2.82\times13=36.66(m)$

(2)板负弯矩钢筋

X 向 φ6@200

左右两边负筋单根长：

平直段长度+弯折段长度$=(0.4+0.25-0.025)+(0.08-0.015\times2)\times2=0.725(m)$

中间负筋单根长：

平直段长度+弯折段长度$=(0.4\times2+0.25)+(0.08-0.015\times2)\times2=1.15(m)$

左右两边负筋根数：

$[(2.5-0.25-0.05\times2)\div0.2+1]\times2=24$(根)

中间负筋根数：

$(2.5-0.25-0.05\times2)\div0.2+1=12$(根)

总长：$0.725\times24+1.15\times12=31.2(m)$

Y 向 φ6@200

上下两边负筋长：

平直段长度+弯折段长度$=(0.4+0.25-0.025)+(0.08-0.015\times2)\times2=0.725(m)$

根数：

$[(1.2-0.25-0.1\times2)\div0.2+1+(1.8-0.25-0.1\times2)\div0.2+1]\times2=26$(根)

总长：

$0.725\times26=18.85(m)$

按需要，对负弯矩筋设置架力筋(φ6@200)

X 向架力筋：$(1.2-0.25-0.4\times2)+(1.8-0.25-0.4\times2)=0.9(m)$

X 向根数：$(0.4\div0.2+1)\times2=6$(根)

Y 向架力筋：$(2.5-0.25-0.4\times2)=1.45(m)$

Y 向根数：$(0.4\div0.2+1)\times4=12$(根)

架力筋总长：$(0.9\times6+1.45\times12)=22.8(m)$

(3)钢筋质量汇总

φ6 钢筋：$(31.2+18.85+22.8)\times0.222=16.17(kg)$

φ8 钢筋：$(39.84+36.66)\times0.395=30.22(kg)$

2.现浇有梁板的工程量

(1)板体积

$(2.5-0.25)\times(1.2+1.8-0.25-0.25)\times0.08=0.45(m^3)$

(2)梁体积

$$梁截面面积=0.25\times0.3=0.075(m^2)$$

$$梁长=(1.2+1.8+2.5)\times2+(2.5-0.25)=13.25(m)$$

$$梁体积=0.075\times13.25=0.99(m^3)$$

(3)有梁板体积合计

$$0.45+0.99=1.44(m^3)$$

F 金属结构工程

一、工程量计算规范

1.钢网架

按设计图示尺寸以质量计算,不扣除孔眼的质量,焊条、铆钉等不另增加质量。单位:t。

2.钢屋架、钢托架、钢桁架、钢架桥

(1)钢屋架。以“榀”计量,按设计图示数量计算;或以“吨”计量,按设计图示尺寸以质量计算,不扣除孔眼的质量,焊条、铆钉、螺栓等不另增加质量。

(2)钢托架、钢桁架、钢架桥。按设计图示尺寸以质量计算,不扣除孔眼的质量,焊条、铆钉、螺栓等不另增加质量。

3.钢柱

(1)实腹钢柱、空腹钢柱。按设计图示尺寸以质量计算,不扣除孔眼的质量,焊条、铆钉、螺栓等不另增加质量,依附在钢柱上的牛腿及悬臂梁等并入钢柱工程量内。

(2)钢管柱。按设计图示尺寸以质量计算,单位:t。不扣除孔眼的质量,焊条、铆钉、螺栓等不另增加质量,钢管柱上的节点板、加强环、内衬管、牛腿等并入钢管柱工程量内。

4.钢梁、钢吊车梁

按设计图示尺寸以质量计算,不扣除孔眼的质量,焊条、铆钉、螺栓等不另增加质量,制动梁、制动板、制动桁架、车挡并入钢吊车梁工程量内。

5.钢板楼板、墙板

(1)钢板楼板。按设计图示尺寸以铺设水平投影面积计算,不扣除单个面积$\leq0.3\ m^2$的柱、垛及孔洞所占面积。

(2)钢板墙板。按设计图示尺寸以铺挂展开面积计算,不扣除单个面积$\leq0.3\ m^2$的梁、孔洞所占面积,包角、包边、窗台泛水等不另加面积。

6.钢构件

(1)钢支撑、钢拉条、钢檩条、钢天窗架、钢挡风架、钢墙架、钢平台、钢走道、钢梯、钢护栏、钢支架。按设计图示尺寸以质量计算,不扣除孔眼的质量,焊条、铆钉、螺栓等不另增加质量。

(2)钢漏斗、钢板天沟。按设计图示尺寸以质量计算,不扣除孔眼的质量,焊条、铆钉、螺栓等不另增加质量,依附漏斗或天沟的型钢并入漏斗或天沟工程量内。

7.金属制品

（1）成品空调金属百叶护栏、成品栅栏、金属网栏，按设计图示尺寸以框外围展开面积计算。

（2）成品雨篷按设计图示接触边以"m"计算，或按设计图示尺寸以展开面积计算。

（3）砌块墙钢丝网加固、后浇带金属网按设计图示尺寸以面积计算。

二、河南省定额相关说明

本章定额包括金属结构制作、金属结构运输、金属结构安装和金属结构屋（楼、墙）面板及其他四节。

金属结构制作、安装：

（1）构件制作若采用成品构件，按各省、自治区、直辖市造价管理机构发布的信息价执行；如采用现场制作或施工企业附属加工厂制作，可参照本定额执行。

（2）构件制作项目中钢材按钢号 Q235 编制，构件制作设计使用的钢材强度等级、型材组成比例与定额不同时，可按设计图纸进行调整，配套焊材单价相应调整，用量不变。

（3）构件制作项目中钢材的损耗量已包括了切割和制作损耗，如设计有特殊要求的，消耗量可进行调整。

（4）构件制作项目已包括加工厂预装配所需的人工、材料及机械台班用量及拼装平台摊销费用。

（5）钢网架制作、安装项目按平面网格结构编制，如设计为筒壳、球壳及其他曲面结构的，其制作项目人工、机械乘以系数 1.3，安装项目人工、机械乘以系数 1.2。

三、河南省定额工程量计算规则

1. 金属构件制作

（1）金属构件质量按设计图示尺寸乘以理论质量计算。

（2）金属构件计算工程量时，不扣除单个面积≤0.3 m^2 的孔洞质量，焊缝、铆钉、螺栓等不另增加质量。

（3）钢网架计算工程量时，不扣除孔眼的质量，焊条、铆钉等不另增加质量。焊接空心球网架质量包括连接钢管杆件、连接球、支托和网架支座等零件的质量，螺栓球节点网架质量包括连接钢管杆件（含高强螺栓、销子、套筒、锥头或封板）、螺栓球、支托和网架支座等零件的质量。

（4）依附在钢柱上的牛腿及悬臂梁的质量等并入钢柱的质量内，钢柱上的柱脚板、加劲板、柱顶板、隔板和肋板并入钢柱的工程量内。

2. 金属结构运输、安装

（1）金属结构构件运输、安装工程量同制作工程量。

（2）钢构件现场拼装平台摊销工程量按实施拼装构件的工程量计算。

3. 金属结构楼（墙）面板及其他

（1）楼面板按设计图示尺寸以铺设面积计算，不扣除单个面积≤0.3 m^2 的柱、垛及孔洞所占面积。

（2）楼面板按设计图示尺寸以铺挂面积计算，不扣除单个面积≤0.3 m^2 的梁、孔洞所占面积。

(3)钢板天沟按设计图示尺寸以质量计算,依附天沟的型钢并入天沟的质量内计算。不锈钢天沟、彩钢板天沟按设计图示尺寸以长度计算。

【例 5-20】计算如图 5-39 所示的钢屋架间水平支撑的制作工程量。

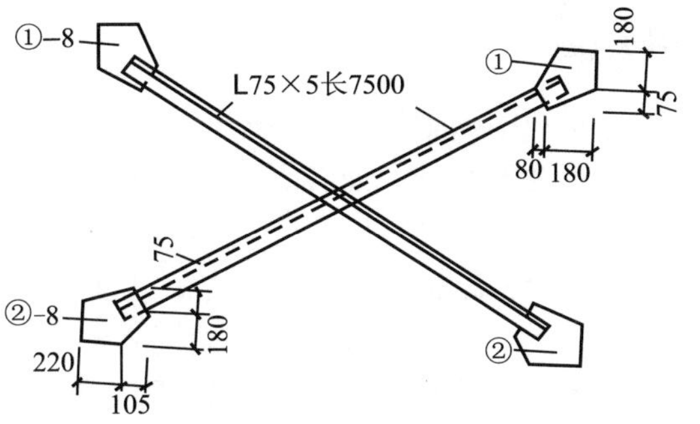

图 5-39　钢屋架水平支撑详图

解:如图 5-39 钢屋架水平支撑所示,有:

-8 钢板质量=1 号钢板面积×钢板每平方米质量×块数+2 号钢板面积×钢板每平方米质量×块数

$=(0.08+0.18)\times(0.075+0.18)\times62.8\times2+(0.22+0.105)\times(0.075+0.18)\times62.8\times2$

$=8.33+10.41=18.74$(kg)

∟75×5 角钢质量=角钢长度×每米质量×根数=7.5×5.82×2=87.3(kg)

水平支撑工程量=-8 钢板质量+∟75×5 角钢质量=18.74+87.3=106.44(kg)

G　木结构工程

一、工程量计算规范

1.屋架

包括木屋架和钢木屋架。

(1)木屋架按设计图示数量计算,单位:榀;或按设计图示的规格尺寸以体积计算,单位:m^3。

(2)钢木屋架按设计图示数量计算,单位:榀。钢拉杆、受拉腹杆、钢夹板、连接螺栓应包括在报价内。

2.木构件

包括木柱、木梁、木檩、木楼梯及其他木构件。

(1)木柱、木梁。按设计图示尺寸以体积计算,单位:m^3。

(2)木檩。按设计图示尺寸以体积计算,单位:m^3;或按设计图示尺寸以长度计算。单位:m。

(3)木楼梯。按设计图示尺寸以水平投影面积计算,单位:m^2。不扣除宽度小于或等于 300 mm 的楼梯井,伸入墙内部分不计算。木楼梯的栏杆(栏板)、扶手,应按其他装饰工程中的相关项目编码列项。

3.屋面木基层

按设计图示尺寸以斜面积计算,单位:m^2。不扣除房上烟囱、风帽底座、风道、小气窗、斜沟等所占面积。小气窗的出檐部分不增加面积。

二、河南省定额相关说明

(1)定额包括木屋架、木构件、屋面木基层三节。

(2)木材木种均以一、二类木种取定。如采用三、四类木种时,将相应定额制作人工、机械乘以系数 1.35。

(3)设计刨光的屋架、檩条、屋面板在计算木料体积时,应加刨光损耗,方木一面刨光加 3 mm,两面刨光加 5 mm;圆木直径加 5 mm;板一面刨光加 2 mm,两面刨光加 3.5 mm。

(4)木屋架、钢木屋架定额项目中的钢板、型钢、圆钢用量与设计不同时,可按设计数量另加 8%损耗进行换算,其余不再调整。

三、河南省定额工程量计算规则

1. 木屋架

(1)木屋架、檩条工程量按设计图示的规格尺寸以体积计算。附属于其上的木夹板、垫木、风撑、挑檐木、檩条三角条均按木料体积并入屋架、檩条工程量内。单独挑檐木并入檩条工程量内。檩托木、檩垫木已包括在定额项目内,不另计算。

(2)圆木屋架上的挑檐木、风撑等设计规定为方木时,应将方木木料体积乘以系数 1.7折合成圆木并入圆木屋架工程量内。

(3)钢木屋架工程量按设计图示的规格尺寸以体积计算。定额内已包括钢构件的用量,不再另外计算。

2. 木构件

(1)木柱、木梁按设计图示尺寸以体积计算。

(2)木楼梯按设计图示尺寸以水平投影面积计算,不扣除宽度≤300 mm 的楼梯井,伸入墙内部不计算。

(3)木地楞按设计图示尺寸以体积计算。定额内已包括平撑、剪刀撑、沿油木的用量,不再另行计算。

3. 屋面木基层

(1)屋面椽子、屋面板、挂瓦条、竹帘子工程量按设计图示尺寸以屋面斜面积计算,不扣除屋面烟囱、风帽底座、风道、小气窗及斜沟等所占面积。小气窗的出檐部分亦不增加面积。

(2)封檐板工程量按设计图示檐口外围长度计算。博风板按斜长度计算,每个大刀头增加长度 0.50 m。

门窗工程 1

H 门窗工程

门窗工程包括木门,金属门,金属卷帘(闸)门,厂库房大门、特种门,其他门,木窗、金属窗、门窗套,窗台板,窗帘、窗帘盒、轨等。木质门应区分镶板木门、企口木板门、实木装饰门、胶合板门、夹板装饰门、木纱门、全玻门(带木质扇框)、木质半玻门(带木质扇框)等项目,分别编码列项;金属门应区分金属平开门、金属推拉门、金属地弹门、全玻门(带金属扇框)、金属半玻门(带扇框)等项目,分别编码列项;特种门应区分冷藏门、冷冻间门、保温门、变电室门、隔声门、防射线门、人防门、金库门等项目,分别编码列项。

一、工程量计算规范

1.木门

(1)木质门、木质门带套、木质连窗门、木质防火门,按设计图示数量计算,单位:樘;或按设计图示洞口尺寸以面积计算,单位:m^2。

门窗工程 2

木门五金应包括:折页、插销、门碰珠、弓背拉手、搭机、木螺栓、弹簧折页(自动门)、管子拉手(自由门、地弹门)、地弹簧(地弹门)、角铁、门轧头(地弹门、自由门)等。木质门带套计量按洞口尺寸以面积计算,不包括门套的面积,但门套应计算在综合单价中。

木门项目特征描述时,工程量是按图示数量以"樘"计量的,项目特征必须描述洞口尺寸,以"m^2"计量。项目特征可不描述洞口尺寸。

(2)木门框以"樘"计量时,计量按设计图示数量计算;以"m"计量时,按设计图示框的中心线以"延长米"计算。木门框项目特征除了描述门代号及洞口尺寸、防护材料的种类外,还需描述框截面尺寸。

(3)门锁安装按设计图示数量计算,单位:个或套。

2.金属门

金属门包括金属(塑钢)门、彩板门、钢质防火门、防盗门,按设计图示数量计算,单位:樘;或按设计图示洞口尺寸以面积计算(无设计图示洞口尺寸,按门框、扇外围以面积计算),单位:m^2。

金属门项目特征描述时,当以"樘"计量时,项目特征必须描述洞口尺寸,没有洞口尺寸的必须描述门框或扇外围尺寸,当以"m^2"计量。项目特征可不描述洞口尺寸及框、扇的外围尺寸。

3.金属卷帘(闸)门

金属卷帘(闸)门项目包括金属卷帘(闸)门、防火卷帘(闸)门,按设计图示数量计算,单位:樘;或按设计图示洞口尺寸以面积计算,单位:m^2。以"樘"计量时,项目特征必须描述洞口尺寸;以"m^2"计量时,项目特征可不描述洞口尺寸。

4.厂库房大门、特种门

厂库房大门、特种门项目包括木板大门、钢木大门、全钢板大门、防护铁丝门、金属格栅门、钢质花饰大门、特种门。

(1)木板大门、钢木大门、全钢板大门工程量按设计图示数量计算,单位:樘;或按设计图示洞口尺寸以面积计算,单位:m^2。

(2)防护铁丝门工程量按设计图示数量计算,单位:樘;或按设计图示门框或扇以面积计算,单位:m^2。

(3)金属格栅门工程量按设计图示数量计算,单位:樘;或按设计图示洞口尺寸以面积计算,单位:m^2。

(4)钢质花饰大门工程量按设计图示数量计算,单位:樘;或按设计图示门框或扇以面积计算,单位:m^2。

(5)特种门工程量按设计图示数量计算,单位:樘;或按设计图示洞口尺寸以面积计算,单位:m^2。

5.其他门

其他门包括平开电子感应门、旋转门、电子对讲门、电动伸缩门、全玻自由门、镜面不锈钢饰面门、复合材料门。工程量按设计图示数量计算,单位:樘;或按设计图示洞口尺寸以面积计算,单位:m^2。

6.木窗

木窗包括木质窗、木飘(凸)窗、木橱窗、木纱窗。木质窗应区分木百叶窗、木组合窗、木天窗、木固定窗、木装饰空花窗等项目,分别编码列项。

(1)木质窗工程量按设计图示数量计算,单位:樘;或按设计图示洞口尺寸以面积计算,单位:m^2。

(2)木飘(凸)窗、木橱窗工程量按设计图示数量计算,单位:樘;或按设计图示尺寸以框外围展开面积计算,单位:m^2。

(3)木纱窗工程量按设计图示数量计算,单位:樘;或按框的外围尺寸以面积计算,单位:m^2。

7.金属窗

金属窗应区分金属组合窗、防盗窗等项目,分别编码列项。在项目特征描述中,当金属窗工程量以"樘"计量时,项目特征必须描述洞口尺寸,没有洞口尺寸必须描述窗框外围尺寸,以"m^2"计量,项目特征可不描述洞口尺寸及框的外围尺寸;对于金属橱窗、飘(凸)窗以"樘"计量时,项目特征必须描述框外围展开面积。在工程量计算时,当以"m^2"计量,无设计图示洞口尺寸,按窗框外围以面积计算。

(1)金属(塑钢、断桥)窗、金属防火窗、金属百叶窗、金属格栅窗工程量按设计图示数量计算,单位:樘;或按设计图示洞口尺寸以面积计算,单位:m^2。

(2)金属纱窗工程量按设计图示数量计算,单位:樘;或按框的外围尺寸以面积计算,单位:m^2。

(3)金属(塑钢、断桥)橱窗、金属(塑钢、断桥)飘(凸)窗工程量按设计图示数量计算,单位:樘;或按设计图示尺寸以框外围展开面积计算,单位:m^2。

(4)彩板窗、复合材料窗工程量按设计图示数量计算,单位:樘;或按设计图示洞口尺寸或框外围以面积计算,单位:m^2。

8.门窗套

门窗套包括木门窗套、金属门窗套、石材门窗套、门窗木贴脸、硬木筒子板、饰面夹板筒子板。木门窗套适用于单独门窗套的制作、安装。在项目特征描述,当以"樘"计量时,项目特征必须描述洞口尺寸、门窗套展开宽度;当以"m^2"计量时,项目特征可不描述洞口尺寸、门窗套展开宽度;当以"m"计量时,项目特征必须描述门窗套展开宽度、筒子板及贴脸宽度。

(1)木门窗套、木筒子板、饰面夹板筒子板、金属门窗套、石材门窗套、成品木门窗套工程量按设计图示数量计算,单位:樘;或按设计图示尺寸以展开面积计算,单位:m^2;或按设计图示中心以“延长米”计算,单位:m。

(2)门窗贴脸工程量按设计图示数量计算,单位:樘;或按设计图示尺寸以延长米计算,单位:m。

9.窗台板

窗台板包括木窗台板、铝塑窗台板、石材窗台板、金属窗台板。按设计图示尺寸以展开面积计算,单位:m^2。

10.窗帘、窗帘盒、轨

在项目特征描述中,当窗帘是双层时,项目特征必须描述每层材质;当窗帘以“m”计量时,项目特征必须描述窗帘高度和宽。

(1)窗帘工程量按设计图示尺寸以成活后长度计算,单位:m;或按图示尺寸以成活后展开面积计算,单位:m^2。

(2)木窗帘盒,饰面夹板、塑料窗帘盒,铝合金属窗帘盒,窗帘轨按设计图示尺寸以长度计算,单位:m。

二、与门窗有关的装修

1.门窗套、门窗木贴脸

门窗套是指门框和窗框沿边所包的木质套(或其他材料),起着装饰和保护的作用。

门窗木贴脸是指装置在门窗洞口内侧四周墙壁上,与门窗筒子板连接配套的装饰线条板。

工程量清单综合单价中设置了门窗贴脸、门窗筒子板两个子目。

工程量均按设计图示门窗洞口尺寸以长度计算。

2.硬木筒子板、饰面夹板筒子板

硬木筒子板在工程量清单综合单价中设置了带木筋和不带木筋两个子目。饰面夹板筒子板设置了带木筋和九厘板基层两个子目。工程量均按设计图示尺寸以展开面积计算。

3.窗帘盒、窗帘轨

窗帘盒、窗帘轨设置在窗樘内侧顶部,用于吊挂窗帘。

工程量按设计图示尺寸以长度计算。如设计未注明时,可按窗洞口宽度两边共加300 mm。

4.窗台板

窗台板设置在窗樘内侧的平墙上。按照使用要求,其厚度多为3~4 cm,突出墙面不大于5 cm。窗台板在工程量清单综合单价中设置了木窗台板板厚在22 mm以内、30 mm以内、40 mm以内三个子目以及硬木窗台板板厚25 mm一个子目。按设计图示尺寸以面积计算。如设计未注明,长度可按窗洞口宽两边共加100 mm计算,挑出墙面外的宽度按50 mm计算。

三、河南省定额相关说明

本章定额包括木门，金属门、窗，金属卷帘（闸），厂库房大门、特种门，其他门，金属窗，门钢架、门窗套，窗台板，窗帘盒、轨，门五金十节。

1.木门

成品套装门安装包括门套和门扇的安装。

2.金属门、窗

（1）铝合金成品门、窗安装项目按隔热断桥铝合金型材考虑，当设计为普通铝合金型材时，按相应项目执行，其中人工乘以系数0.8。

（2）金属门连窗，门、窗应分别执行相应项目。

（3）彩板钢窗附框安装执行彩板钢门附框安装项目。

3.金属卷帘（闸）

（1）金属卷帘（闸）项目是按卷帘侧装（即安装在洞口内侧或外侧）考虑的，当设计为中装（即安装在洞口中）时，按相应项目执行，其中人工乘以系数1.1。

（2）金属卷帘（闸）项目是按不带活动小门考虑的，当设计为带活动小门时，按相应项目执行，其中人工乘以系数1.07，材料调整为带活动小门金属卷帘（闸）。

（3）防火卷帘（闸）（无机布基防火卷帘除外）按镀锌钢板卷帘（闸）项目执行，并将材料中的镀锌钢板卷帘换为相应的防火卷帘。

4.厂库房大门、特种门

（1）厂库房大门项目是按一、二类木种考虑的，如采用三、四类木种时，制作按相应项目执行，人工和机械乘以系数1.3；安装按相应项目执行，人工和机械乘以系数1.35。

（2）冷藏库门、冷藏冻结间门、防辐射门安装项目包括筒子板制作安装。

5.门窗套

（1）门窗套、门窗筒子板均执行门窗套（筒子板）项目。

（2）门窗套（筒子板）项目未包括边线条、设计要求时，按河南省定额“第十五章　其他装饰工程”中相应线条项目执行。

6.窗台板

（1）窗台板与暖气罩相连时，窗台板并入暖气罩，按河南省定额“第十五章　其他装饰工程”中相应暖气罩项目执行。

（2）石材窗台板安装项目按成品窗台板考虑。实际为非成品需现场加工时，石材加工另按本定额“第十五章　其他装饰工程”中石材加工相应项目执行。

四、河南省定额工程量计算规则

1.木门

（1）成品木门框安装按设计图示框的中心线长度计算。

（2）成品木门扇安装按设计图示扇面积计算。

（3）成品套装木门安装按设计图示数量计算。

（4）木质防火门安装按设计图示洞口面积计算。

2.金属门窗

(1)铝合金门窗(飘窗、阳台封闭窗除外)、塑钢门窗均按设计图示门、窗洞口面积计算。

(2)门连窗按设计图示洞口面积分别计算门、窗面积,其中窗的宽度算至门框的外边线。

(3)彩板钢门窗按设计图示门、窗洞口面积计算。彩板钢门窗附框按框中心线长度计算。

3. 金属卷帘(闸)

金属卷帘(闸)按设计图示卷帘门宽度乘以卷帘门高度(包括卷帘箱高度)以面积计算。电动装置安装按设计图套数计算。

4.厂库房大门、特种门

厂库房大门、特种门按设计图示门洞口面积计算。

5.门窗套

(1)门窗套(筒子板)龙骨、面层、基层均按设计图示饰面外围尺寸展开面积计算。

(2)成品门窗套按设计图示饰面外围尺寸展开面积计算。

6.窗台板,窗帘盒、轨

(1)窗台板按设计图示长度乘以宽度以面积计算。图式注明尺寸的,窗台板长度可按窗框的外围宽度两边共加 100 mm 计算,窗台板凸出墙面的宽度按墙面外加 50 mm 计算。

(2)窗帘盒、窗帘轨按设计图示长度计算。

【例 5-21】某工程采用单扇无亮单层普通木门,框料净面积为 100 mm×60 mm,计算其工程量。

解:单扇无亮单层普通木门应进行木材用量换算。

$$木材调整量=(10.5\times6.3/58-1)\times2.081=0.292(m^3)$$

【例 5-22】某工程用带纱镶板木门 30 樘,洞口尺寸如图 5-40 所示,计算其工程量。

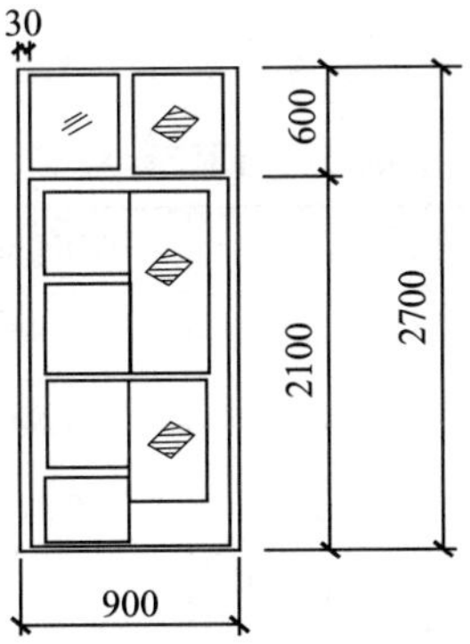

图 5-40　例题 5-22 图

解:

(1)镶板木门工程量$=0.90\times2.70\times30=72.90(m^2)$

(2)纱门扇工程量$=(0.90-0.03\times2)\times(2.10-0.03)\times30=52.16(m^2)$

(3)纱亮工程量=(0.90−0.03×2)×(0.60−0.03)×30=14.36(m^2)

【例 5-23】如图 5-41 所示,求电动铝合金卷闸门工程量,图中虚线为门洞口。

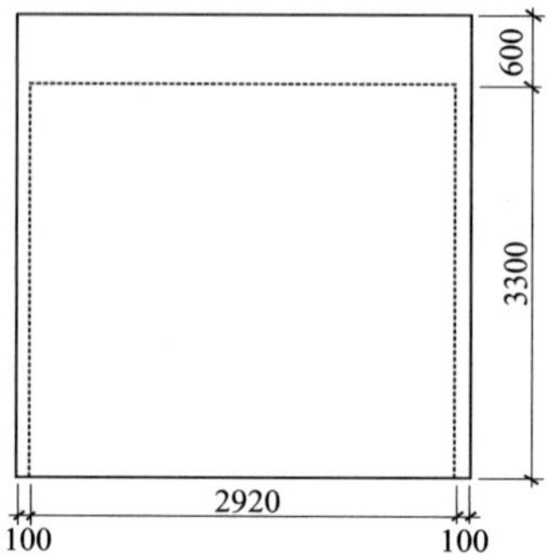

图 5-41 例题 5-23 图

解:

卷闸门安装工程量=2.92×3.3=9.64(m^2)

电动装置安装工程量=1 套

【例 5-24】某二层房屋设计用铝合金门窗,其尺寸见表 5-28,对门窗工程进行列项并计算工程量。

表 5-28 门窗尺寸表

门窗名称	樘 数	洞口尺寸(宽×高)/mm×mm	形 式
有亮铝合金窗 C1	6	1800×1800	推拉、双扇
有亮铝合金窗 C2	2	1500×1800	推拉、双扇
无亮铝合金门 M	4	1000×2400	平开

解:根据已知条件,本例应列的项目及其工程量计算见表 5-29。

表 5-29 门窗计算表

项目名称	单位	工程量	计算式
有亮双扇铝合金推拉窗的制作	m^2	24.84	1.8×1.8×6+1.5×1.8×2
有亮双扇铝合金推拉窗的安装	m^2	24.84	
无亮单扇铝合金门的制作	m^2	9.6	1×2.4×4
无亮单扇铝合金门的安装	m^2	9.6	
铝合金窗的五金配件	樘	8	6+2
铝合金门的五金配件	樘	4	4

J 屋面及防水工程

屋面及防水工程量计算

一、屋面及防水工程概述

1.屋面工程内容

屋面工程包括屋面隔热层、屋面保温层(找坡层)、屋面防水层、屋面找平层和屋面排水设施等。

屋面防水层分为卷材防水和涂膜防水(亦称柔性防水)屋面、刚性屋面(即细石混凝土屋面)等。屋面排水分为镀锌铁皮排水、铸铁排水、硬聚氯乙烯排水等,每一类排水设施中包括水落管、水斗、水口等综合单价子目。

2.屋面工程分项工程列项方法

水泥砂浆找平层(在硬基层上),隔热、保温层,水泥砂浆找平层(在填充料上),防水层(卷材、瓦、镀锌铁皮等),保护层。

二、屋面实际面积计算

1.屋面坡度的三种表示方法

如图 5-42 所示。

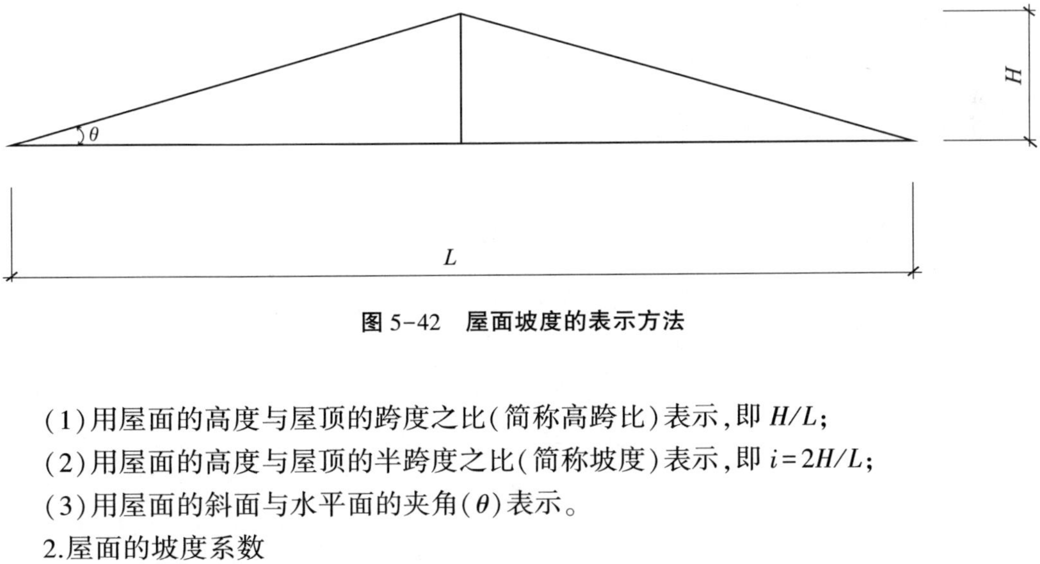

图 5-42 屋面坡度的表示方法

(1)用屋面的高度与屋顶的跨度之比(简称高跨比)表示,即 H/L;

(2)用屋面的高度与屋顶的半跨度之比(简称坡度)表示,即 $i=2H/L$;

(3)用屋面的斜面与水平面的夹角(θ)表示。

2.屋面的坡度系数

(1)屋面坡度系数如表 5-30 所示。

表 5-30　屋面坡度系数表

坡度			延迟系数 C	偶延迟系数 D	坡度			延迟系数 C	偶延迟系数 D
坡度 B/A	高跨比 $B/2A$	角度 θ			坡度 B/A	高跨比 $B/2A$	角度 θ		
1.000	1/2	45°	1.4142	1.7321	0.400	1/5	21°48′	1.0770	1.4697
0.750		36°52′	1.2500	1.6008	0.350		19°17′	1.0594	1.4569
0.700		35°	1.2207	1.5779	0.300		16°42′	1.0440	1.4457
0.667	1/3	33°41′	1.2015	1.5620	0.250	1/8	14°02′	1.0308	1.4362
0.650		33°01′	1.1926	1.5564	0.200	1/10	11°19′	1.0198	1.4283
0.600		30°58′	1.6620	1.5362	0.150		8°32′	1.0112	1.4221
0.577		30°	1.1547	1.5270	0.125	1/16	7°08′	1.0078	1.4191
0.550		28°49′	1.1431	1.5170	0.100	1/20	5°42′	1.0050	1.4177
0.500	1/4	26°34′	1.1180	1.5000	0.083	1/24	4°45′	1.0035	1.4166
0.450		24°14′	1.0966	1.4839	0.067	1/30	3°49′	1.0022	1.4157

注：1.两坡排水屋面面积为屋面水平投影面积乘以延迟系数 C。
2.四坡排水屋面斜脊长度 $=A\times D$(当 $S=A$ 时，见图 5-43)。
3.沿山墙泛水长度 $=A\times C$。

(2)利用屋面坡度系数计算工程量，如图 5-43 所示。计算公式：

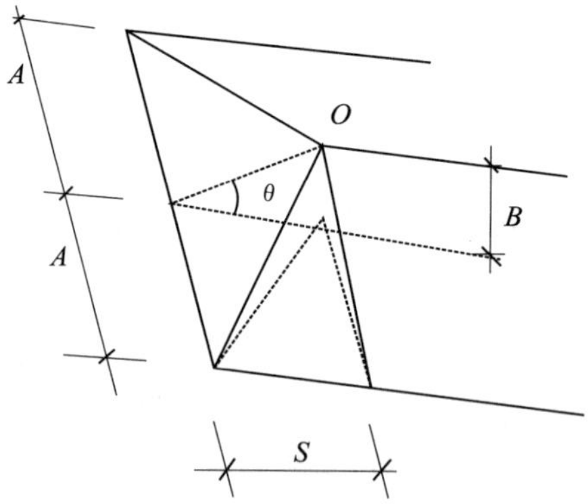

图 5-43　坡屋面示意图

$$\text{屋面实际面积}=\text{屋面水平投影面积}\times C \tag{5-45}$$

$$\text{一个斜脊长度}=A\times D \tag{5-46}$$

式中　C——屋面坡度延迟系数；

D——屋面坡度偶延迟系数。

【例 5-25】如图 5-44 所示，计算四坡瓦屋面（坡度 1/2 的黏土瓦屋面）工程量。

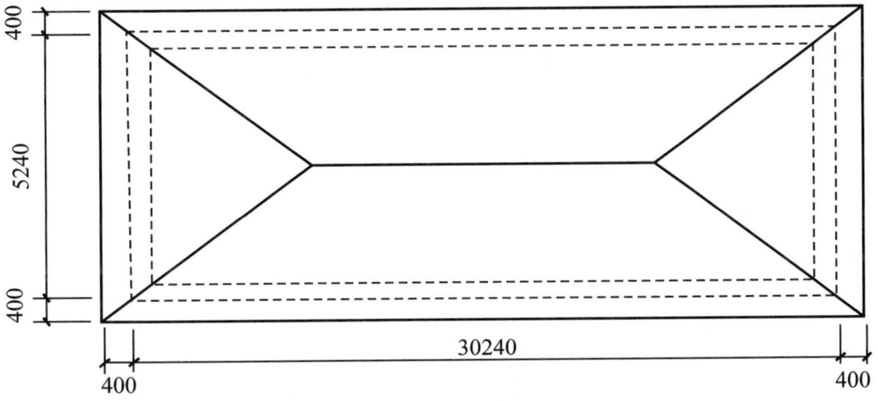

图 5-44　屋面示意图

解：

屋面斜面积＝$(30.24+0.4\times2)\times(5.24+0.4\times2)\times1.118=209.60(m^2)$

三、工程量计算规范

（1）瓦屋面、型材屋面工程量是按设计图示尺寸以斜面计算的，不扣除房上烟囱、风帽底座、风道、小气窗、斜沟等所占面积。小气窗的出檐部分不增加面积。

（2）阳光板屋面、玻璃钢屋面工程量是按设计图示尺寸以斜面计算的，不扣除屋面面积≤0.3 m^2空洞所占面积。

（3）膜结构屋面工程量是按设计图示尺寸以需要覆盖的水平投影面积计算。

（4）屋面卷材、涂膜防水是按设计图示尺寸以面积计算的。斜屋顶（不包括平屋顶找坡）按斜面积计算，平屋顶按水平投影面积计算，不扣除房上烟囱、风帽底座、风道、屋面小气窗和斜沟所占面积，屋面的女儿墙、伸缩缝和天窗等处的弯起部分，并入屋面工程量内。

（5）屋面刚性层防水是按设计图示尺寸以面积计算的，不扣除房上烟囱、风帽底座、风道等所占面积。

（6）屋面排水管按设计图示尺寸以长度计算。如设计未标注尺寸，以檐口至设计室外散水上表面垂直距离计算。

（7）屋面天沟、檐沟按设计图示尺寸以展开面积计算。

四、河南省定额相关说明

本章包括屋面工程、防水工程及其他两节。

本章中瓦屋面、金属板屋面、采光板屋面、玻璃采光顶、卷材防水、水落管、水口、水斗、沥青砂架填缝、变形缝盖板、止水带等项目是按标准或常用材料编制，设计与定额不同时，材料可以换算，人工、机械不变；屋面保温等项目执行本定额“第十章　保温、隔热、防腐工程”相应项目，找平层等项目执行本定额“第十一章　楼地面装饰工程”相应项目。

1.屋面工程

(1)金属板屋面中一般金属板屋面,执行彩钢板和彩钢夹心板项目;装配式单层金属压型板屋面区分,以檩距不同执行定额项目。

(2)采光板屋面如设计为滑动式采光顶,可以按设计增加U形滑动盖帽等部件,调整材料、人工乘以系数1.05。

(3)膜结构屋面的钢支柱、锚固支座混凝土基础等执行其他章节相应项目。

2.防水工程及其他

(1)细石混凝土防水层使用钢筋网时,执行定额"第五章 混凝土及钢筋混凝土工程"中相应项目。

(2)防水卷材、防水涂料及防水砂浆,定额以平面和立面列项,实际施工桩头、地沟零星部位时,人工乘以系数1.43;单个房间楼地面面积≤8 m^2时,人工乘以系数1.3。

(3)卷材防水附加层套用卷材防水相应项目,人工乘以系数1.43。

(4)立面是以直形为依据编制的弧形者,相应项目的人工乘以系数1.18。

(5)冷粘法是以满铺为依据编制的,点、条铺粘者按其相应项目的人工乘以系数0.91,黏合剂乘以系数0.7。

3.屋面排水

(1)水落管、水口、水斗均按材料成品、现场安装考虑。

(2)铁皮屋面及铁皮排水项目内已包括铁皮咬口和搭接的工料。

(3)采用不锈钢水落管排水时,执行镀锌钢管项目,材料按实换算,人工乘以系数1.1。

五、河南省定额工程量计算规则

1.屋面工程

(1)各种屋面和型材屋面(包括挑檐部分)均按设计图示尺寸以面积计算(斜屋面按斜面面积计算),不扣除房上烟囱、风帽底座、风道、小气窗、斜沟和脊瓦等所占面积,小气窗的出檐部分也不增加。

(2)西班牙瓦、瓷质波形瓦、英红瓦屋面的正斜脊瓦、檐口线按设计图示尺寸以长度计算。

(3)采光板屋面和玻璃采光顶屋面按设计图示尺寸以面积计算,不扣除面积≤0.3 m^2孔洞所占面积。

(4)膜结构屋曲按设计图示尺寸以需要覆盖的水平投影面积计算,膜材料可以调整含量。

2.防水工程及其他

(1)屋面防水按设计图示尺寸以面积计算(斜屋面按斜面面积计算),不扣除房上烟囱、风帽底座、风道、屋面小气窗等所占面积,上翻部分也不另计算;屋面的女儿墙、伸缩缝和天窗等处的弯起部分,按设计图示尺寸计算;设计无规定时,伸缩缝、女儿墙、天窗的弯起部分按500 mm计算,计入立面工程量内。

(2)楼地面防水、防潮层按设计图示尺寸以主墙间净面积计算,扣除凸出地面的构筑物、设备基础等所占面积,不扣除间壁墙及单个面积≤0.3 m^2的柱、垛、烟囱和孔洞所占面积。平面与立面交接处，上翻高度≤300 mm 时，按展开面积并入平面工程量内计算，高度>300 mm 时，按立面防水层计算。

(3)墙基防水、防潮层，外墙按外墙中心线长度、内墙按墙体净长度乘以宽度，以面积计算。

(4)墙的立面防水、防潮层，不论内墙、外墙，均按设计图示尺寸以面积计算。

(5)基础底板的防水、防潮层按设计图示尺寸以面积计算，不扣除桩头所占的面积。桩头处外包防水按桩头投影外扩 300 mm 以面积计算，地沟处防水按展开面积计算，均计入平面工程量，执行相应规定。

(6)屋面、楼地面及墙面、基础底板等，其防水搭接、拼缝、压边、留槎用量已综合考虑，不另行计算，卷材防水附加层按设计铺贴尺寸以面积计算。

(7)卷材防水附加层按设计规范相关规定以面积计算。

(8)屋面分格缝按设计图示尺寸以长度计算。

3.屋面排水

(1)水落管、镀锌铁皮天沟、檐沟按设计图示尺寸以长度计算。

(2)水斗、下水口、雨水口、弯头、短管等均以设计数量计算。

(3)种植屋面排水按设计尺寸以铺设排水展面积计算，不扣除房上烟囱、风帽底座、风道、屋面小气窗、斜沟和脊瓦等所占面积，以及面积≤0.3 m^2 的孔洞所占面积；屋面小气窗的出檐部分也不增加。

【例 5-26】屋面有女儿墙(两房间尺寸：9000 mm×6000 mm、9000 mm×3900 mm)防水层三毡四油，试计算其工程量。

解：

$$(9-0.24)\times(6-0.24+3.9-0.24)+(9-0.24+6-0.24+9-0.24+3.9-0.24)\times 2\times 0.5=82.52+26.94=109.46(m^2)$$

【例 5-27】如图 5-45 所示，计算某建筑物屋面采用 *DN*100-UPVC 落水管排水，设计水落管 20 根，水斗底标高 19.6 m，设计室外地坪-0.3 m，试对此屋面排水系统列项并计算各分项工程量。

解：屋面 UPVC 排水施工内容包括安装雨水口、水斗、弯头、落水管四项，所以列项也同样。

落水口工程量=20 个

水斗工程量=20 个

弯头工程量=20 个

落水管按延长米计算到室外地坪，$L=(19.6+0.3)\times 20=398(m)$

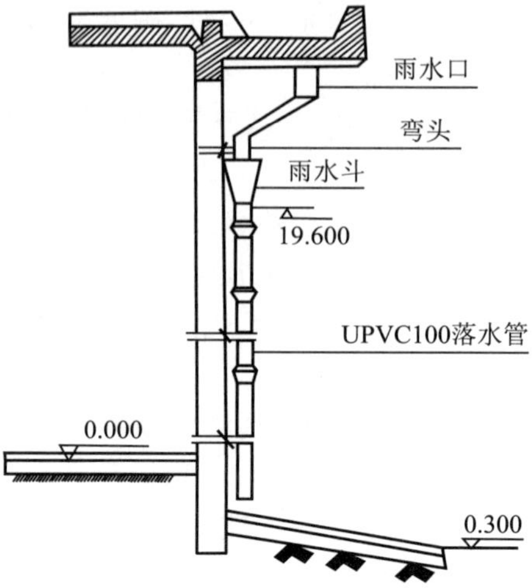

图 5-45　落水管示意图

K　保温、隔热、防腐工程

屋面保温

一、保温、隔热材料的种类

屋面保温、隔热层是为了满足对屋面保温隔热性能的要求，而在屋面铺设的一定厚度的轻质、多孔、热导率小的材料。

工程中常用的保温、隔热层有三类：

一是以炉渣、膨胀蛭石、珍珠岩等松散材料为集料，以水泥、石灰为胶结材料，按一定的比例及水灰比搅拌配制而成，铺设于屋面；

二是以膨胀蛭石、珍珠岩等松散材料干铺于屋面；

三是采用块状的保温材料，如加气混凝土块、泡沫混凝土块、沥青珍珠岩块、水泥蛭石块等砌铺于屋面。

二、工程量计算规范

1.保温隔热屋面

(1)保温隔热屋面按设计图示尺寸以面积计算，单位：m^2。扣除面积>0.3 m^2的孔洞及占位面积。

(2)保温层工程量的计算。按设计图示尺寸以体积或面积计算，即：

保温层的工程量=保温层面积×平均厚度

或　　保温层的工程量=保温层面积　　(5-47)

平均厚度的含义：

1)保温层厚度各处相等时：

平均厚度=设计厚度(铺设厚度)　　(5-48)

2)保温层兼起找坡，最薄处厚度为零时，如图 5-46 所示。

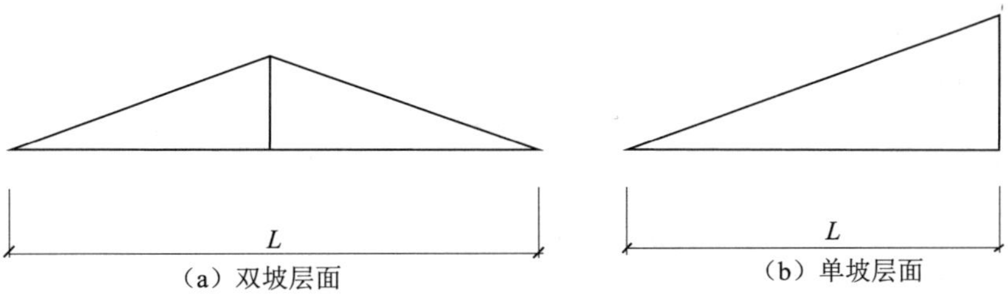

图 5-46　保温层

$$双坡屋面：平均厚度=屋面坡度\times L/4 \tag{5-49}$$

$$单坡屋面：平均厚度=屋面坡度\times L/2 \tag{5-50}$$

保温层兼起找坡，最薄处厚度为 h 时，如图 5-47 所示。

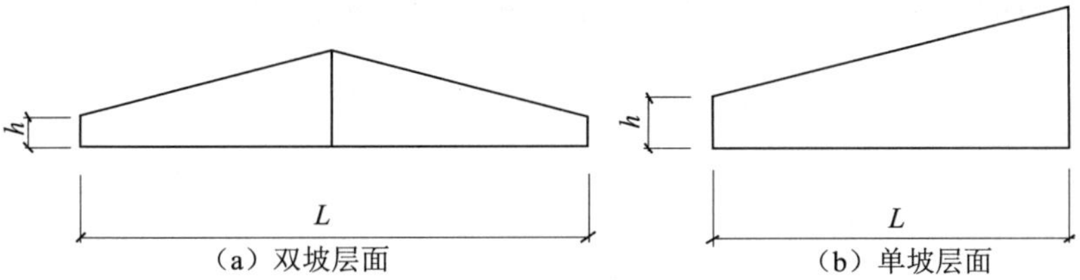

图 5-47　保温层

$$双坡屋面：平均厚度=屋面坡度\times L/4+h \tag{5-51}$$

$$单坡屋面：平均厚度=屋面坡度\times L/2+h \tag{5-52}$$

【例 5-28】屋面做法：钢筋混凝土屋面板；1:8 水泥珍珠岩找 2%坡；最薄处 70 mm，20 mm 厚 1:3 水泥砂浆找平层，砂浆中掺聚丙烯；3 mm 厚的高聚物改性沥青卷材，满铺。试计算如图 5-48 所示屋面工程的工程量。

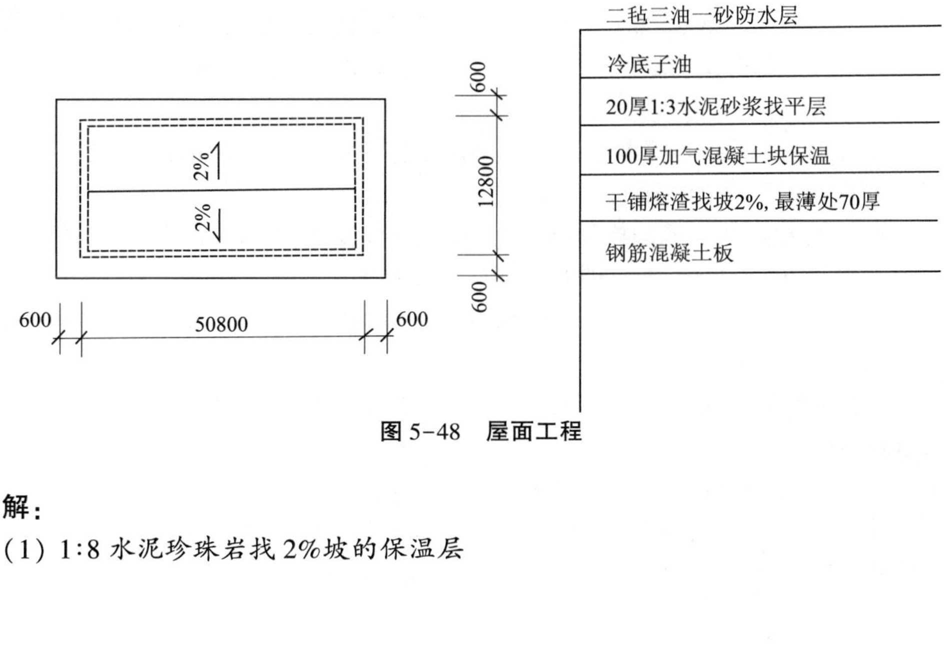

图 5-48　屋面工程

解：

(1) 1:8 水泥珍珠岩找 2%坡的保温层

$$工程量=(50.8+1.2)\times(12.8+1.2)\times[(12.8+1.2)\div4\times2\%+0.07]=101.92(m^3)$$

(2)20 mm 1:3 水泥砂浆找平层

$$工程量=(50.8+1.2)\times(12.8+1.2)=728(m^2)$$

(3)高聚物改性沥青卷材防水层

$$工程量=(50.8+1.2)\times(12.8+1.2)=728\ (m^2)$$

2.保温隔热天棚

按设计图示尺寸以面积计算,单位:m^2。扣除面积>0.3 m^2的柱、垛、孔洞所占面积,与天棚相连的梁按展开面积,计算并入天棚工程量内。

3.保温隔热墙面

按设计图示尺寸以面积计算,单位:m^2。扣除门窗洞口以及面积>0.3 m^2的梁、孔洞所占面积;门窗洞口侧壁以及与墙相连的柱,并入保温墙体工程量。

4.保温柱、梁

按设计图示尺寸以面积计算,单位:m^2。

(1)柱按设计图示,柱断面保温层中心线展开长度乘以保温层高度以面积计算,扣除面积>0.3 m^2的梁所占面积。

(2)梁按设计图示尺寸,梁断面保温层中心线展开长度乘以保温层长度以面积计算,保温柱、梁适用于不与墙、天棚相连的独立柱、梁。

5.保温隔热楼地面

按设计图示尺寸以面积计算,单位:m^2。扣除面积>0.3 m^2的柱、垛、孔洞所占面积。门洞、空圈、暖气包槽、壁龛的开口部分不增加面积。

【例 5-29】某混凝土工程柱结构截面为 500 mm×800 mm,高为 4.8 m,柱包隔热层聚苯乙烯 40 mm 厚,试求聚苯乙烯隔热层的工程量。

解:

$$柱隔热层中心线=(0.5+0.02+0.02)\times2+(0.8+0.02+0.02)\times2=1.08+1.68=2.76(m)$$

$$聚苯乙烯隔热层工程量=2.76\times4.8\times0.04=0.53(m^3)$$

6.防腐面层

(1)防腐混凝土面层、防腐砂浆面层、防腐胶泥面层、玻璃钢防腐面层、聚氯乙烯板面层、块料防腐面层。按设计图示尺寸以面积计算,单位:m^2。

1)平面防腐:扣除凸出地的构筑物、设备基础等以及面积>0.3 m^2的孔洞、柱、垛所占面积。门洞、空圈、暖气包槽、壁龛的开口部分不增加面积。

2)立面防腐:扣除门、窗洞门以及面积>0.3 m^2的孔洞、梁所占面积。门、窗、洞口侧壁、垛突出部分按展开面积计算。

(2)池、槽块料防腐面层。按设计图示尺寸以展开面积计算,单位:m^2。

7.其他防腐

(1)隔离层。按设计图示尺寸以面积计算,单位:m^2。

1)平面防腐:扣除凸出地面的构筑物、设备基础等以及面积>0.3 m^2的孔洞、柱、垛所占面积,门洞、空圈、暖气包槽、壁龛的开口部分不增加面积。

2）立面防腐：扣除门、窗、洞口以及面积>0.3 m^2的孔洞、梁所占面积，门、窗、洞口侧壁、垛突出部分按展开面积并入墙面积内。

（2）砌筑沥青浸渍砖。按设计图示尺寸以体积计算，单位：m^3。

（3）防腐涂料。按设计图示尺寸以面积计算，单位：m^2。

1）平面防腐：扣除凸出地面的构筑物、设备基础等以及面积>0.3 m^2的孔洞、柱、垛所占面积，门洞、空圈、暖气包槽、壁龛的开口部分不增加面积。

2）立面防腐：扣除门、窗、洞口以及面积>0.3 m^2的孔洞、梁所占面积，门、窗、洞口侧壁、垛突出部分按展开面积并入墙面积内。

【例5-30】某工程屋面如图5-49所示，采用水泥炉渣保温层，最薄处为40 mm厚（用保温层找坡）。计算保温层的工程量。

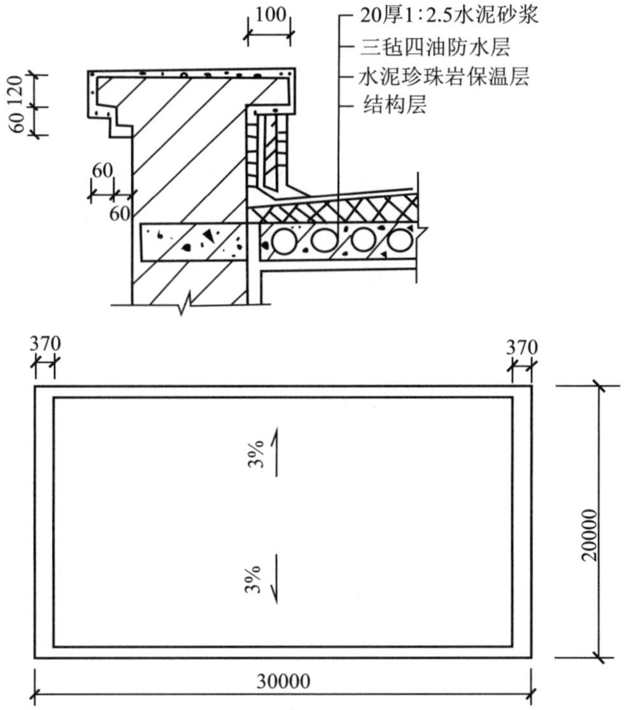

图5-49　工程屋面示意图

解：

屋面面积=（30−0.37−0.37）×（20−0.37−0.37）= 29.26×19.26 = 563.55（m^2）

水泥炉渣保温层的平均厚度=0.04+（20−0.37−0.37）÷2×3%÷2

=0.04+0.14=0.18（m）

水泥炉渣保温层工程量=屋面面积×水泥炉渣保温层的平均厚度

=563.55×0.18=101.44（m^3）

三、河南省定额相关说明

本章定额包括保温隔热、防腐面层、其他防腐三节。

1.保温隔热工程

(1)保温层的保温材料配合比、材质、厚度与设计不同时,可以换算。

(2)弧形墙墙面保温隔热层,按相应项目的人工乘以系数 1.1。

(3)柱面保温根据墙面保温定额项目人工乘以系数 1.19,材料乘以系数 1.04。

(4)墙面岩棉板保温、聚苯乙烯板保温及保温装饰一体板保温,如使用钢骨架,钢骨架按本定额“第十二章　墙、柱面装饰与隔断、幕墙工程”相应项目执行。

(5)保温隔热材料应根据设计规范,必须达到国家规定要求的等级标准。

2.防腐工程

(1)各种胶泥、砂浆、混凝土配合比以及各种整体面层的厚度,如设计与定额不同时,可以换算。定额已综合考虑了各种块料面层的结合层、胶结料厚度及灰缝宽度。

(2)整体面层踢脚板按整体面层相应项目执行,块料面层踢脚板按立面砌块相应项目人工乘以系数 1.2。

(3)卷材防腐接缝、附加层、收头工料已包括在定额内,不再另行计算。

(4)块料防腐中面层材料的规格,材质与设计不同时,可以换算。

四、河南省定额工程量计算规则

1.保温隔热工程

(1)屋面保温隔热层工程量按设计图示尺寸以面积计算,扣除>0.3 m^2 的孔洞所占面积,其他项目按设计图示尺寸以定额项目规定的计量单位计算。

(2)天棚保温隔热层工程量按设计图示尺寸以面积计算,扣除面积>0.3 m^2 的柱、垛、孔洞所占面积,与天棚相连的梁按展开面积计算,其工程并入天棚内。

(3)墙面保温隔热层工程量按设计图示尺寸以面积计算,扣除门窗洞口及面积>0.3 m^2的梁、孔洞所占面积;门窗洞口侧壁以及与墙相连的柱,并入保温墙体工程量内。墙体及混凝土板下铺贴隔热层,不扣除木框架及木龙骨的体积。其中外墙按隔热层中心线长度计算,内墙按隔热层净长度计算。

(4)柱、梁保温隔热层工程量按设计图示尺寸以面积计算。柱按设计图示柱断面保温层中心线展开长度乘以高度以面积计算,扣除面积>0.3 m^2 的梁所占面积。梁按设计图示梁断面保温层中心线展开长度乘以保温层长度以面积计算。

(5)柱帽保温隔热层并入天棚保温隔热层工程量内。

2.防腐工程

(1)防腐工程面层、隔离层及防腐油漆工程量均按设计图示尺寸以面积计算。

(2)平面防腐工程量应扣除凸出地面的构筑物、设备基础等以及面积>0.3 m^2 的孔洞、柱、垛等所占面积,门洞、空圈、暖气包槽、壁龛的开口部分不增加面积。

(3)立面防腐工程量应扣除门、窗、洞口以及面积>0.3 m^2 的孔洞、梁所占面积,门、窗、洞口侧壁、垛凸出部分按展开面积并入墙面内。

项目三　装饰工程工程量计量

L　楼地面工程

楼地面工程 1

一、楼地面工程的相关知识

楼地面工程是地面和楼面的总称,指使用各种面层材料对楼地面进行装饰的工程,即基层、垫层、填充层、隔离层、找平层、结合层、面层等。

一般来说,地面主要由垫层、找平层、面层组成,楼面主要由结构层、找平层、保温隔热层和面层组成。面层可分为整体面层、块料面层两类。

(1)基层。指基层、夯实土基。

(2)垫层。指承受地面荷载并均匀传递给基层的构造层,如灰土垫层、混凝土垫层等。

(3)填充层。指在建筑楼地面上起隔音、保温、找坡或敷设暗管、暗线等作用的构造层,如炉渣、水泥膨胀珍珠岩等填充层。

(4)隔离层。指起防水、防潮作用的构造层,如油毡卷材、防水涂料等隔离层。

(5)找平层。指在垫层、楼板上或填充层上起找平、找坡或加强作用的构造层,如水泥砂浆、细石混凝土等找平层。

(6)结合层。指面层与下层相结合的中间层,如水泥砂浆、冷底子油等结合层。

(7)面层。指直接承受各种荷载作用的表面层,如水泥砂浆、细石混凝土整体面层或其石材等块料面层。

(8)除此以外,楼地面工程还有以下各种辅助材料或工序。

楼地面点缀:一种简单的楼地面块料拼铺方式,即在块料四角相交处各切去一个角,另镶一小块深颜色块料,起到点缀作用。

胶黏剂楼地面块料面层:指楼地面块料面层采用干粉型胶黏剂或万能胶粘贴的形式。

零星项目:指小面积少量分散的楼地面装饰、台阶的牵边、小便池、蹲台、池槽以及面积在 1 m^2 以内且定额未列项目的工程。

压线条:指地毯、橡胶板、橡胶卷材铺设的压线条,如铝合金、不锈钢等线条。

嵌条材料:指用于水磨石的分隔、做图案等的嵌条,如玻璃嵌条、铝合金嵌条等。

防护材料:指耐酸、耐碱、耐老化、防火、防油渗等材料。

防滑条:用于楼梯、台阶的栏杆柱、栏杆,栏板与扶手相连接的固定件,靠墙扶手与墙连接的固定件。

二、工程量计算规范

楼地面工程 2

1.整体面层及找平层

(1)水泥砂浆楼地面、现浇水磨石楼地面、细石混凝土楼地面、菱苦土楼地面、自流坪楼地面。按设计图示尺寸以面积计算，单位：m^2。扣除凸出地面构筑物、设备基础、室内铁道、地沟等所占面积，不扣除间壁墙及≤0.3 m^2的柱、垛、附墙烟囱及孔洞所占面积。门洞、空圈、暖气包槽、壁龛的开口部分不增加面积。间壁墙指墙厚≤120 mm 的墙。

(2)平面砂浆找平层。按设计图示尺寸以面积计算，单位：m^2。平面砂浆找平层只适用于仅做找平层的平面抹灰。楼地面混凝土垫层另按现浇混凝土基础中垫层项目编码列项，除混凝土外的其他材料垫层按砌筑工程中垫层项目编码列项。

【例 5-31】某建筑平面示意图如图 5-50 所示，已知墙厚 240 mm，20 mm 厚 1:2 水泥砂浆抹面，求水泥砂浆地面的工程量。

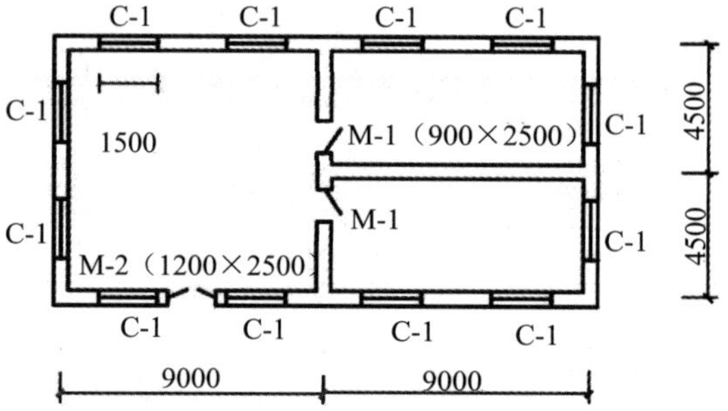

图 5-50 某建筑平面示意图

解：楼地面装饰面积按设计图示尺寸以面积计算，不扣除 0.3 m^2 以内的孔洞所占面积，门洞、空圈、暖气包槽、壁龛的开口部分不增加面积。

则其工程量为：

$$(9-0.24)\times(4.5+4.5-0.24)+(9-0.24)\times(4.5-0.24)\times2=151.37(m^2)$$

2.块料面层

块料面层包括石材楼地面、碎石材楼地面、块料楼地面。按设计图示尺寸以面积计算，单位：m^2。门洞、空圈、暖气包槽、壁龛的开口部分并入相应的工程量内。

在描述碎石材项目的面层材料特征时，可不用描述规格、颜色；石材、块料与黏结材料的结合面刷防渗材料的种类在防护层材料种类中描述(下同)。

3.橡塑面层

橡塑面层包括橡胶板楼地面、橡胶卷材楼地面、塑料板楼地面、塑料卷材楼地面。按设计图示尺寸以面积计算，单位：m^2。门洞、空圈、暖气包槽、壁龛的开口部分并入相应的工程量内。

4.其他材料面层

其他材料面层包括楼地面地毯，竹、木(复合)地板，金属复合地板，防静电活动地板。按设计图示尺寸以面积计算，单位：m^2。门洞、空圈、暖气包槽、壁龛的开口部分并入相应的工程量内。

5.踢脚线

踢脚线包括水泥砂浆踢脚线、石材踢脚线、块料踢脚线、塑料板踢脚线、木质踢脚线、金属踢脚线、防静电踢脚线。按设计图示长度乘以高度以面积计算，单位：m^2；或按延长米计算,单位:m。

【例 5-32】某建筑平面如图 5-50 所示,已知墙厚 240 mm,墙面铺设中国黑花岗岩踢脚线,踢脚线做法为水泥砂浆粘贴中国黑花岗岩板,门套贴至花岗岩踢脚板上沿,踢脚线高 150 mm,求踢脚线的工程量。

解:踢脚线按实贴长度乘以高度以平方米计算,成品踢脚线按实贴延长米计算,楼梯踢脚线按相应定额乘以系数 1.15。

踢脚线长度为:$(9-0.24)\times8+(4.5-0.24)\times4-1.2\times2-0.9\times4+0.24\times6=82.56$(m)

则踢脚线工程量为:$82.56\times0.15=12.38(m^2)$

6.楼梯面层

楼梯面层包括石材楼梯面层、块料楼梯面层、拼碎块料面层、水泥砂浆楼梯面、现浇水磨石楼梯面、地毯楼梯面、木板楼梯面、橡胶(塑料)板楼梯面。按设计图示尺寸以楼梯(包括踏步、休息平台及≤500 mm 的楼梯井)水平投影面积计算,单位:m^2。楼梯与楼地面相连时,算至梯口梁内侧边沿;无梯口梁者,算至最上一层踏步边沿加 300 mm。

【例 5-33】图 5-51 所示为某建筑物内一楼梯,同走廊连接,采用直线双跑形式,墙厚 240 mm,楼梯满铺中国红大理石,试计算该层楼梯间的工程量。

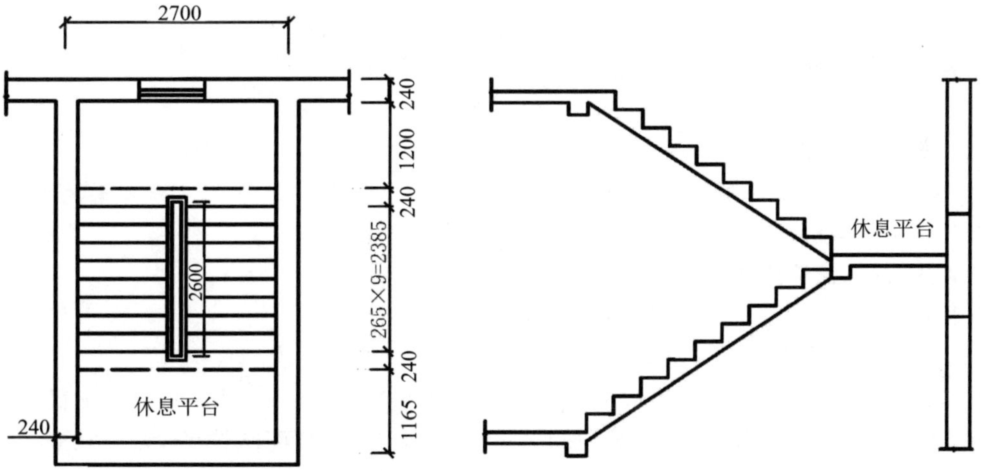

图 5-51 某建筑楼梯间示意图

解:楼梯面积(包括踏步、休息平台,以及小于 500 mm 宽的楼梯井)按水平投影面积计算。

则其工程量为:

$$(2.7-0.24)\times(1.16+0.24+2.385+0.24)=9.901(m)^2$$

7.台阶装饰

台阶装饰包括石材台阶面、块料台阶面、拼碎块料台阶面、水泥砂浆台阶面、现浇水磨石台阶面、剁假石台阶面。按设计图示尺寸以台阶(包括最上层踏步边沿加300 mm)水平投影面积计算,单位:m^2。

【例5-34】图5-52所示为某建筑楼梯间入口处用水泥砂浆铺贴500 mm×500 mm花岗岩地面及花岗岩台阶,求其工程量。

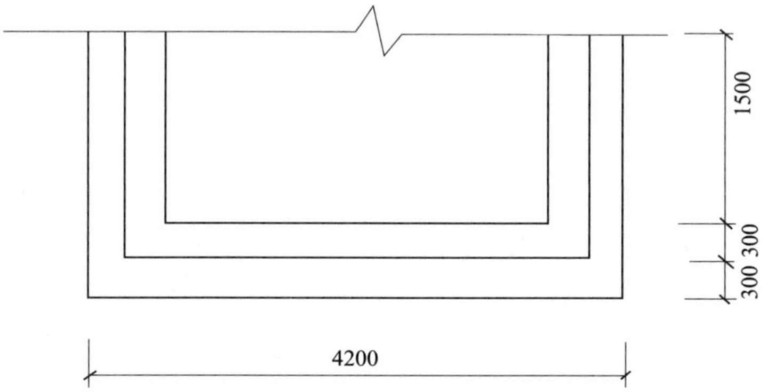

图5-52 某建筑花岗岩台阶示意图

解:台阶面层(包括踏步及最上一层踏步边沿加300 mm)按水平投影面积计算。

则水泥砂浆铺贴500 mm×500 mm花岗岩地面工程量为:

$$(4.2-0.3\times6)\times(1.5-0.3)=2.880(m^2)$$

水泥砂浆铺贴500 mm×500 mm花岗岩台阶工程量为:

$$4.2\times(1.5+0.3\times2)-2.880=5.940(m^2)$$

【例5-35】图5-51所示为某建筑物内一楼梯,同走廊连接,采用直线双跑形式,踏步镶嵌1.5 m长、4 mm×10 mm铜嵌条,试计算该层铜嵌条的工程量。

解:嵌条工程量按其长度计算。

则其工程量为:1.5×9×2=27.00(m)

8.零星装饰项目

零星装饰项目包括石材零星项目、碎拼石材零星项目、块料零星项目、水泥砂浆零星项目。按设计图示尺寸以面积计算,单位:m^2。楼梯、台阶侧面装饰,不大于0.5 m^2的少量分散的楼地面装修,应按零星装饰项目编码列项。

三、河南省定额相关说明

(1)本章定额包括找平层及整体面层,块料面层,橡塑面层,其他材料面层,踢脚线,楼梯面层,台阶装饰,零星装饰项目,分格嵌条、防滑条,酸洗打蜡十节。

(2)水磨石地面水泥石子浆的配合比,设计与定额不同时,可以调整。

(3)同一铺贴面上有不同种类、材质的材料,应分别按本章相应项目执行。

(4)厚度≤60 mm的细石混凝土按找平层项目执行,厚度>60 mm的按本定额“第五章 混凝土及钢筋混凝土工程”垫层项目执行。

(5)块料面层

1)镶贴块料项目是按规格料考虑的,如需现场倒角、磨边者按本定额“第十五章　其他装饰工程”相应项目执行。

2)石材楼地面拼花按成品考虑。

3)镶嵌规格 100 mm×100 mm 以内的石材执行点缀项目。

(6)木地板

1)木地板安装按成品企口考虑,若采用平口安装,其人工乘以系数 0.85;

2)木地板填充材料按本定额“第十章　保温、隔热、防腐工程”相应项目执行。

(7)弧形踢脚线、楼梯段踢脚线按相应项目人工、机械乘以系数 1.15。

(8)零星项目面层适用于楼梯侧面、台阶的牵边,小便池、蹲台、池槽,以及面积在 0.5 m^2以内且未列项目的工程。

(9)圆弧形等不规则地面镶贴面层、饰面面层按相应项目人工乘以系数 1.15,块料消耗量损耗按实调整。

(10)水磨石地面包含酸洗打蜡,其他块料项目如需做酸洗打蜡者,单独执行相应酸洗打蜡项目。

四、河南省定额工程量计算规则

(1)楼地面找平层及整体面层按设计图示尺寸以面积计算。扣除凸出地面构筑物、设备基础、室内铁道、地沟等所占面积,不扣除间壁墙及≤0.3 m^2的柱、垛、附墙烟囱及孔洞所占面积。门洞、空圈、暖气包槽、壁龛的开口部分不增加面积。

(2)块料面层、橡壁面层

1)块料面层、橡壁面层及其他材料面层按设计图示尺寸以面积计算。门洞、空圈、暖气包槽、壁龛的开口部分并入相应的工程量内。

2)石材料花按最大外围尺寸以矩形面积计算,有拼花的石材地面,按设计图示尺寸扣除拼花的最大外围矩形面积计算面积。

3)点缀按“个”计算,计算主体铺贴地面面积时,不扣除点缀所占面积。

4)石材底面刷养护液包括侧面涂刷,工程量按设计图示尺寸以底面积计算。

5)石材表面刷保护液,按设计图示尺寸以表面积计算。

6)石材勾缝按石材设计图示尺寸以面积计算。

(3)踢脚线按设计图示长度乘以高度以面积计算。楼梯靠墙踢脚线(含锯齿形部分)贴块料按设计图示尺寸,以面积计算。

(4)楼梯面层按设计图示尺寸以楼梯(包括踏步、休息平台及≤500 mm 的楼梯井)水平投影面积计算。楼梯与楼地面相连时,算至梯口梁内侧边沿;无梯口梁者,算到最上一层踏步边沿加 300 mm。

(5)台阶面层按设计图示尺寸以台阶(包括最上层踏步边沿加 300 mm)水平投影面积计算。

(6)零星项目按设计图示尺寸以“延长米”计算。

(7)分格嵌条按设计图示尺寸以“延长米”计算。

(8)块料楼地面做酸洗打蜡者,按设计图示尺寸以表面积计算。

M 墙、柱面装饰与隔断、幕墙工程

墙、柱面工程

一、墙、柱面工程的相关知识

墙、柱面工程包括抹灰、镶贴块料面层、墙柱面装饰及幕墙工程。

抹灰又称粉刷,它的主要作用是保护墙面、美观装饰、提高房屋的使用效能。内墙抹灰可改善室内清洁卫生条件和增加光亮,增加美观。用于浴室、厕所、厨房的抹灰,主要是保护墙身不受水和潮气的影响。对于一些有特殊要求的房屋,还能改善它的热工、声学、光学等物理性能。外墙抹灰可提高墙身防潮、防风化、防腐蚀的能力,增强墙身的耐久性,也是装饰美化建筑物的重要措施之一。

抹灰分为一般抹灰、装饰抹灰。一般抹灰包括石灰砂浆、混合砂浆、水泥砂浆及其他砂浆等;装饰抹灰包括水刷石、干粘石、斩假石、拉条灰、甩毛灰等。

为避免抹灰层出现裂缝,保证抹灰层牢固和表面平整,抹灰应分层进行。抹灰层一般可分为底层、中层和面层抹灰。普通抹灰由一遍底层、一遍面层或不分层一遍成活;中级抹灰由一遍底层、一遍中层、一遍面层或一遍底层、一遍面层两遍成活;高级抹灰由一遍底层、两遍或两遍以上中层、一遍面层成活。

底层抹灰主要起与基层的粘接作用,并起初步找平的作用;中层抹灰主要起找平作用,可分层或一次抹成;面层抹灰起装饰作用。一般抹灰按质量要求不同,分为普通抹灰、中级抹灰、高级抹灰三级。不同规格标准的建筑对抹灰质量的要求也不同,采用哪种级别标准的抹灰应遵从设计要求。

饰面板(砖)工程又称镶贴工程,多用于要求标准较高的装饰工程。所谓饰面板(砖)工程,就是把天然或人造的装饰块料镶贴在建筑物室内、外墙柱表面的一种装饰方法。镶贴块料面层包括大理石、花岗岩、麻石块、陶瓷锦砖、瓷板、面砖等。施工时一般采用挂贴、粘贴、干挂法。

挂贴方式是对大规格石材(大理石、花岗岩等)使用的以先挂后灌浆的方式固定于墙柱面的方式。

粘贴方式是对小规格块料(一般边长小于 400 mm)的施工。

干挂方式分直接干挂法和间接干挂法。直接干挂法是通过不锈钢膨胀螺栓、不锈钢挂件、不锈钢连接件、不锈钢钢针等,将外墙饰面板连接在外墙墙面;间接干挂法是通过固定在墙、柱、梁上的龙骨,再通过各种挂件固定在外墙饰面板。

龙骨有木龙骨、轻钢龙骨、铝合金龙骨、型钢龙骨、石膏龙骨等。木龙骨以方木为支撑骨架,由上槛、下槛、主柱、斜撑组成,以隔壁构成分为单层和双层两种。轻钢龙骨是以镀锌铁皮、黑铁皮带钢或薄壁冷轧退火卷带为原料,经冷弯或冲压而成的轻隔墙骨架支撑材料。

间壁墙是指不承受荷载、只用于分隔室内房间的墙。其中,不到顶的间壁墙称为隔断。护壁是指在原墙面基层上铺钉木龙骨、木基层(有的不带木基层),然后铺钉或粘贴饰面材料的墙面装饰。

幕墙工程是指先在建筑物外面安装立柱和横梁，然后再安装玻璃或金属板的结构外墙面，包括玻璃幕墙、铝板幕墙。

二、工程量计算规范

1.墙面抹灰

墙面抹灰包括墙面一般抹灰、墙面装饰抹灰、墙面勾缝、立面砂浆找平层。工程量按设计图示尺寸以面积计算，单位：m^2。扣除墙裙、门、窗洞口及单个>0.3 m^2的孔洞面积，不扣除踢脚线、挂镜线和墙与构件交接处的面积，门、窗洞口和孔洞的侧壁及顶面不增加面积。附墙柱、梁、垛、烟囱侧壁并入相应的墙面面积内。飘窗凸出外墙面增加的抹灰并入外墙工程量内。

(1)外墙抹灰面积按外墙垂直投影面积计算。

(2)外墙裙抹灰面积按其长度乘以高度计算。

(3)内墙抹灰面积按主墙间的净长乘以高度计算。无墙裙的内墙高度按室内楼地面至天棚底面计算。有墙裙的内墙高度按墙裙顶至天棚底面计算。有吊顶天棚抹灰，高度算至天棚底有吊顶天棚的内墙面抹灰，抹至吊顶以上部分在综合单价中考虑。

(4)内墙裙抹灰面积按内墙净长乘以高度计算。

立面砂浆找平项目适用于仅做找平层的立面抹灰。墙面抹石灰砂浆、水泥砂浆、混合砂浆、聚合物水泥砂浆、麻刀石灰浆、石膏灰浆等按墙面一般抹灰列项，墙面水刷石、斩假石、干粘石、假面砖等按墙面装饰抹灰列项。

【例5-36】某建筑平面图如图5-50所示，已知墙厚240 mm，外墙为混凝土墙面，设计为水刷白石子(12 mm厚水泥砂浆1:3，10 mm厚水泥白石子浆1:1.5)，外墙装饰抹灰高度为4.9 m，窗为1.5 m×1.5 m，求外墙面装饰抹灰的工程量。

解：外墙面装饰抹灰面积，按垂直投影面积计算，扣除门窗洞口和0.3 m^2以上的孔洞所占的面积，门、窗洞口及空洞侧壁面积亦不增加。

附墙柱侧面抹灰并入外墙抹灰面积工程量内。

则其工程量为：

$$[(18+0.24)+(9+0.24)]\times2\times4.9-1.5\times1.5\times12-1.2\times2.5=239.304(m^2)$$

2.柱(梁)面抹灰

柱(梁)面抹灰包括柱(梁)面一般抹灰、柱(梁)面装饰抹灰、柱(梁)面砂浆找平层、柱面勾缝。按设计图示柱(梁)断面周长乘以高度以面积计算，单位：m^2。

柱(梁)面抹石灰砂浆、水泥砂浆、混合砂浆、聚合物水泥砂浆、麻刀石灰浆、石膏灰浆等按本柱(梁)面一般抹灰编码列项；柱(梁)面水刷石、斩假石、干粘石、假面砖等按柱(梁)面装饰抹灰项目编码列项。

【例 5-37】某建筑物室外有 4 个直径 1.0 m 的钢筋混凝土圆柱，高度为 3.6 m，如图 5-53 所示，设计为斩假石柱面，试计算其工程量。

解：柱抹灰按设计图示柱断面周长乘以高度以面积计算。

则其工程量为：

$$3.14\times1\times3.6\times4=45.216(m^3)$$

3.零星抹灰

墙、柱(梁)面≤0.5 m^2的少量分散的抹灰按零星抹灰项目编码列项，包括零星项目一般抹灰、零星项目装饰抹灰、零星砂浆找平层。按设计图示尺寸以面积计算，单位：m^2。

4.墙面块料面层

(1)石材墙面，碎拼石材、块料墙面。按镶贴表面积计算，单位：m^2。项目特征中，"安装的方式"可描述为砂浆或黏结剂粘贴、挂贴、干挂等。不论哪种安装方式，都要详细描述与组价相关的内容。

(2)干挂石材钢骨架按设计图示尺寸以质量计算，单位：t。

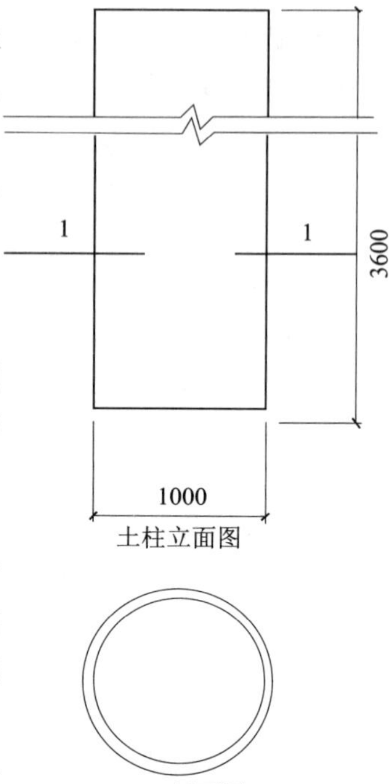

图 5-53 圆柱

【例 5-38】图 5-54 所示为一卫生间示意图，已知室内净高为 2.7 m，门洞尺寸为 900 mm×2100 mm，窗洞尺寸为 1200 mm×1500 mm，蹲便区沿隔断内起地台，高度为 200 mm，墙面为水泥砂浆结合层粘贴瓷砖，砖的尺寸为 300 mm×200 mm，灰缝 5 mm 内，求内墙面铺砖工程量。

解：墙面贴块料面层，按实贴面积计算。

则工程量为：

$$(4+3)\times2\times2.7-1.5\times1.2-0.9\times2.1-0.2\times(1.2+3\times0.8)\times2=32.67(m^2)$$

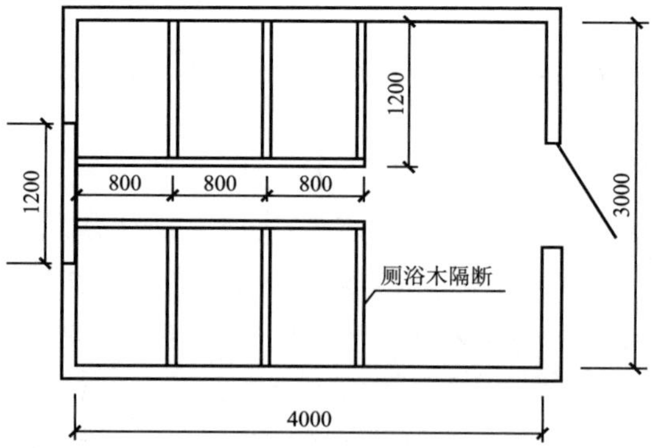

图 5-54 卫生间示意图

5.柱(梁)面镶贴块料

(1)石材柱(梁)面、块料柱(梁)面、拼碎块柱面。按设计图示尺寸以镶贴表面积计算,单位:m^2。

(2)柱(梁)面干挂石材的钢骨架按“墙面块料面层”中的“干挂石材钢骨架”列项。

6.镶贴零星块料

墙柱面≤0.5 m^2 的少量分散的镶贴块料面层按零星项目执行,包括石材零星项目、块料零星项目、拼碎块零星项目。按设计图示尺寸以镶贴表面积计算,单位:m^2。

7.墙饰面

(1)饰面板工程量按设计图示墙净长乘以净高以面积计算,单位:m^2。扣除门、窗洞口及单个>0.3 m^2 的孔洞所占面积。

(2)墙面装饰浮雕。按设计图示尺寸以面积计算,单位:m^2。

8.柱(梁)饰面

(1)柱(梁)面装饰。按设计图示饰面外围尺寸以面积计算,单位:m^2。柱帽、柱墩并入相应柱饰面工程量内。

(2)成品装饰柱。按设计数量以“根”计算,或按设计长度以“m”计算。

9.幕墙工程

(1)带骨架幕墙。按设计图示框外围尺寸以面积计算,单位:m^2。与幕墙同种材质的窗所占面积不扣除。

(2)全玻(无框玻璃)幕墙。按设计图示尺寸以面积计算,单位:m^2。带肋全玻幕墙按展开面积计算。

10.隔断

(1)木隔断、金属隔断。按设计图示框外围尺寸以面积计算,单位:m^2。不扣除单个≤0.3 m^2 的孔洞所占面积;浴厕门的材质与隔断相同时,门的面积并入隔断面积内。

(2)玻璃隔断、塑料隔断。按设计图示框外围尺寸以面积计算,不扣除单个≤0.3 m^2 的孔洞所占面积。

(3)成品隔断。按设计图示框外围尺寸以面积计算,或按设计间的数量以“间”计算。

三、河南省定额相关说明

(1)本章定额包括墙面抹灰、柱(梁)面抹灰、零星抹灰、墙面块料面层、柱(梁)面镶贴块料、镶贴零星块料、墙饰面、柱(梁)饰面、幕墙工程及隔断十节。

(2)圆弧形、锯齿形、异形等不规则墙面抹灰、镶贴块料、幕墙按相应项目乘以系数 1.15。

(3)干挂石材骨架及玻璃幕墙型钢骨架均按钢骨架项目执行。预埋铁件按本定额“第五章　混凝土及钢筋混凝土工程”铁件制作安装项目执行。

(4)女儿墙(包括泛水、挑砖)内侧、阳台栏板(不扣除花格所占孔洞面积)内侧与阳台栏板外侧抹灰工程量按其投影面积计算,块料按展开面积计算;女儿墙无泛水挑砖者,人工及机械乘以系数 1.10,女儿墙带泛水挑砖者,人工及机械乘以系数 1.30。按墙面相应项目执行,女儿墙外侧并入外墙计算。

(5)抹灰面层

1)抹灰项目中砂浆配合比与设计不同者,按设计要求调整;如设计厚度与定额取定厚度不同者,按相应增减厚度项目调整。

2)砖墙中的钢筋混凝土梁、柱侧面抹灰>0.5 m^2的并入相应墙面项目执行,≤0.5 m^2的按零星抹灰项目执行。

3)抹灰工程的“零星项目”适用于各种壁柜、碗柜、飘窗板、空调隔板、暖气罩、池槽、花台以及 ≤0.5 m^2的其他各种零星抹灰。

4)抹灰土程的装饰线条适用于门窗套、挑檐、腰线、压顶、遮阳板外边、宣传栏边框等项目的抹灰,以及突出墙面且展开宽度≤300 mm 的竖、横线条抹灰。线条展开宽度>300 mm且≤400 mm 者,按相应项目乘以系数 1.33;展开宽度>400 mm 且≤500 mm 者,按相应项目乘以系数 1.67。

(6)块料面层

1)墙面贴块料、饰面高度在 300 mm 以内者,按踢脚线项目执行。

2)勾缝镶贴面砖子目,面砖消耗量分别按缝宽 5 mm 和 10 mm 考虑,如灰缝宽度与取定不同者,其块料及灰缝材料(预拌水泥砂浆)允许调整。

(7)除已列有挂贴石材柱帽、柱墩项目外,其他项目的柱帽、柱墩并入相应柱面积内,每个柱帽或柱墩另增人工:抹灰 0.25 工日,块料 0.38 工日,饰面 0.5 工日。

(8)木龙骨基层是按双向计算的,如设计为单向时,材料、人工乘以系数 0.55。

四、河南省定额工程量计算规则

1.抹灰

(1)内墙面、墙裙抹灰面积应扣除门窗洞口和单个面积>0.3 m^2以上的空圈所占的面积,不扣除踢脚线、挂镜线及单个≤0.3 m^2的孔洞和墙与构件交接处的面积,且门窗洞口、空圈、孔洞的侧壁面积亦不增加,附墙柱的侧面抹灰应并入墙面、墙裙抹灰工程量内计算。

(2)内墙面、墙裙的长度以主墙间的图示净长计算,墙面高度按室内地面至天棚底面净高计算,墙面抹灰面积应扣除墙裙抹灰面积,如墙面和墙裙抹灰种类相同,工程量合并计算。

(3)如设计有室内吊顶时,内墙抹灰、柱面抹灰的高度算至吊顶底面另加 100 mm。

(4)外墙抹灰面积按垂直投影面积计算,应扣除门窗洞口、外墙裙(墙面和墙裙抹灰种类相同者应合并计算)和单个面积>0.3 m^2的孔洞所占面积,不扣除单个面积≤0.3 m^2的孔洞所占面积,门窗洞口及孔洞侧壁面积亦不增加。附墙柱侧面抹灰面积应并入外墙面抹灰面积工程量内。

(5)柱抹灰按结构断面周长乘以抹灰高度计算。

(6)装饰线条抹灰按设计图示尺寸以长度计算。

(7)装饰抹灰分格嵌缝按抹灰面面积计算。

(8)“零星项目”按设计图示尺寸以展开面积计算。

2.块料面层

(1)挂贴石材零星项目中柱墩、柱帽是按圆弧形成品考虑的,按其圆的最大外径周长计算;其他类型的柱帽、柱墩工程量按设计图示尺寸以展开面积计算。

(2)镶贴块料面层,按镶贴表面积计算。

(3)柱镶贴块料面层按设计图示饰面外围尺寸乘以高度以面积计算。

3.墙饰面

(1)龙骨、基层、面层墙饰面项目按设计图示饰面尺寸以面积计算,扣除门窗洞口及单个>0.3 m^2以上的空圈所占的面积,不扣除单个面积≤0.3 m^2的孔洞所占面积,门窗洞口及孔洞侧壁面积亦不增加。

(2)柱(梁)饰面的龙骨、基层、面层按设计图示饰面尺寸以面积计算,柱帽、柱墩并入相应柱面积计算。

4.幕墙、隔断

(1)玻璃幕墙、铝板幕墙以框外围面积计算;半玻璃隔断、全玻璃幕墙如有加强肋者,工程量按其展开面积计算。

(2)隔断按设计图示框外围尺寸以面积计算,扣除门窗洞口及单个面积>0.3 m^2的孔洞所占面积。

N　天棚工程

一、工程量计算规范

1.天棚抹灰

按设计图示尺寸以水平投影面积计算,单位:m^2。不扣除间壁墙、垛、柱、附墙烟囱、检查口和管道所占的面积,带梁天棚、梁两侧抹灰面积并入天棚面积内,板式楼梯底面抹灰按斜面积计算,锯齿形楼梯底板抹灰按展开面积计算。

【例 5-39】计算如图 5-55 所示的井字梁天棚抹灰的工程量。

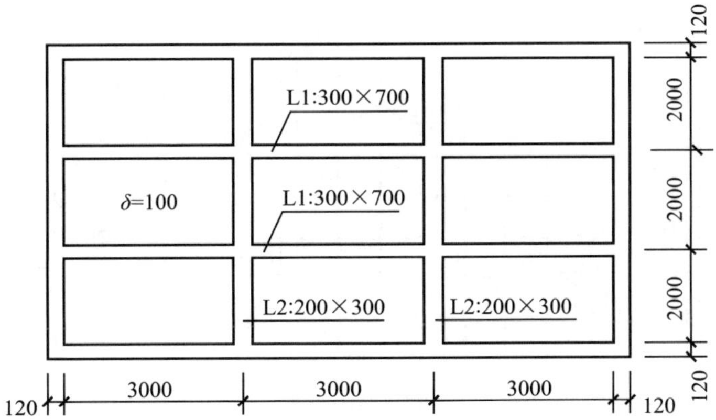

图 5-55　井字梁

解:

$$主墙间水平投影面积=(9-0.24)\times(6-0.24)=50.46(m^2)$$

$$主梁侧面展开面积=(9-0.24-0.2\times2)\times(0.7-0.1)\times2\times2=20.06(m^2)$$

$$次梁展开面积=(6-0.24-0.3\times2)\times(0.3-0.1)\times2\times2=4.13(m^2)$$

$$天棚抹灰工程量合计=50.46+20.06+4.13=74.65(m^2)$$

2.天棚吊顶

(1)吊顶天棚。按设计图示尺寸以水平投影面积计算,单位:m^2。天棚面中的灯槽及跌级、锯齿形、吊挂式、藻井式天棚面积不展开计算。不扣除间壁墙、检查口、附墙烟囱、柱垛和管道所占面积,扣除单个>0.3 m^2 的孔洞、独立柱及与天棚相连的窗帘盒所占的面积。

(2)格栅吊顶、吊筒吊顶、藤条造型悬挂吊顶、织物软雕吊顶、装饰网架吊顶。按设计图示尺寸以水平投影面积计算,单位:m^2。

【例 5-40】图 5-56 为某办公室二层顶面施工图,中间为不上人 T 形铝合金龙骨,纸面石膏板 600 mm × 600 mm;边上为不上人轻钢龙骨吊顶,纸面石膏板面层 600 mm×600 mm,方柱断面为 1000 mm×1000 mm,墙厚 200 mm。试计算龙骨及面层工程量。

解:

(1)龙骨工程量计算

$$铝合金龙骨工程量=3.6\times4.8=17.28(m^2)$$

$$轻钢龙骨工程量=(7.8-0.5+0.38-0.20)\times(6.00+0.26+1.9)-3.60\times4.80=43.76(m^2)$$

(2)面层计算:

$$纸面石膏板(铝合金龙骨)工程量=3.6\times4.8=17.28(m^2)$$

$$纸面石膏板(轻钢龙骨)工程量=43.76-(1.00-0.20)\times1.00-(1.00-0.20)\times(1.00-0.20)=42.32(m^2)$$

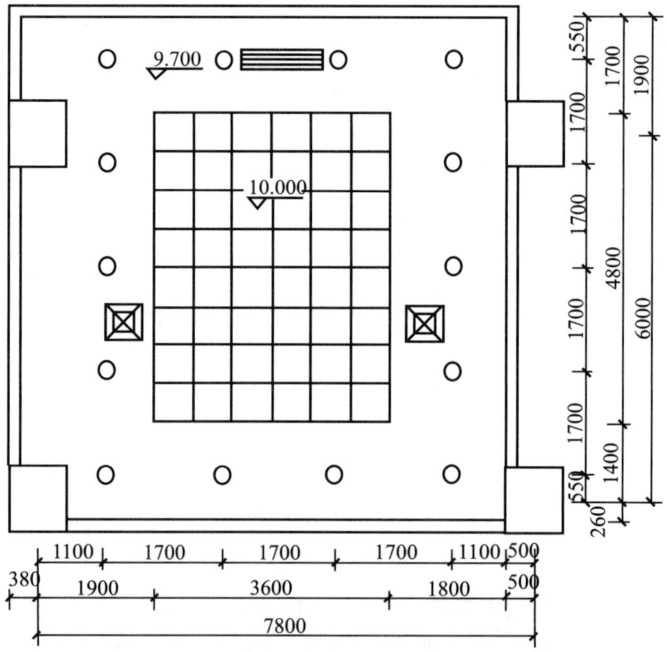

图 5-56　办公室二层顶面施工图

3.采光天棚

采光天棚骨架不包括在本节中,应单独按金属结构工程相关项目编码列项。其工程量计算按框外围展开面积计算,单位:m^2。

4.天棚其他装饰

(1)灯带(槽)按设计图示尺寸以框外围面积计算,单位:m^2。

(2)送风口、回风口按设计图示数量计算,单位:个。

二、河南省定额相关说明

(1)本章定额包括天棚抹灰、天棚吊顶、天棚其他装饰三节。

(2)抹灰项目中砂浆配合比与设计不同时,可按设计要求予以换算;如设计厚度与定额取定厚度不同时,按相应项目调整。

(3)如混凝土天棚刷素水泥浆或界面剂,按本定额"第十二章　墙、柱面装饰与隔断、幕墙工程"相应项目人工乘以系数1.15。

(4)吊顶天棚

1)天棚面层在同一标高者为平面天棚,天棚面层不在同一标高者为跌级天棚。跌级天棚其面层按相应项目人工乘以系数1.30。

2)轻钢龙骨、铝合金龙骨项目中龙骨按双层双向结构考虑,即中、小龙骨紧贴大龙骨底面吊挂,如为单层结构时,即大、中龙骨底面在同一水平上者,人工乘以系数0.85。

3)平面天棚和跌级天棚指一般直线形天棚,不包括灯光槽的制作安装。灯光槽制作安装应按本章相应项目执行。吊顶天棚中的艺术造型天棚项目中包括灯光槽的制作安装。

4)天棚面层不在同一标高,且高差在400 mm以下、跌级三级以内的一般直线形平面天棚按跌级天棚相应项目执行;高差在400 mm以上或跌级超过三级,以及圆弧形、拱形等造型天棚按吊顶天棚中的艺术造塑天棚相应项目执行。

三、河南省定额工程量计算规则

1.天棚抹灰

按设计图示尺寸以展开面积计算天棚抹灰,不扣除间壁墙、垛、柱、附墙烟囱、检查口和管道所占的面积,带梁天棚的梁两侧抹灰面积并入天棚面积内,板式楼梯底面抹灰面积(包括踏步、休息平台以及500 mm宽的楼梯井)按水平投影面积乘以系数1.15计算,锯齿形楼梯底板抹灰面积(包括踏步、休息平台以及≤500 mm宽的楼梯井)按水平投影面积乘以系数1.37计算。

2.天棚吊顶

(1)天棚龙骨按主墙间水平投影面积计算,不扣除间壁墙、垛、柱、附墙烟囱、检查口和管道所占的面积,扣除单个>0.3 m^2的空洞、独立柱及与天棚相连的窗帘盒所占的面积。斜面龙骨按斜面面积计算。

(2)天棚吊顶的基层和面层均按设计图示尺寸以展开面积计算。天棚面中的灯槽及跌级、阶梯式、锯齿形、吊挂式、藻井式天棚按展开面积计算,不扣除间壁墙、垛、柱、附墙烟囱、检查口和管道所占面积，扣除单个>0.3 m^2 的孔洞、独立柱及与天棚相连的窗帘盒所占的面积。

(3)格栅吊顶、藤条造型悬挂吊顶、织物软雕吊顶和装饰网架吊顶，按设计图示尺寸以水平投影面积计算。吊筒吊顶以最大外围水平投影尺寸，以外接矩形面积计算。

3.天棚其他装饰

(1)灯带(槽)按设计图示尺寸以框外围面积计算。

(2)送风口、回风口及灯光孔按设计图示数量计算。

P　油漆、涂料、裱糊工程

一、工程量计算规范

1.门油漆

门油漆包括木门油漆、金属门油漆，其工程量计算按设计图示数量或设计图示单面洞口面积计算，单位：樘/m^2。木门油漆应区分木大门、单层木门、双层(一玻一纱)木门、双层(单裁口)木门、全玻自由门、半玻自由门、装饰门及有框门或无框门等，分别编码列项。

金属门油漆应区分平开门、推拉门、钢制防火门等项目，分别编码列项。

【例 5-41】一全玻璃门的尺寸如图 5-57 所示，油漆为底油一遍，调和漆三遍，计算其工程量。

解：

油漆工程量 $=1.50\times2.40\times0.75=2.70(m^2)$

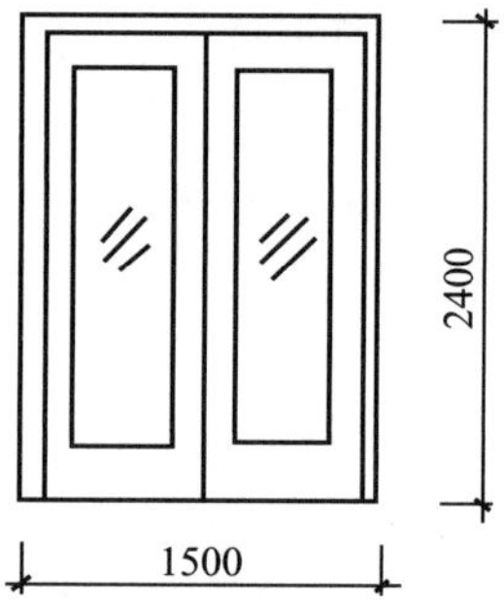

图 5-57　全玻璃门

2.窗油漆

窗油漆包括木窗油漆、金属窗油漆，其工程量计算按设计图示数量或设计图示单面洞口面积计算，单位：樘/m^2。木窗油漆应区分单层玻璃窗、双层(一玻一纱)木窗、双层框扇(单裁口)木窗、双层框三层(二玻一纱)木窗、单层组合窗、双层组合窗、木百叶窗、木推拉窗等，分别编码列项。金属窗油漆应区分平开窗、推拉窗、固定窗、组合窗、金属隔栅窗等项目，分别编码列项。

3.木扶手及其他板条、线条油漆

木扶手及其他板条、线条油漆包括木扶手油漆，窗帘盒油漆，封檐板、顺水板油漆，挂衣板、黑板框油漆，挂镜线、窗帘棍、单独木线油漆。按设计图示尺寸以长度计算，单位：m。木扶手应区分带托板与不带托板，分别编码列项。

4.木材面油漆

(1)木护墙、木墙裙油漆，窗台板、筒子板、盖板、门窗套、踢脚线油漆；清水板条天棚、檐口油漆；木方格吊顶天棚油漆，吸声板墙面、天棚面油漆，暖气罩油漆及其他木材面油漆。其工程量均按设计图示尺寸以面积计算，单位：m^2。

（2）木间壁、木隔断油漆，玻璃间壁露明墙筋油漆，木栅栏、木栏杆（带扶手）油漆。按设计图示尺寸以单面外围面积计算，单位：m^2。

（3）衣柜、壁柜油漆，梁柱饰面油漆，零星木装修油漆。按设计图示尺寸以油漆部分展开面积计算，单位：m^2。

（4）木地板油漆、木地板烫硬蜡面。按设计图示尺寸以面积计算，单位：m^2。孔洞、空圈、暖气包槽、壁龛的开口部分并入相应的工程量内。

5.金属面油漆

其工程量可按设计图示尺寸以质量计算，单位：t；或按设计展开面积计算，单位：m^2。

6.抹灰面油漆

（1）抹灰面油漆。按设计图示尺寸以面积计算，单位：m^2。

（2）抹灰线条油漆。按设计图示尺寸以长度计算，单位：m。

（3）满刮腻子。按设计图示尺寸以面积计算，单位：m^2。

7.刷喷涂料

（1）墙面喷刷涂料、天棚喷刷涂料。按设计图示尺寸以面积计算，单位：m^2。

（2）空花格、栏杆刷涂料。按设计图示尺寸以单面外围面积计算，单位：m^2。

（3）线条刷涂料。按设计图示尺寸以长度计算，单位：m。

（4）金属构件刷防火涂料。按设计图示尺寸以质量计算，单位：t；或按设计展开面积计算，单位：m^2。

（5）木材构件喷刷防火涂料。工程量按设计图示尺寸以面积计算，单位：m^2。

【例 5-42】某办公室尺寸如图 5-58 所示，地面刷过氯乙烯涂料，三合板木墙裙上润油粉，刷硝基清漆 8 遍，墙面、顶棚刷乳胶漆 2 遍（光面），计算其工程量。

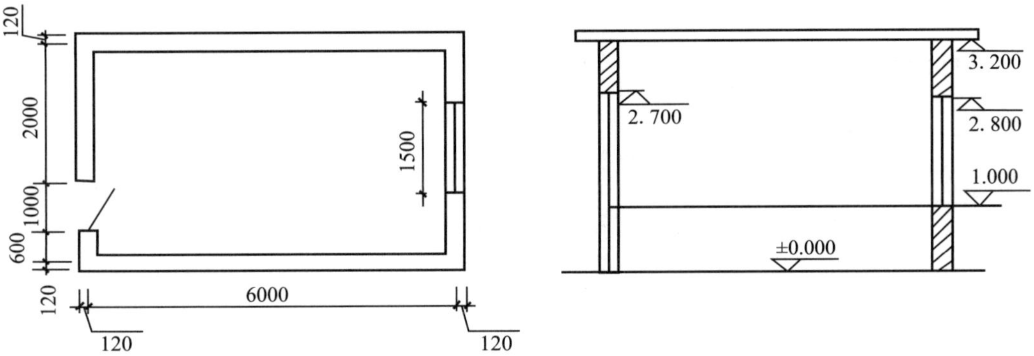

图 5-58　某办公室图

解：

（1）地面刷涂料工程量 =（6.00−0.24）×（3.60−0.24）= 19.35（m^2）

（2）墙裙刷硝基清漆工程量 = [（6.00−0.24+3.60−0.24）×2−1.00+0.12×2]×1.00×1.07 = 18.70（m^2）

（3）墙面乳胶漆工程量 =（6.00−0.24+3.60−0.24）×2×3.2−2.7×1.0−1.5×1.7−[（6.00−

0.24+3.60−0.24)×2−1.0]×1.00+[(2.7−1.0)×2+1.0]×0.24+(1.5+1.7)×2×0.24
=38.47(m^2)

(4)顶面乳胶漆工程量=(6.00−0.24+3.60−0.24)×2=18.24(m^2)

8.裱糊

裱糊包括墙纸裱糊、织锦缎裱糊。按设计图示尺寸以面积计算,单位:m^2。

二、河南省定额相关说明

(1)本章定额包括木门油漆,木扶手及其他板条,线条油漆,其他木材面油漆,属面油漆、抹灰面油漆,喷刷涂料,裱糊7节。

(2)油漆、涂料定额中均已考虑刮腻子。当抹灰面油漆、喷刷涂料设计与定额取定的刮腻子变数不同时,可按本章喷刷涂料一节中刮腻子每增减一遍项目进行调整。喷刷涂料一节中刮腻子项目仅适用于单独刮腻子工程。

(3)门窗套、窗台板、腰线、压顶、扶手(栏板上扶手)等抹灰面刷油漆、涂料,与整体墙面同色者,并入墙面计算;与整体墙面分色者,单独计算。按墙面项目执行,其中人工乘以系数1.43。

二、河南省定额工程量计算规则

1.木门油漆工程

执行单层木门油漆项目,其工程量计算规则及相应系数见表5−31。

表5−31 工程量计算规则和系数表(1)

项目		系数	工程量计算规则(设计图示尺寸)
1	单层木门	1.00	按"门洞口面积"计算
2	单层玻璃门	0.85	
3	单层全玻门	0.75	
4	半截百叶门	1.50	
5	全百叶门	1.70	
6	厂库房大门	1.10	
7	纱窗门	0.80	
8	特种门(包括冷藏门)	1.00	
9	装饰门窗	0.90	按"扇外围尺寸面积"计算
10	间壁、隔断	1.00	按"单面外围面积"计算
11	玻璃间壁露明墙筋	0.80	
12	木栅栏、木栏杆(带扶手)	0.90	按"长度"计算

注:多面涂刷按单面计算工程量。

2.木扶手及其他板条、线条油漆工程

(1)执行木扶手油漆的项目,其工程量计算规则及相应系数见表5−32。

表 5-32　工程量计算规则和系数表(2)

项　目		系　数	工程量计算规则(设计图示尺寸)
1	木扶手(不带托板)	1.00	按“延长米”计算
2	木扶手(带托板)	2.50	
3	封檐板、博风板	1.70	
4	黑板框、生活园地框	0.50	

(2)木线条油漆按设计图示尺寸以长度计算。

3.其他木材面油漆工程

见表 5-33。

表 5-33　工程量计算规则和系数表(3)

项　目		系　数	工程量计算规则(设计图示尺寸)
1	木板、胶合板天棚	1.00	按“长×宽”计算
2	屋面板带檩条	1.10	按“斜长×宽”计算
3	清水板条檐口天棚	1.10	按“长×宽”计算
4	吸声板(墙面或天棚)	0.87	
5	鱼鳞板墙	2.40	
6	木护墙、木墙裙、木踢脚	0.83	
7	窗台板、窗帘盒	0.83	
8	出入口盖板、检查口	0.87	
9	壁橱	0.83	按“展开面积”计算
10	木屋架	1.77	按“跨度(长)×中高×1/2”计算
11	以上未包括的其余木材面油漆	0.83	按“展开面积”计算

4.金属面油漆工程

(1)执行金属面油漆、涂料项目,其工程量按设计图示尺寸以展开面积计算。质量在 500 kg 以内的单个金属构件,可参考表 5-34 相应的系数,将质量(t)折算为面积。

表 5-34　质量折算面积参考系数表

项　目		系　数
1	钢栅栏门、栏杆、窗栏	64.98
2	钢爬梯	44.84
3	踏步式刚扶梯	39.90
4	轻型屋架	53.20
5	零星铁件	58.00

(2)执行金属面板屋面、镀锌铁皮面(涂刷磷化、锌黄底漆)油漆的项目,其工程量计算规则及相应的系数见表5-35。

表5-35 工程量计算规则和系数表(4)

项目		系数	工程量计算规则(设计图示尺寸)
1	平板屋面	1.00	斜长×宽
2	瓦垄板屋面	1.20	
3	排水、伸缩缝盖板	1.05	展开面积
4	吸气罩	2.20	水平投影面积
5	包镀锌薄钢板门	2.20	门窗洞口面积

5.抹灰面油漆、涂料工程

(1)抹灰面油漆、涂料(另外说明的除外)按设计图示尺寸以面积计算。

(2)踢脚线刷耐磨漆按设计图示尺寸以长度计算。

(3)槽形底板、混凝土折瓦板、有梁底板、井字梁底板刷油漆、涂料按设计图示尺寸以展开面积计算。

(4)墙面及天棚面刷石灰油浆、白水泥、石灰浆、石灰大白浆、普通水泥浆、可赛银浆、大白浆等涂料工程量按抹灰面积计算。

(5)混凝土花格窗、栏杆花饰刷(喷)油漆、涂料按设计图示尺寸以洞口面积计算。

(6)天棚、墙、柱面基层板缝粘贴胶带纸按相应天棚、墙、柱面基层板面积计算。

6.裱糊工程

墙面、天棚面裱糊按设计图示尺寸以裱糊面积计算。

Q 其他装饰工程

一、工程量计算规范

1.柜类、货架

柜类、货架包括柜台、酒柜、衣柜、存包柜、鞋柜、书柜、厨房壁柜、木壁柜、厨房低柜、厨房吊柜、矮柜、吧台背柜、酒吧吊柜、酒吧台、展台、收银台、试衣间、货架、书架、服务台。工程量计算有三种方式可供选择,按设计图示数量计算(单位:个);按设计图示尺寸以延长米计算(单位:m);按设计图示尺寸以体积计算(单位:m^3)。

2.装饰线

装饰线包括金属装饰线、木质装饰线、石材装饰线、石膏装饰线、镜面玻璃线、铝塑装饰线、塑料装饰线、GRC装饰线。按设计图示尺寸以长度计算,单位:m。

3.扶手、栏杆、栏板装饰

扶手、栏杆、栏板装饰包括金属扶手、栏杆、栏板,硬木扶手、栏杆、栏板,塑料扶手、栏杆、栏板,GRC栏杆、扶手,金属靠墙扶手,硬木靠墙扶手,塑料靠墙扶手,玻璃栏板。按设计图示尺寸以扶手中心线以长度(包括弯头长度)计算,单位:m。

4.暖气罩

暖气罩包括饰面板暖气罩、塑料板暖气罩、金属暖气罩。按设计图示尺寸以垂直投影面积(不展开)计算。

5.浴厕配件

(1)洗漱台按设计图示尺寸以台面外接矩形面积计算,不扣除孔洞、挖弯、削角所占面积,挡板、吊沿板面积并入台面面积内。

(2)晒衣架、帘子杆、浴缸拉手、卫生间扶手、毛巾杆(架)、毛巾环、卫生纸盒、肥皂盒、镜箱按设计图示数量计算。

(3)镜面玻璃按设计图示尺寸以边框外围面积计算。

6.雨篷、旗杆

(1)雨篷吊挂饰面、玻璃雨篷按设计图示尺寸以水平投影面积计算。

(2)金属旗杆按设计图示数量计算,单位:根。

7.招牌、灯箱

(1)平面、箱式招牌按设计图示尺寸以正立面边框外围面积计算。复杂形的凸凹造型部分不增加面积。

(2)竖式标箱、灯箱,信报箱按设计图示数量计算。

8.美术字

美术字包括泡沫塑料字、有机玻璃字、木质字、金属字、吸塑字。按设计图示数量计算,单位:个。

二、河南省定额相关说明

本章定额包括柜类、货架,压条、装饰线,扶手、栏杆、栏板装饰,暖气罩,浴厕配件,雨篷、旗杆,招牌、灯箱,美术字,石材、瓷砖加工等9节。

1.扶手、栏杆、栏板装饰

(1)扶手、栏杆、栏板项目(护窗栏杆除外)适用于楼梯、走廊、回廊及其他装饰性扶手、栏杆、栏板。

(2)扶手、栏杆、栏板项目已综合考虑扶手弯头(非整体弯头)的费用。如遇木扶手、大理石扶手为整体弯头,弯头另按本章相应项目执行。

2.招牌、灯箱

(1)招牌、灯箱项目,当设计与定额考虑的材料品种、规格不同时,材料可以换算。

(2)一般平面广告牌是指正立面平整,无凹凸面的广告牌;复杂平面广告牌是指正立面有凹凸面造型的广告牌;箱(竖)式广告牌是指具有多面体的广告牌。

(3)广告牌基层以附墙方式考虑,当设计为独立式的,按相应项目执行,人工乘以系数1.1。

3.石材、瓷砖加工

石材、瓷砖倒角、磨制圆边、开槽、开孔等项目均按现场加工考虑。

三、河南省定额工程量计算

1.柜类、货架

柜类、货架工程量按各项目计量单位计算,其中以“m^2”为计量单位的项目,其工程量均按正立面的高度(包括脚的高度在内)乘以宽度计算。

2.扶手、栏杆、栏板装饰

(1)扶手、栏杆、栏板、成品栏杆(带扶手)均按其中心线长度计算,不扣除弯头长度。如遇木扶手、大理石扶手为整体弯头时,扶手消耗量需扣除整体弯头的长度,设计不明确者,每只整体弯头按 400 mm 扣除。

(2)单独弯头按设计图示数量计算。

3.招牌、灯箱

(1)柱面、墙面灯箱基层,按设计图示尺寸以展开面积计算。

(2)一般平面广告牌基层,按设计图示尺寸以正立面边框外围面积计算;复杂平面广告牌基层,按设计图示尺寸以展开面积计算。

(3)箱(竖)式广告牌基层,按设计图示尺寸以基层外围体积计算。

(4)广告牌面层,按设计图示尺寸以展开面积计算。

4.石材、瓷砖加工

(1)石材、瓷砖倒角按块料设计倒角长度计算。

(2)石材磨边按成型圆边长度计算。

(3)石材开槽按块料成型开槽长度计算。

(4)石材、瓷砖开孔按成型孔洞数量计算。

【综合训练 7】某砖混结构立面图、平面图及剖面图如图 5-59~图 5-61 所示。室内地坪标高±0.000 m,室外地坪标高-0.300 m。其具体部位做法如下:

墙、柱:M5 混合砂浆砌砖墙、砖柱,墙厚 240 mm,砖柱截面尺寸为 240 mm×240 mm。

地面:C10 混凝土地面垫层 80 mm 厚,面铺 400 mm×400 mm×10 mm 浅色地砖,1∶2 水泥砂浆黏结层 20 mm 厚,1∶2 水泥砂浆 20 mm 厚贴瓷砖踢脚线,150 mm 高。

台阶:C10 混凝土基层,1∶2 水泥白石子浆 15 mm 厚水磨石台阶。

内墙抹灰:1∶0.3∶3 混合砂浆打底 18 mm 厚,1∶0.3∶3 混合砂浆抹面 8 mm 厚,面层满刮腻子 2 遍、刷乳胶漆 2 遍。

顶棚抹灰:1∶0.3∶3 混合砂浆打底 12 mm 厚,1∶0.3∶3 混合砂浆面层 5 mm 厚,面层满刮腻子 2 遍、刷乳胶漆 2 遍。

外墙面、柱面水刷石:1∶2.5 水泥砂浆打底 15 mm 厚,1∶2 水泥白石子浆 10 mm 厚。

门、窗:实木装饰门 M-1、M-2 洞口尺寸均为 900 mm×2400 mm,塑钢推拉窗 C-1 洞口尺寸为 1500 mm×1500 mm,C-2 洞口尺寸为 1100 mm×1500 mm。

计算清单工程量。

解:

块料地面面层工程量:

$$S=(5-0.24)\times(3.6-0.24)+(5-0.24)\times(3.3-0.24)+(3-0.24)\times(2.7-0.24)+0.9\times0.24\times4+(2.7-0.3)\times(2-0.3)$$
$$=15.99+14.57+6.78+0.86+4.08=42.23(m^2)$$

块料踢脚线工程量：

$$S=[(5-0.24+3.6-0.24)\times2-0.9+(5-0.24+3.3-0.24)\times2-0.9\times3+(3-0.24+2.7-0.24)\times2-0.9\times2+(2+2.7-0.9\times2)+0.24\times8]\times0.15$$
$$=(15.34+12.94+8.64+4.82)\times0.15=6.26(m^2)$$

现浇水磨石台阶面工程量：

$$S=(2.7+2.0)\times0.3\times2=2.82(m^2)$$

混合砂浆抹内墙面工程量：

$$S=[(5-0.24+3.6-0.24)\times2+(5-0.24+3.3-0.24)\times2+(2.7-0.24+3-0.24)\times2+2+2.7]\times3.6-1.5\times1.5\times6-1.1\times1.5-0.9\times2.4\times8=137.92(m^2)$$

外墙面水刷石工程量：

$$S=(29.2+0.96-2.7-2)\times(3.6+0.3)-1.5\times1.5\times6=85.79(m^2)$$

柱面水刷石工程量：

$$S=0.24\times4\times3.3=3.17(m^2)$$

混合砂浆抹天棚面工程量：

$$S=(3.6-0.24)\times(5-0.24)+(3.3-0.24)\times(5-0.24)+(3-0.24)\times(2.7-0.24)=37.35(m^2)$$

实木装饰门工程量:4 樘

塑钢窗 C-1 工程量:6 樘

塑钢窗 C-2 工程量:1 樘

内墙面、天棚面乳胶漆工程量：

$$S=137.92+37.35=175.27(m^2)$$

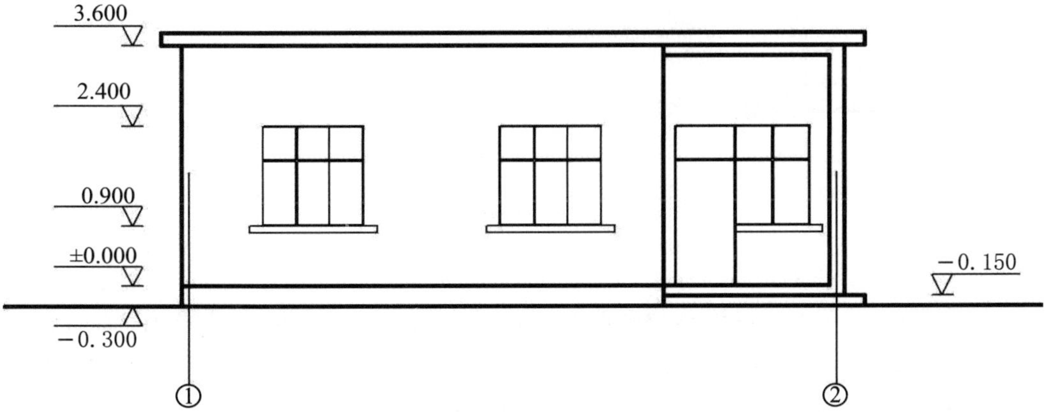

图 5-59　砖混结构立面图

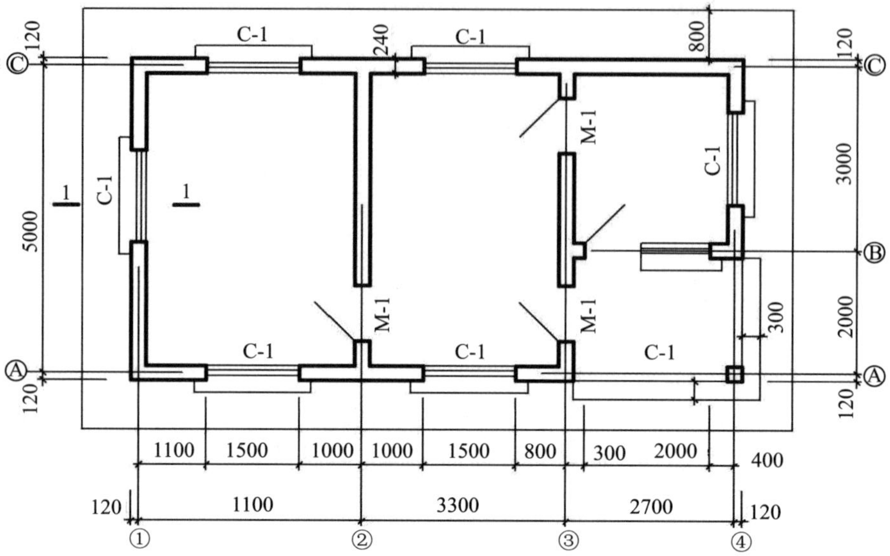

图 5-60　砖混结构平面图

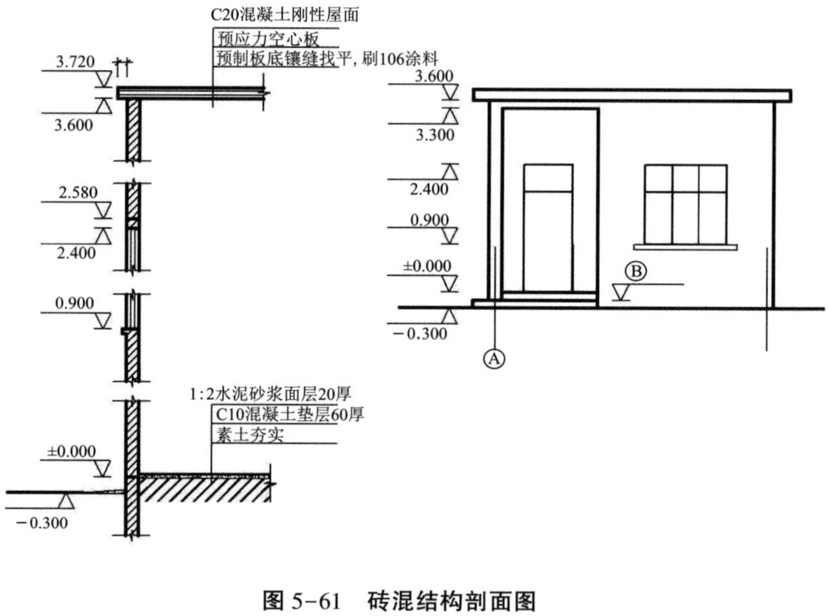

图 5-61　砖混结构剖面图

【综合训练 8】某二层砖混结构平面及剖面图如图 5-62 所示，轴线居中。L-1 梁高 500 mm，净长 8.76 m，墙厚 240 mm，屋面板厚 180 mm。室内楼梯水平投影面积为 9 m^2（图中未画出）。天棚、内墙面均用混合砂浆粉刷，面层批“888”仿瓷涂料。内墙裙高 1 m，水泥砂浆粉刷，面层刷乳胶漆 3 遍。外墙面密贴白色面砖，面砖规格为 240 mm×60 mm×8 mm。楼梯底面做法同天棚。试计算清单工程量。

代号	宽×高	数量
M-1	1.2 mm×2.5 mm	1
M-2	0.9 mm×2.5 mm	4
C-1	1.5 mm×1.5 mm	24

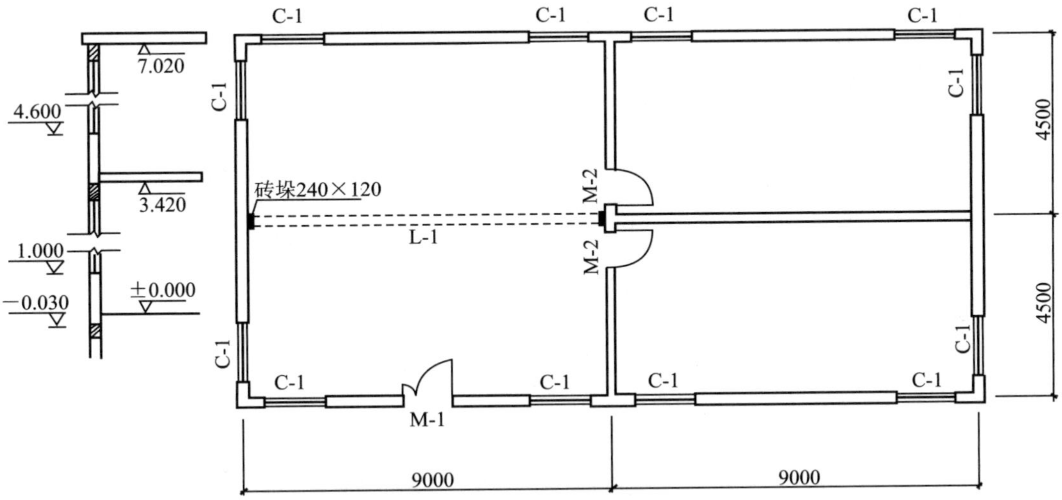

图 5-62　二层砖混结构平面及剖面图

解：

内墙裙抹灰工程量：

$$S=(8.76\times16+4.26\times8)\times1.0-(1.2+0.9\times8)\times1.0+0.12\times8\times1.0=166.80(m^2)$$

内墙面一般抹灰工程量：

$$S=(8.76\times16+4.26\times8)\times$$

$$3.42-(1.2\times2.5+1.5\times1.5\times24+0.9\times2.5\times8)+0.12\times8\times3.42-166.8=357.38(m^2)$$

天棚抹灰工程量：

$$S=8.76\times8.76\times2+8.76\times4.26\times4+8.76\times0.5\times4-9=311.27(m^2)$$

外墙块料墙面工程量 ：

$$S=(18.24+9.24)\times2\times(7.02+0.03)-1.5\times1.5\times24-1.2\times2.5=330.47(m^2)$$

内墙裙刷喷涂料工程量：

$$S=166.80(m^2)$$

内墙面刷喷涂料工程量：

$$S=357.38(m^2)$$

楼梯底面及天棚面刷喷涂料工程量：

$$S=311.27+9=320.27(m^2)$$

【综合训练 9】某工程砖混结构平面图和剖面图如图 5-63 所示。其中，①号房间内墙面做假面砖装饰，120 mm 踢脚板；②号房间内墙面做法：120 mm 高踢脚板，墙面 30

mm×40 mm 木龙骨双向450 mm×450 mm，五合板基层，10 mm 厚白色防火板面层，木龙骨和五合板刷防火漆 2 遍，防火板与顶棚交接处有 38 mm×38 mm 的木装饰压角线，压角线刷酚醛清漆 2 遍，门窗洞口侧面宽 100 mm。试编制装饰工程工程量清单。

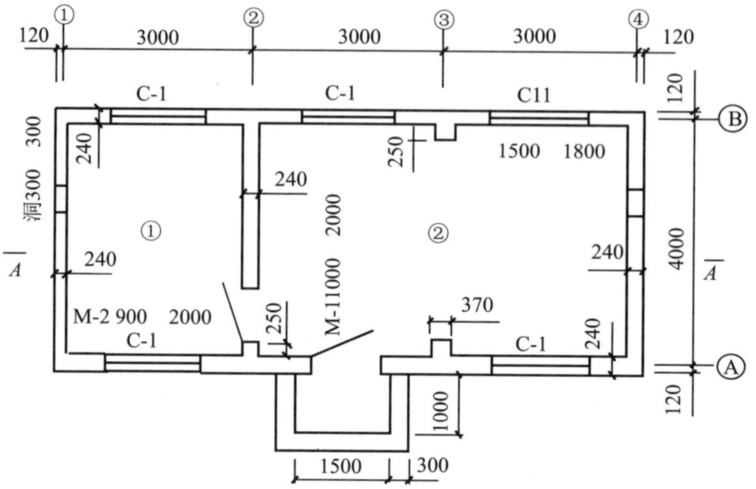

(a) 某工程平面图

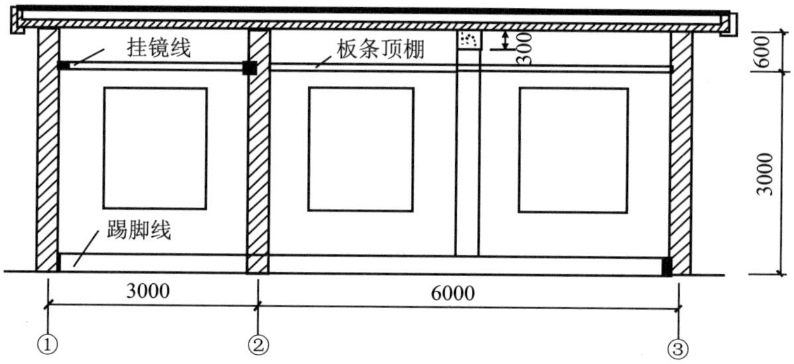

(b) A—A剖面图

图 5-63 砖混结构平面图及剖面图

解：

①号房间假面砖墙面（即混合砂浆墙面）工程量：

$$S_1=(3-0.24+4-0.24)\times2\times3-0.9\times2-1.5\times1.8\times2=31.92(\text{m}^2)$$

②号房间防火板墙面工程量：

$$S_2=(6-0.24+4-0.24+0.25\times2)\times2\times(3-0.12)-1\times2-0.9\times2-1.5\times1.8\times3+(2\times2+0.1)\times0.1+(2\times2+0.9)\times0.1+(1.5+1.8)\times2\times0.1\times3=48.70(\text{m}^2)$$

38 mm×38 mm 木装饰压角线工程量：

$$L=(6-0.24+4-0.24+0.25\times2)\times2=20.04(\text{m})$$

木龙骨、五合板刷防火漆工程量：48.70(m^2)

木装饰压角线刷酚醛清漆工程量：20.04(m)

【**综合训练 10**】木骨架半玻隔墙示意图如图 5-64 所示，木骨架间距为 500 mm×800 mm，断面尺寸为 45 mm×60 mm，玻璃采用 4 mm 厚磨砂玻璃，门扇为胶合板无玻门扇，面板采用装饰三合板，木骨架及门扇刷硝基清漆 8 遍，磨退出光。下部砖墙为 M5 混合砂浆砌筑 240 mm 墙，双面贴 300 mm×200 mm 瓷片，这种隔断共 10 道。试编制装饰工程工程量清单。

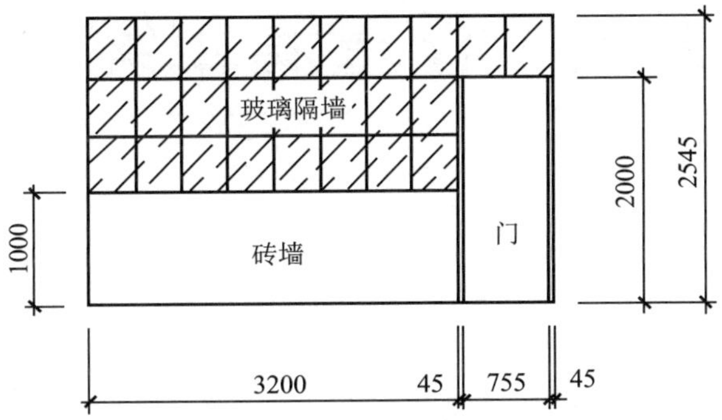

图 5-64　木骨架半玻隔墙示意图

解：

块料墙面工程量：

$$S=(1.0\times3.2\times2+0.24\times1.0+0.24\times3.2)\times10=74.08(\text{m}^2)$$

半玻隔墙工程量：

$$S=[(3.2+0.045+0.755+0.045)\times2.545-3.2\times1.0-0.755\times2.0]\times10=55.85(\text{m}^2)$$

胶合板门工程量：10 樘

门油漆工程量：10 樘

木骨架油漆工程量：$S=55.85(\text{m}^2)$

单元六 建筑工程工程量清单编制

知识目标 1.了解清单规范实施的意义及清单规范的专业划分；
2.理解工程量清单的构成及含义；
3.了解施工图的识读方法；
4.熟悉工程量计算规范；
5.掌握工程量计算规则。

能力目标 1.能够对给定的案例进行识读；
2.能解释工程量计算规则；
3.能够熟练计算所提供的实际案例的工程量。

项目一 工程量清单计价及工程量计算规范

工程量清单的定义、分类、适用范围

工程量清单是载明建设工程分部分项工程项目、措施项目、其他项目的名称和相应数量以及规费和税金项目等内容的明细清单。其中由招标人根据国家标准、招标文件、设计文件以及施工现场实际情况编制的称为招标工程量清单，而作为投标文件组成部分的已标明价格并经承包人确认的称为已标价工程量清单。招标工程量清单应由具有编制能力的招标人或受其委托，具有相应资质的工程造价咨询人或招标代理人编制。采用工程量清单方式招标时，招标工程量清单必须作为招标文件的组成部分，其准确性和完整性由招标人负责。招标工程量清单应以单位（项）工程为单位编制，由分部分项工程项目清单、措施项目清单、其他项目清单、规费项目清单和税金项目清单组成。

一、工程量清单计价的适用范围

清单计价规范适用于建设工程发承包及其实施阶段的计价活动。使用国有资金投资的建设工程发承包，必须采用工程量清单计价；非国有资金投资的建设工程，宜采用工程量清单计价。不采用工程量清单计价的建设工程，应执行计价规范中除工程量清单等专门性规定外的其他规定。

国有资金投资的项目包括全部使用国有资金（含国家融资资金）投资或国有资金投资为主的工程建设项目。

国有资金（含国家融资资金）为主的工程建设项目是指国有资金占投资总额50%以上，或虽不足50%但国有投资者实质上拥有控股权的工程建设项目。

1.国有资金投资的工程建设项目

（1）使用各级财政预算资金的项目；

（2）使用纳入财政管理的各种政府性专项建设资金的项目；

（3）使用国有企事业单位自有资金，并且国有资产投资者实际拥有控制权的项目。

2.国家融资资金投资的工程建设项目

（1）使用国家发行债券所筹资金的项目；

（2）使用国家对外借款或者担保所筹资金的项目；

（3）使用国家政策性贷款的项目；

（4）国家授权投资主体融资的项目；

（5）国家特许的融资项目。

二、工程量清单计价的作用

1.提供一个平等的竞争条件

采用施工图预算来投标报价，由于设计图纸的缺陷，不同施工企业的人员理解不一，计算出的工程量也不同，报价就更相去甚远，也容易产生纠纷。而工程量清单报价就为投标者提供了一个平等竞争的条件，相同的工程量，由企业根据自身的实力来填报不同的单价。投标人的这种自主报价，使得企业的优势体现到投标报价中，可在一定程度上规范建筑市场秩序，确保工程质量。

2.满足市场经济条件下竞争的需要

招投标过程就是竞争的过程，招标人提供工程量清单，投标人根据自身情况确定综合单价，利用单价与工程量逐项计算每个项目的合价，再分别填入工程量清单表内，计算出投标总价。单价成了决定性的因素，定高了不能中标，定低了又要承担过大的风险。单价的高低直接取决于企业管理水平和技术水平的高低，这种局面促成了企业整体实力的竞争，有利于我国建设市场的快速发展。

3.有利于提高工程计价效率，真正实现快速报价

采用工程量清单计价方式，避免了传统计价方式下招标人与投标人之间在工程量计算上的重复工作。各投标人以招标人提供的工程量清单为统一平台，结合自身的管理水平和施工方案进行报价，促进了各投标人企业定额的完善和工程造价信息的积累和整理，体现了现代工程建设中快速报价的要求。

4.有利于工程款的拨付和工程造价的最终结算

中标后，招标人要与中标单位签订施工合同，中标价就是确定合同价的基础，投标清

单上的单价就成了拨付工程款的依据。招标人根据施工企业完成的工程量，可以很容易地确定进度款的拨付额。工程竣工后，根据设计变更、工程量增减等，招标人也很容易确定工程的最终造价，可在某种程度上减少与施工单位之间的纠纷。

5.有利于招标人对投资的控制

采用现在的施工图预算形式，招标人对因设计变更、工程量的增减所引起的工程造价变化不敏感，往往等到竣工结算时才知道这些变化对项目投资的影响有多大，但此时常常为时已晚。而采用工程量清单报价的方式则可对投资变化一目了然，在要进行设计变更时，能马上知道它对工程造价的影响，招标人就能根据投资情况来决定是否变更或进行方案比较，以决定最恰当的处理方法。

三、分部分项工程项目清单

分部分项工程量清单及其编制

分部分项工程是“分部工程”和“分项工程”的总称。“分部工程”是单位工程的组成部分，系按结构部位、路段长度及施工特点或施工任务将单位工程划分为若干分部的工程。例如，砌筑工程分为砖砌体、砌块砌体、石砌体、垫层分部工程。“分项工程”是分部工程的组成部分，系按不同施工方法、材料、工序及路段长度等分部工程划分为若干个分项或项目的工程。例如砖砌体分为砖基础、砖砌挖孔桩护壁、实心砖墙、多孔砖墙、空心砖墙、空斗墙、空花墙、填充墙、实心砖柱、多孔砖柱、砖检查井、零星砌砖、砖散水、砖地坪、砖地沟、砖明沟等分项工程。

分部分项工程项目清单必须载明项目编码、项目名称、项目特征、计量单位和工程量。分部分项工程项目清单必须根据各专业工程工程量计算规范规定的项目编码、项目名称、项目特征、计量单位和工程量计算规则进行编制，其格式如表 6-1 所示。在分部分项工程项目清单的编制过程中，由招标人负责前六项内容的填列，金额部分在编制招标控制价或投标报价时填列。

表 6-1　分部分项工程和单价措施项目清单与计价表

工程名称：　　　　标段：　　　　第　　页　共　　页

序号	项目编码	项目名称	项目特征	计量单位	工程量	金额		
						综合单价	合价	其中：暂估价

注：为计取规费等的使用，可在表中增设“定额人工费”。

1.项目编码

项目编码是分部分项工程和措施项目清单名称的阿拉伯数字标识。清单项目编码以五级编码设置，用十二位阿拉伯数字表示。一至四级编码为全国统一，即一至九位应按工程量计算规范附录的规定设置；第五级即十至十二位为清单项目编码，应根据拟建工程的工程量清单项目名称和项目特征设置，不得有重号，这三位清单项目编码由招标人针对招标工程项目具体编制，并应自 001 起顺序编制。

各级编码代表的含义如下：

(1)第一级表示专业工程代码(分二位)；

(2)第二级表示附录分类顺序码(分二位);

(3)第三级表示分部工程顺序码(分二位);

(4)第四级表示分项工程项目顺序码(分三位);

(5)第五级表示工程量清单项目顺序码(分三位)。

当同一标段(或合同段)的一份工程量清单中含有多个单位工程且工程量清单是以单位工程为编制对象时,在编制工程量清单时应特别注意,项目编码十至十二位的设置不得有重码。例如一个标段(或合同段)的工程量清单中含有三个单位工程,每一单位工程中都有项目特征相同的实心砖墙砌体,在工程量清单中又需反映三个不同单位工程的实心砖墙砌体工程量时,则第一个单位工程的实心砖墙的项目编码应为010401003001,第二个单位工程的实心砖墙的项目编码应为010401003002,第三个单位工程的实心砖墙的项目编码应为010401003003,并分别列出各单位工程实心砖墙的工程量。

2.项目名称

分部分项工程项目清单的项目名称应按各专业工程量计算规范附录的项目名称结合拟建工程的实际确定。附录表中的“项目名称”为分项工程项目名称,是形成分部分项工程项目清单项目名称的基础,即在编制分部分项工程项目清单时,要以附录中的分项工程项目名称为基础,考虑该项目的规格、型号、材质等特种要求,结合拟建工程的实际情况,使其工程量清单项目名称具体化、细化,以反映影响工程造价的主要因素。例如“门窗工程”中的“特种门”应区分“冷藏门”“冷冻闸门”“保温门”“变电室门”“隔音门”“防射线门”“人防门”“金库门”等。清单项目名称应表达详细、准确,各专业工程量计算规范中的分项工程项目名称如有缺陷,招标人可作补充,并报当地工程造价管理机构(省级)备案。

3.项目特征

项目特征是构成分部分项工程项目、措施项目自身价值的本质特征。项目特征是对项目的准确描述,是确定一个清单项目综合单价不可缺少的重要依据,是区分清单项目的依据,是履行合同义务的基础。分部分项工程项目清单的项目特征应按各专业工程工程量计算规范附录中规定的项目特征,结合技术规范、标准,图集、施工图纸,按照工程结构、使用材质及规格或安装位置等,予以详细而准确的表述和说明。凡项目特征中未描述到的其他独有特征,由清单编制人视项目具体情况确定,以准确描述清单项目为准。

在各专业工程工程量计算规范附录中还有关于各清单项目“工程内容”的描述。工程内容是指完成清单项目可能发生的具体工作和操作程序,但应注意的是,在编制分部分项工程项目清单时,工程内容通常无须描述,因为在工程量计算规范中,工程量清单项目与工程量计算规则、工程内容有一一对应的关系,当采用工程量计算规范这一标准时,工程内容均有规定。

4.计量单位

计量单位应采用基本单位,除各专业另有特殊规定外均按以下单位计量:

(1)以质量计算的项目,吨或千克(t或kg);

(2)以体积计算的项目,立方米(m^3);

(3)以面积计算的项目,平方米(m^2);

(4)以长度计算的项目,米(m);

(5)以自然计量单位计算的项目,个、套、块、樘、组、台……

(6)没有具体数量的项目,宗、项……

各专业有特殊计量单位的,再另外加以说明,当计量单位有两个或两个以上时,应根据所编工程量清单项目的特征要求,选择最适宜表现该项目特征并方便计量的单位。

例如:门窗工程计量有"樘""m^2"两个计量单位,实际工作中,就应选择最适宜、最方便计量和组价的单位来表示。

计量单位的有效位数应遵守下列规定:

(1)以"t"为单位,应保留三位小数,第四位小数四舍五入。

(2)以"m^3""m^2""m""kg"为单位,应保留两位小数,第三位小数四舍五入。

(3)以"个""项"等为单位,应取整数。

5.工程数量的计算

工程数量主要通过工程量计算规则计算得到。工程量计算规则是指对清单项目工程量计算的规定。除另有说明外,所有清单项目的工程量应以实体工程量为准,并以完成后的净值计算。投标人在投标报价时,应在单价中考虑施工中的各种损耗和需要增加的工程量。

根据工程量清单计价与工程量计算规范的规定,工程量计算规则可以分为房屋建筑与装饰工程、仿古建筑工程、通用安装工程、市政工程、园林绿化工程、构筑物工程、矿山工程、城市轨道交通工程、爆破工程等9大类。

以房屋建筑与装饰工程为例,其工程量计算规范中规定的分类项目包括土石方工程,地基处理与边坡防护工程,桩基工程,砌筑工程,混凝土及钢筋混凝土工程,金属结构工程,木结构工程,门窗工程,屋面及防水工程,保温、隔热、防腐工程,楼地面装饰工程,墙、柱面装饰与隔断、幕墙工程,天棚工程,油漆、涂料、裱糊工程,其他装饰工程,拆除工程,措施项目等,计算规范中分别制定了它们的项目的设置和工程量计算规则。

随着工程建设中新材料、新技术、新工艺等的不断涌现,工程量计算规范附录所列的工程量清单项目不可能包含所有项目。在编制工程量清单时,当出现工程量计算规范附录中未包括的清单项目时,编制人应做补充。在编制补充项目时应注意以下三个方面。

(1)补充项目的编码应按工程量计算规范的规定确定。具体做法如下:补充项目的编码由工程量计算规范的代码与B和三位阿拉伯数字组成,并应从001起顺序编制,例如房屋建筑与装饰工程如需补充项目,则其编码应从01B001开始起顺序编制,同一招标工程的项目不得重码。

(2)在工程量清单中应附补充项目的项目名称、项目特征、计量单位、工程量计算规则和工作内容。

(3)将编制的补充项目报省级或行业工程造价管理机构备案。

四、措施项目清单

1.措施项目列项

措施项目是指为完成工程项目施工，发生于该工程施工准备和施工过程中的技术、生活、安全、环境保护等方面的项目。

措施项目清单应根据相关工程现行工程量计算规范的规定编制，并应根据拟建工程的实际情况列项。例如，《房屋建筑与装饰工程工程量计算规范》中规定的措施项目，包括脚手架工程，混凝土模板及支架（撑），垂直运输，超高施工增加，大型机械设备进出场及安拆，施工排水、降水，安全文明施工及其他措施项目。

2.措施项目清单的格式

措施项目费用的发生与使用时间、施工方法或者两个以上的工序相关，如安全文明施工，夜间施工，非夜间施工照明，二次搬运，冬雨季施工，地上、地下设施和建筑物的临时保护设施，已完工程及设备保护等。但是有些措施项目则是可以计算工程量的项目，如脚手架工程，混凝土模板及支架（撑），垂直运输，超高施工增加，大型机械设备进出场及安拆，施工排水、降水等，这类措施项目按照分部分项工程项目清单的方式采用综合单价计价，更有利于措施费的确定和调整。措施项目中可以计算工程量的项目（单价措施项目）宜采用分部分项工程项目清单的方式编制，列出项目编码、项目名称、项目特征、计量单位和工程量（如表6-1所示）；不能计算工程量的项目（总价措施项目），以“项”为计量单位进行编制（如表6-2所示）。

表6-2　总价措施项目清单与计价表

工程名称：　　　　　　　　　　标段：　　　　　　　　　　第　　页　共　　页

序号	项目编码	项目名称	计算基础	费率/%	金额/元	调整费率/%	调整后金额/元	备注
		安全文明施工费						
		夜间施工增加费						
		二次搬运费						
		冬雨季施工增加费						
		已完工程及设备保护费						
合计								

编制人（造价人员）：　　　　　　　　　　复核人（造价工程师）：

注：1.“计算基础”中的“安全文明施工费”可为“定额基价”“定额人工费”或“定额人工费+定额施工机具使用费”，其他项目可为“定额人工费”或“定额人工费+定额施工机具使用费”。

2.按施工方案计算的措施费，若无“计算基础”和“费率”的数值，也可只填“金额”数值，但应在备注栏说明施工方案出处或计算方法。

措施项目清单的编制需考虑多种因素，除工程本身的因素外，还涉及水文、气象、环境、安全等因素。措施项目清单应根据拟建工程的实际情况列项。若出现工程量计算规范中未列的项目，可根据工程实际情况补充。

措施项目清单的编制依据主要有：

(1)施工现场情况、地勘水文资料、工程特点；

(2)常规施工方案；

(3)与建设工程有关的标准、规范、技术资料；

(4)拟定的招标文件；

(5)建设工程设计文件及相关资料。

五、其他项目清单

其他项目清单是指除分部分项工程项目清单、措施项目清单所包含的内容以外，因招标人的特殊要求而发生的与拟建工程有关的其他费用项目和相应数量的清单。工程建设标准的高低、工程的复杂程度、工程的工期长短、工程的组成内容、发包人对工程管理的要求等都直接影响其他项目清单的具体内容。其他项目清单包括暂列金额，暂估价[包括材料(工程设备)暂估单价、专业工程暂估价]、计日工、总承包服务费等。其他项目清单宜按照表 6-3 的格式编制，出现未包含在表格中内容的项目，可根据工程实际情况补充。

表 6-3　其他项目清单与计价表

工程名称：　　　　　　　　　　标段：　　　　　　　　　　第　　页 共　　页

序号	项目名称	金额/元	结算金额/元	备注
1	暂列金额			
2	暂估价			
2.1	材料(工程设备)暂估单价/结算价			
2.2	专业工程暂估价/结算价			
3	计日工			
4	总承包服务费			
5	索赔与现场签证			
	合计			

注：材料(工程设备)暂估单价进入清单项目综合单价，此处不汇总。

1.暂列金额

暂列金额

暂列金额是招标人在工程量清单中暂定并包括在合同价款中的一笔款项，用于工程合同签订时尚未确定或者不可预见的所需材料、工程设备、服务的采购，施工中可能发生的工程变更、合同约定调整因素出现时的合同价款调整，以及发生的索赔、现场签证确认等的费用。不管采用何种合同形式，其理想的标准是，一份合同的价格就是其最终的竣工结算价格，或者至少两者应尽可能接近。我国规定对政府投资工程实行概算管理，经项目审批部门批复的设计概算是工程投资控制的刚性指标，即使商业性开发项目也有成本的预先控制问题，否则，无法相对准确预测投资的收益和科学合理地进行投资控制。但工程建设自身的特性决定了工程的设计需要根据工程进展不断地进行优化和调整，业主需求可能会随工程建设进展出现变化，工程建设过程还会存在一些不能预见、不能确定的因素。消化这些因素必然会影响合同价格的调整，暂列金额正是因这类不可避免的价格调整而设立的，以便达到合理确定和有效控制工程造价的目标。设立暂列金额并不能保证合同结算价格就不会再出现超过合同价格的情况，是否超出合同价格完全取决于工程量清单编制人对暂列金额预测的准确性，以及工程建设过程是否出现了其他事先未预测到的事件。

暂列金额应根据工程特点，按有关计价规定估算。暂列金额可按照表 6-4 的格式列示。

表 6-4　暂列金额明细表

工程名称：　　　　　　　　　标段：　　　　　　　　　第　　页 共　　页

序号	项目名称	计量单位	暂定金额/元	备注
1				
2				
3				
合计				

注：此表由招标人填写，如不能详列，也可只列暂定金额总额，投标人应将上述暂列金额计入投标总价中。

2.暂估价

暂估价

暂估价是指招标人在工程量清单中提供的用于支付必然发生但暂时不能确定价格的材料、工程设备的单价以及专业工程的金额，包括材料暂估单价、工程设备暂估单价和专业工程暂估价；暂估价类似于 FIDIC 合同条款中的 Prime Cost Items，在招标阶段预见肯定要发生，只是因为标准不明确或者需要由专业承包人完成，暂时无法确定价格。暂估价数量和拟用项目应当结合工程量清单中的“暂估价表”予以补充说明。为方便合同管理，需要纳入分部分项工程项目清单综合单价中的暂估价应只是材料、工程设备暂估单价，以方便投标人组价。

专业工程的暂估价一般应是综合暂估价，包括人工费、材料费、施工机具使用费、企业管理费和利润，不包括规费和税金。总承包招标时，专业工程设计深度往往是不够的，一般需要交由专业设计人员设计，在国际社会，出于对提高可建造性的考虑，一般由专业承包人负责设计，以发挥其专业技能和专业施工经验的优势。这类专业工程交由专业分包人完成，在国际工程施工中已有良好实践，目前在我国工程建设领域也已经比较普遍。公开透明地合理确定这类暂估价的实际金额的最佳途径，就是通过施工总承包人与工程建设项目招标人共同组织的招标。

暂估价中的材料、工程设备暂估单价应根据工程造价信息或参照市场价格估算，列出明细表；专业工程暂估价应分不同专业，按有关计价规定估算，列出明细表。暂估价可按照表6-5、表6-6的格式列示。

表6-5 材料(工程设备)暂估单价及调整表

工程名称： 标段： 第 页 共 页

序号	材料(工程设备)名称、规格、型号	计量单位	数量		暂估/元		确认/元		差额±/元		备注
			暂估	确认	单价	合价	单价	合价	单价	合价	
合计											

注：此表由招标人填写“暂估单价”，并在备注栏说明暂估价的材料、工程设备拟用在哪些清单项目上，投标人应将上述材料、工程设备暂估价计入工程量清单综合单价报价中。

表6-6 专业工程暂估价及结算价表

工程名称： 标段： 第 页 共 页

序号	工程名称	工程内容	暂估金额/元	结算金额/元	差额/元	备注
合计						

注：此表“暂估金额”由招标人填写，投标人应将“暂估金额”计入投标总价中。结算时，按合同约定结算金额填写。

3.计日工

在施工过程中，承包人完成发包人提出的工程合同范围以外的零星项目或工作，按合同中约定的单价计价的一种方式。计日工是为了解决现场发生的零星工作的计价而设立的。国际上常见的标准合同条款中，大多数都设立了计日工计价机制。计日工对完成零星工作所消耗的人工工日、材料数量、施工机具台班进行计量，并按照计日工表中填报的适用项目的单价进行计价支付。计日工适用的所谓零星项目或工作一般是指合同约定之外的或者因变更而产生的、工程量清单中没有相应项目的额外工作，尤其是那些难以事先商定价格的额外工作。

计日工应列出项目名称、计量单位和暂估数量，可按照表6-7的格式列示。

表 6-7　计日工表

工程名称：　　　　　　　　标段：　　　　　　　　第　　页　共　　页

编号	项目名称	计量单位	暂估数量	实际数量	综合单价/元	合价/元	
						暂定	实际
一	人工						
1							
2							
人工小计							
二	材料						
1							
2							
材料小计							
三	施工机具						
1							
2							
施工机具小计							
四	企业管理费和利润						
总计							

注：此表项目名称、暂估数量由招标人填写，编制招标控制价时，单价由招标人按有关计价规定确定；投标时，单价由投标人自主报价，按暂估数量计算合价计入投标总价中。结算时，按发承包双方确认的实际数量计算合价。

4.总承包服务费

总承包服务费是指总承包人为配合协调发包人进行的专业工程发包，对发包人自行采购的材料、工程设备等进行保管以及施工现场管理、竣工资料汇总整理等服务所需的费用。招标人应预计该项费用并按投标人的投标报价向投标人支付该项费用。

总承包服务费应列出服务项目及其内容等。总承包服务费按照表 6-8 的格式列示。

表 6-8 总承包服务费计价表

工程名称： 标段： 第 页 共 页

序号	项目名称	项目价值/元	服务内容	计算基础	费率/%	金额/元
1	发包人发包专业工程					
2	发包人提供材料					
…						
	合计					

注：此表项目名称、服务内容由招标人填写。编制招标控制价时，费率及金额由招标人按有关计价规定确定；投标时，费率及金额由投标人自主报价，计入投标总价中。

六、规费、税金项目清单

规费项目清单应按照下列内容列项：社会保险费，包括养老保险费、失业保险费、医疗保险费、工伤保险费、生育保险费；住房公积金；工程排污费；出现计价规范中未列的项目，应根据省级政府或省级有关权力部门的规定列项。

税金项目清单应包括增值税，出现计价规范未列的项目，应根据税务部门的规定列项。规费、税金项目计价如表 6-9 所示。

表 6-9 规费、税金项目计价表

工程名称： 标段： 第 页 共 页

序号	项目名称	计算基础	计算基数	费率/%	金额/元
1	规费	定额人工费			
1.1	社会保险费	定额人工费			
(1)	养老保险费	定额人工费			
(2)	失业保险费	定额人工费			
(3)	医疗保险费	定额人工费			
(4)	工伤保险费	定额人工费			
(5)	生育保险费	定额人工费			
1.2	住房公积金	定额人工费			
1.3	工程排污费	按工程所在地环境保护部门规定收取标准，按实计入			
2	税金（增值税）	人工费+材料费+施工机具使用费+企业管理费+利润+规费			
合计					

编制人（造价人员）： 复核人（造价工程师）：

项目二　房屋建筑工程工程量清单编制实例

接待室工程施工图设计说明

（1）结构类型及标高：本工程为某单位砖混结构接待室工程，室内工程标高±0.000 m，室外地坪标高-0.300 m。

（2）基础：M5 水泥砂浆砌砖基础，C20 混凝土基础垫层 200 mm 厚，于-0.060 m 处做 1∶2水泥砂浆防潮层（加 6%防水粉）20 mm 厚。

（3）墙、柱：M5 混合砂浆砌砖墙、砖柱。

（4）地面：素土夯实，C10 混凝土地面垫层 60 mm 厚，面铺 400 mm×400 mm×10 mm 浅色地砖，1∶2水泥砂浆黏结层 20 mm 厚，1∶2水泥砂浆贴瓷砖踢脚线 150 mm 高。

（5）屋面：预制空心板屋面 1∶3水泥砂浆找平层 30 mm 厚，C20 混凝土刚性屋面 40 mm厚，1∶2水泥砂浆防水层 20 mm 厚（加 6%防水粉）。

（6）台阶、散水：C10 混凝土基层，1∶2水泥石子浆 15 mm 厚水磨石台阶，C10 混凝土散水 60 mm 厚，沥青砂浆塞伸缩缝。

（7）抹灰：内墙抹面，1∶0.3∶3混合砂浆底 18 mm 厚，1∶0.3∶3混合砂浆面 8 mm 厚，面满刮腻子 2 遍，刷乳胶漆 2 遍；天棚面混合砂浆抹面，1∶0.3∶3混合砂浆底 12 mm 厚，1∶0.3∶3混合砂浆面 5 mm 厚，面满刮腻子 2 遍，刷乳胶漆 2 遍。

外墙面、梁柱面水刷石，1∶2.5 水泥砂浆底 15 mm 厚，1∶2水泥石子浆面 10 mm 厚。

（8）门窗：见表 6-10。

（9）现浇构件：圈梁 C20 混凝土，钢筋 HPB235 Φ 12——116.80 m，钢筋 HPB235 Φ 6.5——122.64 m，矩形梁 C20 混凝土，HRB335 Φ 14——18.41 kg，HPB235 Φ 12——9.02 kg，HPB235 Φ 6.5——8.70 kg。

（10）预制构件：预应力空心板，C30 混凝土，单件体积及钢筋质量为 YKB3962——0.164 m^3/块、6.57 kg/块（CRB650 Φ 4），YKB3362——0.139 m^3/块、4.50 kg/块（CRB650 Φ 4），YKB3062——0.126 m^3/块、3.83 kg/块（CRB650 Φ 4）。

接待室工程相应图例见图 6-1～图 6-6，工程量计算见表 6-11，分部分项工程量清单与计价见表 6-12。

表 6-10　门窗表

名称	编号	洞口尺寸/mm		框外围尺寸/mm		数量/个
		宽	高	宽	高	
门	M-1	900	2400	880	2390	3
	M-2	900	2400	880	2390	1
窗	C-2	1100	1500	1080	1480	1
	C-1	1500	1500	1480	1480	6

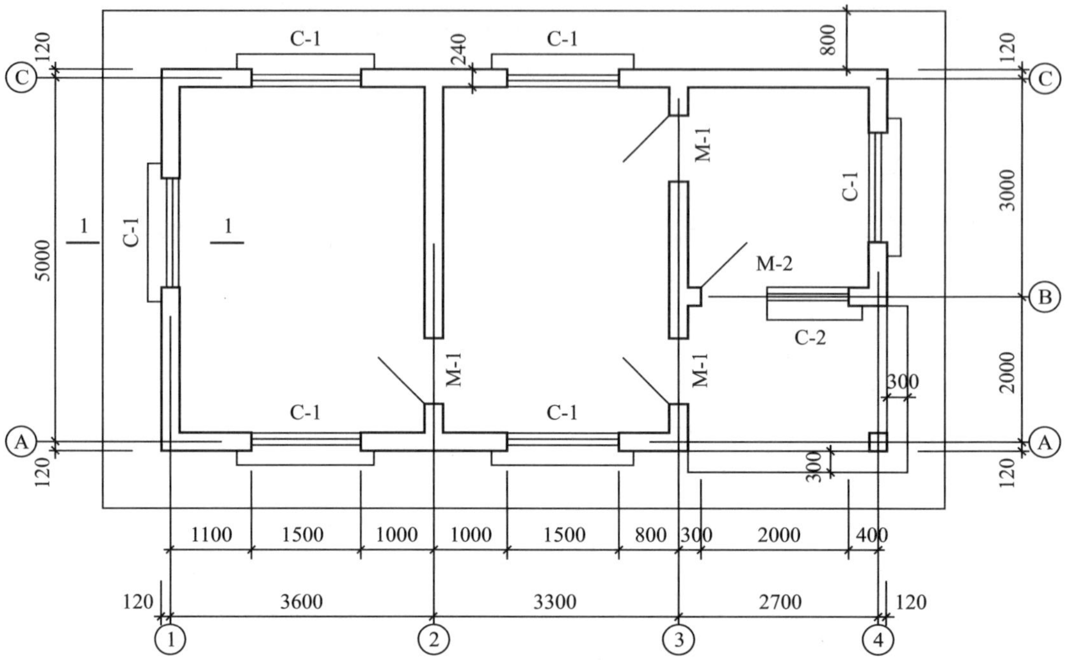

C-1
C-1
C-1
C-1
C-1
C-1
M-1
M-1
M-1
M-2
C-2
1
1
120
240
800
5000
3000
2000
300
300
1100
1500
1000
1000
1500
800
300
2000
400
120
3600
3300
2700
120
1
2
3
4
A
B
C

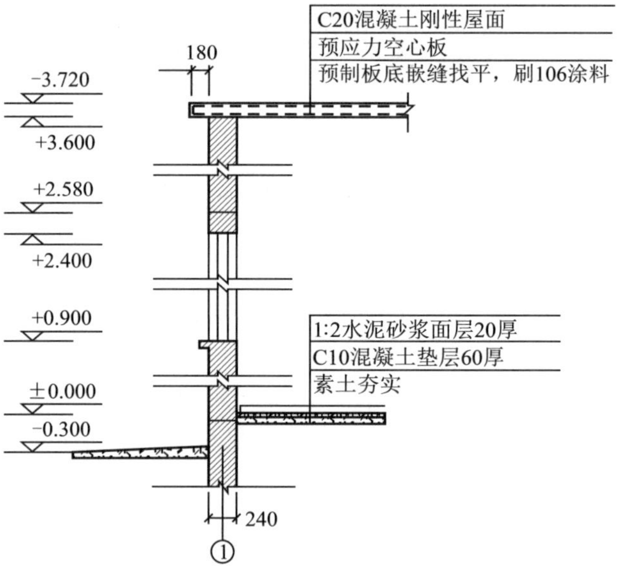

C20混凝土刚性屋面
预应力空心板
预制板底嵌缝找平，刷106涂料
180
−3.720
+3.600
+2.580
+2.400
+0.900
±0.000
−0.300
1:2水泥砂浆面层20厚
C10混凝土垫层60厚
素土夯实
240
1

1—1

图 6-1　平面图

图 6-2　①~④立面图

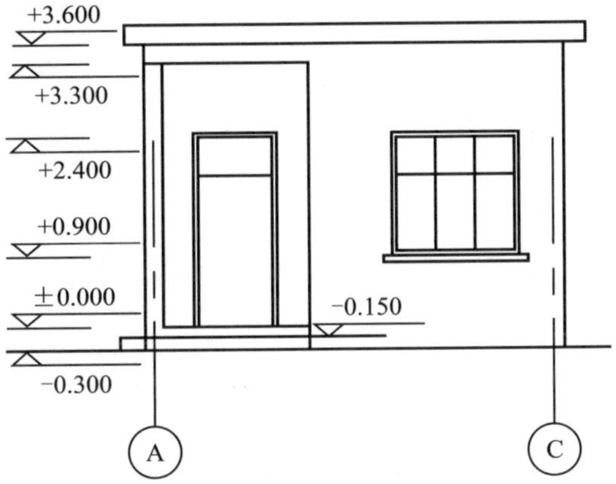

图 6-3　Ⓐ~Ⓒ立面图

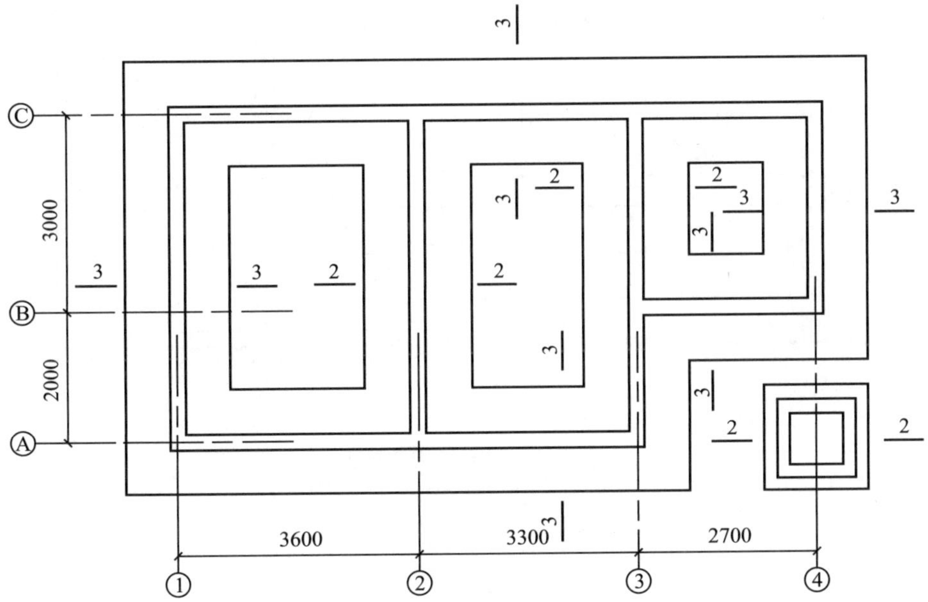

图 6-4　基础平面图

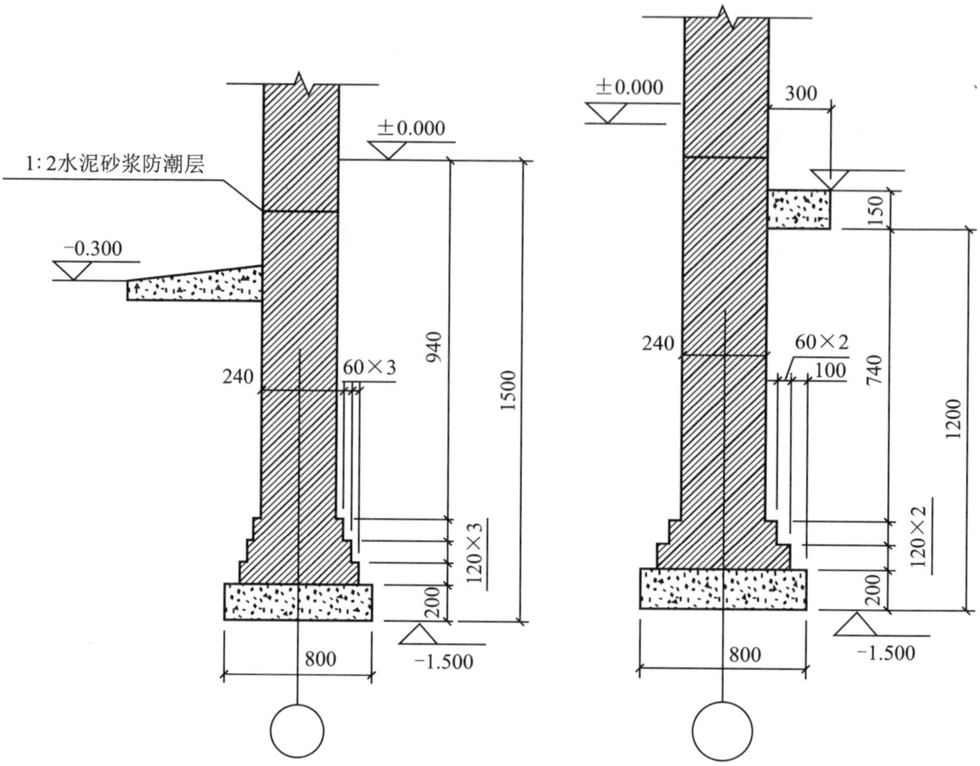

1—1　　　　2—2

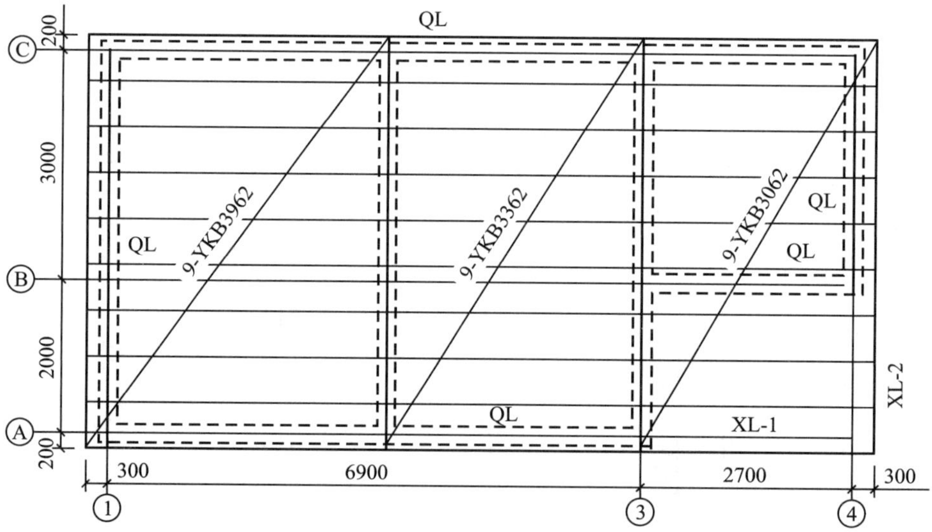

图 6-5　屋面结构布置图

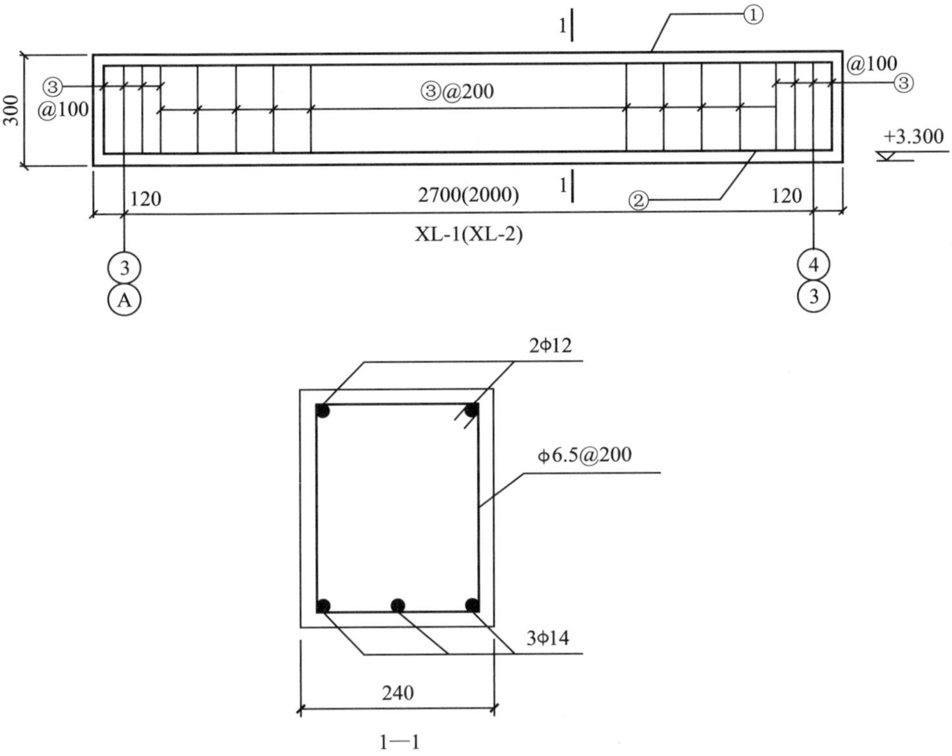

图 6-6　矩形梁结构图

表 6-11　工程量计算(清单)

序号	项目编码	项目名称	单位	工程数量	工程量计算式
1	略	平整场地	m^2	46.16	平整场地 =(5.0+0.24)×(3.60+3.30+2.70+0.24)−2×2.7 =46.16(m^2)
2	略	挖基础土方(墙基)	m^3	34.18	1.清单工程量 基础垫层底面积 =[(5.0+9.6)×2+(5.0−0.8)+(3.0−0.8)]×0.8 =(29.2+4.2+2.2)×0.8 =35.60×0.8=28.48(m^2) 基础土方=28.48×1.2=34.18(m^3) 2.计价工程量 基础土方(工作面 300 mm,不放坡) =[(5.0+9.6)×2+(5.0−0.8−0.3×2)+(3.0−0.8−0.3×2)]×(0.8+0.3×2)×(1.50−0.30) =(29.2+3.6+1.6)×1.40×1.20=57.79(m^3) 土方外运:7.78 m^3　　运距:5 km

续表 6-11

序号	项目编码	项目名称	单位	工程数量	工程量计算式
3	略	挖基础土方（柱基）	m^3	0.77	1.清单工程量 基础垫层底面积＝0.8×0.8＝0.64（m^2） 基础土方＝0.64×1.2＝0.77（m^3） 2.计价工程量 基础土方（工作面 300 mm，不放坡） ＝（0.80+0.30×2）×（0.80+0.30×2）×1.20 ＝2.35（m^3） 土方外运：2.35 m^3　　运距：5 km
4	略	土方回填（基础）	m^3	16.70	1.清单工程量 土方回填＝挖方体积－室外地坪以下基础体积 ＝34.18+0.77－15.08+36.72×0.24×0.30+0.30×0.24×0.24－（28.48+0.64）×0.2 ＝34.18+0.77－15.08+2.64+0.017－5.842 ＝16.70（m^3） 2.计价工程量 土方回填＝挖方体积－室外地坪以下基础体积 ＝57.79+2.35－15.08+36.72×0.24×0.30+0.24×0.24×0.30－5.82（垫层） ＝41.90（m^3）
5	略	土方回填（室内）	m^3	7.10	土方回填＝主墙间净面积×回填厚度＝（建筑面积－墙面积）×回填厚度 ＝（46.16－36.72×0.24）×（0.3－0.08－0.02－0.01） ＝7.10（m^3）
6	略	砖基础	m^3	15.08	砖墙基础＝（29.20+5.0－0.24+3.0－0.24）×［（1.50－0.20）×0.24+0.007875×12］＝36.72×（1.30×0.24+0.0945）＝36.72×0.4065＝14.93（m^3） 砖柱基础＝［（0.24+0.0625×4）×（0.24+0.0625×4）+（0.24+0.0625×2）×（0.24+0.0625×2）］×0.126×2+（1.50－0.20－0.126×2）×0.24×0.24 ＝（0.24+0.133）×0.252+0.06＝0.094+0.06 ＝0.15（m^3） 小计：14.93+0.15＝15.08（m^3）

续表 6-11

序号	项目编码	项目名称	单位	工程数量	工程量计算式
7	略	实心砖墙	m^3	26.31	实心砖墙 =(墙长×墙高-门窗面积)×墙厚-圈梁体积 =(36.72×3.60-0.9×2.40-1.50×1.50×6-1.10×1.50)×0.24-29.20×0.18×0.24 =(132.19-2.16-13.50-1.65)×0.24-1.26 =114.88×0.24-1.26 =26.31(m^3)
8	略	实心砖柱	m^3	0.19	实心砖柱 =柱断面×柱高=0.24×0.24×3.30 =0.19(m^3)
9	略	垫层	m^3	5.82	垫层 =[(5.0+9.60)×2+(5.0-0.80)+(3.0-0.80)]×0.80×0.20+0.80×0.80×0.20 =(29.20+6.40)×0.80×0.20+0.128 =5.82(m^3)
10	略	矩形梁	m^3	0.34	矩形梁=梁长×梁断面 =(2.70-0.12+2.0+0.12)×0.24×0.30 =0.34(m^3)
11	略	圈梁	m^3	1.26	圈梁=圈梁长×断面积 =29.20×0.18×0.24 =1.26(m^3)
12	略	散水、坡道	m^2	19.15	混凝土散水=散水长×散水宽-台阶面积 =(29.2+0.24)×0.80-2.7×0.80-(2+0.8)×0.8 =19.15(m^2) 伸缩缝沥青砂浆 墙根周长 =[5.0+0.24+0.30(台阶)+9.60+0.24+0.30(台阶)]×2 =31.36(m) 四角=0.80×1.414×4=4.52(m) AB 轴各加一道 0.80×2=1.60(m) 小计:37.48 m

续表 6-11

序号	项目编码	项目名称	单位	工程数量	工程量计算式
13	略	空心板	m^3	3.86	YKB3962:0.164×9=1.476(m^3) YKB3662:0.139×9=1.251(m^3) YKB3062:0.126×9=1.134(m^3) 小计:3.86 m^3
14	略	现浇混凝土钢筋	t	Φ 6.5:0.041	圈梁Φ 6.5:122.64×0.26=31.89(kg) 矩形梁Φ 6.5:8.70 kg 小计:40.59 kg
15	略	现浇混凝土钢筋	t	Φ 12:0.113 Φ 14:0.018	圈梁Φ 12:116.80×0.888=103.72(kg) 矩形梁Φ 12:9.02 kg 矩形梁Φ 14:18.41 kg 小计:Φ 12,112.74 kg;Φ 14,18.41 kg
16	略	先张法预应力钢筋	t	0.134	空心板钢筋:CRB650 Φ 4 YKB3962:6.57×9=59.13(kg) YKB3662:4.50×9=40.50(kg) YKB3062:3.83×9=34.47(kg) 小计:134.10 kg
17	略	屋面刚性防水	m^2	55.08	屋面刚性防水 =(5.0+0.2×2)×(9.60+0.3×2) = 5.40×10.2 =55.08(m^2)
18	略	砂浆防潮层	m^2	8.87	砂浆防潮层 =36.72×0.24+0.24×0.24 =8.87(m^2)

表 6-12 分部分项工程量清单与计价表

序号	项目编码	项目名称	项目特征	计量单位	工程量	金额/元	
						综合单价	合价
A.1 土石方工程							
1	略	平整场地	土壤类别三类土; 挖填就地找平	m^2	46.16		
2	略	挖基础土方	人工挖地槽 土壤类别:三类土; 基础类型:带形基础; 垫层底宽:800 mm; 挖土深度:1.20 m; 弃土运距:5 km	m^3	34.18		

续表 6-12

序号	项目编码	项目名称	项目特征描述	计量单位	工程量	金额/元	
						综合单价	合价
3	略	挖基础土方	人工挖地坑 土壤类别：三类土； 基础类型：独立基础； 底面积：0.64 m^2 挖土深度：1.20 m 弃土运距：5 km	m^3	0.77		
4	略	土方回填	人工基础回填土 土质要求：含砾石粉质黏土； 密实度要求：密实； 粒径要求：10~40 mm 砾石； 夯填：分层夯填； 运距：5 km	m^3	16.70		
5	略	土方回填	人工室内回填土 土质要求：含砾石粉质黏土； 密实度要求：密实； 粒径要求：10~40 mm 砾石； 夯填：分层夯填； 运距：5 km	m^3	7.10		
		分部小计					
A.3 砌筑工程							
6	略	砖基础	砖品种、规格、强度：MU10 烧结黏土砖，240 mm × 115 mm × 53 mm； 基础类型：带形基础； 基础深度：1200 mm； 水泥砂浆强度等级：M5	m^3	15.08		
7	略	实心砖墙	砖品种、规格、强度：MU7.5 烧结黏土砖，240 mm × 115 mm × 53 mm； 墙体类型：实砌标准外墙； 墙体厚度：240 mm； 墙体高度：3.60 m； 砂浆强度等级：混合 M5	m^3	26.31		

续表 6-12

序号	项目编码	项目名称	项目特征描述	计量单位	工程量	金额/元	
						综合单价	合价
8	略	实心砖柱	砖品种、规格、强度：MU7.5 烧结黏土砖，240 mm × 115 mm × 53 mm； 柱类型：标准砖柱； 柱截面：240 mm×240 mm； 柱高度：3.30 m； 砂浆强度等级：混合 M5	m^3	0.19		
		分部小计					
A.4 混凝土及钢筋混凝土工程							
9	略	垫层	混凝土强度等级：C20； 拌合料要求：中砂、5~20 mm 砾石	m^3	5.82		
10	略	矩形梁	混凝土强度等级：C20； 梁底标高：3.30 m； 梁截面：240 mm×300 mm； 现浇混凝土； 拌合料要求：中砂、5~20 mm 砾石	m^3	0.34		
11	略	圈梁	混凝土强度等级：C20； 梁底标高：2.40 m； 梁截面：180 mm×240 mm； 现浇混凝土； 拌合料要求：中砂、5~20 mm 砾石	m^3	1.26		
12	略	散水、坡道	垫层材料：素土夯实； 散水厚度：60 mm； 混凝土强度等级：C10； 填塞材料：沥青砂浆； 拌合料要求：中砂、5~20 mm 砾石	m^2	19.15		
13	略	空心板	预应力 C30 混凝土空心板 构件尺寸：3900 mm×600 mm； 安装高度：3.60 m； 拌合料要求：中砂、5~20 mm 砾石 接头灌缝：C20 细石混凝土	m^3	3.86		
14	略	现浇混凝土钢筋	现浇构件钢筋 钢筋种类、规格：HPB235 Φ 6.5； 钢筋运距：2 km	t	Φ 6.5： 0.041		

续表 6-12

序号	项目编码	项目名称	项目特征描述	计量单位	工程量	金额/元	
						综合单价	合价
15	略	现浇混凝土钢筋	现浇构件钢筋 钢筋种类、规格： HPB235 φ 12、HRB335 φ 14； 钢筋运距：2 km	t	φ 12： 0.113 φ 14： 0.018		
16	略	先张法预应力钢筋	钢筋种类、规格：CRB650 φ 4； 钢筋运距：2 km	t	0.134		
		分部小计					
A.7 屋面及防水工程							
17	略	屋面刚性防水	屋面混凝土强度等级：C20； 混凝土厚度：40 mm； 找平层及厚度：1∶2水泥砂浆30 mm厚； 防水砂浆及厚度：1∶2水泥砂浆20 mm厚； 外加剂：6%防水粉	m^2	55.08		
18	略	砂浆防潮层	部位：砖基础、砖柱； 厚度：20 mm； 砂浆配合比：1∶2水泥砂浆； 外加剂：6%防水粉	m^2	8.87		
		分部小计					
		总计					
其中综合工日(定额分析)							

项目三　装饰工程工程量清单编制实例

接待室工程施工图设计说明

(1)地面：素土夯实，C10 混凝土地面垫层 60 mm 厚，面铺 400 mm×400 mm×10 mm 浅色地砖，1∶2水泥砂浆黏结层 20 mm 厚，1∶2水泥砂浆贴瓷砖踢脚线 150 mm 高。

(2)台阶、散水：C10 混凝土基层，1∶2水泥石子浆 15 mm 厚水磨石台阶，C10 混凝土散水 60 mm 厚，沥青砂浆塞伸缩缝。

(3)抹灰:内墙抹面,1∶0.3∶3混合砂浆底 18 mm 厚,1∶0.3∶3混合砂浆面 8 mm 厚,面满刮腻子 2 遍,刷乳胶漆 2 遍;天棚面混合砂浆抹面,1∶0.3∶3混合砂浆底 12 mm 厚,1∶0.3∶3混合砂浆面 5 mm 厚,面满刮腻子 2 遍,刷乳胶漆 2 遍。

(4)外墙面、梁柱面水刷石:1∶2.5 水泥砂浆底 15 mm 厚,1∶2水泥石子浆面10 mm厚。

(5)图纸采用项目一中的施工图。

工程量计算如表 6-13 所示,分部分项工程量清单与计价表如表 6-14 所示。

表 6-13 工程量计算表

序号	项目编码	项目名称	单位	工程数量	计算式
1	略	块料面层	m^2	42.69	块料地面面层(400 mm×400 mm 地砖)= 建筑面积-墙柱结构面积 =(5.0+0.24)×(3.60+3.3+2.70+0.24)-[(5.0+9.6)×2+(5.0-0.24+3.0-0.24)]×0.24-0.24×0.24 =51.56-36.72×0.24-0.24×0.24 =42.69(m^2) C10 混凝土地面垫层 =42.69×0.06=2.56(m^3)
2	略	块料踢脚线	m^2	6.26	踢脚线(150 mm×300 mm 踢脚砖)= 踢脚线长×踢脚线高 =[(5.0-0.24+3.60-0.24)×2-0.9+(5.0-0.24+3.30-0.24)×2-0.9×3+(3.0-0.24+2.70-0.24)×2-0.9×2+(2.0+2.7-0.9×2)+0.24×8]×0.15 =(15.34+12.94+8.64+4.82)×0.15 =6.26(m^2)
3	略	现浇水磨石台阶面	m^2	2.82	现浇水磨石台阶面 =(2.70+2.0)×0.30×2=2.82(m^2) 台阶打蜡=2.82(m^2)
4	略	墙面一般抹灰	m^2	136.84	混合砂浆抹内墙面=[(5.0-0.24+3.60-0.24)×2+(5.0-0.24+3.30-0.24)×2+(3.0-0.24+2.70-0.24)×2+2.0+2.7]×3.60-1.5×1.5×6 樘-1.10×1.50-0.9×2.40×8 面=(16.24+15.64+10.44+4.7)×3.60-13.50-1.65-17.28 =169.27-32.43 =136.84(m^2)
5	略	墙面装饰抹灰	m^2	85.79	外墙面水刷石=墙长×墙高-窗面积 =(29.20+0.96-2.7-2.0)×(3.60+0.30)-1.50×1.50×6 =25.46×3.90-13.50 =85.79(m^2)

续表 6-13

序号	项目编码	项目名称	单位	工程数量	计算式
6	略	柱面装饰抹灰	m^2	3.17	柱面水刷石 =0.24×4×3.30=3.17(m^2)
7	略	零星项目装饰抹灰	m^2	3.75	梁面水刷石 =(2.70−0.12+2.0−0.12)×(0.3×2+0.24) = 4.46×0.84=3.75(m^2)
8	略	天棚抹灰	m^2	37.35	混合砂浆抹天棚=屋面面积−墙、柱结构面积 =(3.6−0.24)×(5−0.24)+(3.3−0.24)×(5−0.24)+(3−0.24)×(2.7−0.24) = 37.35(m^2)
9	略	实木装饰门	樘	4	M−1、M−2:4 樘; 洞口尺寸:900 mm×2400 mm; 木门框制作安装:0.90×2.40×4=8.64(m^2); 聚氨酯:8.64 m^2
10	略	塑钢推拉窗	樘	6	C−1:6 樘 1500 mm×1500 mm
11	略	塑钢推拉窗	樘	1	C−2:1 樘 1100 mm×1500 mm
12	略	刷涂料	m^2	174.19	内墙面、天棚面乳胶漆=内墙面抹灰面积+天棚面抹灰面积=136.84+37.35=174.19(m^2) 满刮腻子 2 遍:174.19 m^2

表 6-14 分部分项工程量清单与计价表

序号	项目编码	项目名称	项目特征描述	计量单位	工程量	金额/元	
						综合单价	合价
			B.1 楼地面工程				
1	略	块料面层(地面)	C10 混凝土地面垫层 80 mm 厚; 1:2水泥砂浆结合层 20 mm 厚; 面层铺 400 mm×400 mm×10 mm 浅色地砖	m^2	42.69		
2	略	现浇水磨石台阶面	C10 混凝土基层; 1:2水泥白石子浆; 15 mm 厚水磨石台阶面	m^2	2.82		
3	略	块料踢脚线	踢脚线高 150 mm; 粘贴层 1:2水泥砂浆 20 mm 厚; 面层贴瓷砖	m^2	6.26		
			分部小计	m^2	52.04		

续表 6-14

序号	项目编码	项目名称	项目特征描述	计量单位	工程量	金额/元	
						综合单价	合价
B.2 墙、柱面工程							
4	略	墙面一般抹灰	240 砖墙面　内墙 1:0.3:3混合砂浆打底 18 mm 厚; 1:0.3:3混合砂浆抹面 8 mm 厚	m^2	136.84		
5	略	墙面装饰抹灰	240 砖墙面　外墙 1:2.5 水泥砂浆打底 15 mm 厚; 1:2水泥白石子浆 10 mm 厚	m^2	85.79		
6	略	柱面装饰抹灰	砖柱面 1:2.5 水泥砂浆打底 15 mm 厚; 1:2水泥白石子浆 10 mm 厚	m^2	3.17		
7	略	零星项目装饰抹灰	底层 15 mm 厚 1:2.5 水泥砂浆; 面层 10 mm 厚 1:2水泥白石子浆	m^2	3.75		
分部小计				m^2	229.55		
B.3 天棚工程							
8	略	混合砂浆抹天棚面	预应力 C30 混凝土空心板基层 1:0.3:3混合砂浆打底 12 mm 厚; 1:0.3:3混合砂浆面层 5 mm 厚	m^2	37.35		
分部小计				略			
B.4 门窗工程							
9	略	实木装饰门	实木门 M-1、M-2 洞口尺寸均为 900 mm×2400 mm	樘	4		
10	略	塑钢推拉窗	塑钢推拉窗 C-1 洞口尺寸均为 1500 mm×1500 mm; 玻璃品种规格:浮法、3 mm 厚	樘	6		
11	略	塑钢推拉窗	塑钢推拉窗 C-2 洞口尺寸为 1100 mm×1500 mm; 玻璃品种规格:浮法、3 mm 厚	樘	1		
分部小计				樘	11		
B.5 油漆、涂料、裱糊工程							
12	略	刷涂料	内墙 白色乳胶漆 2 遍; 面满刮腻子 2 遍	m^2	136.84		

续表 6-14

<table>
<tr><td rowspan="2">序号</td><td rowspan="2">项目编码</td><td rowspan="2">项目名称</td><td rowspan="2">项目特征描述</td><td rowspan="2">计量单位</td><td rowspan="2">工程量</td><td colspan="2">金额/元</td></tr>
<tr><td>综合单价</td><td>合价</td></tr>
<tr><td>13</td><td>略</td><td>刷涂料</td><td>天棚
白色乳胶漆 2 遍；
面满刮腻子 2 遍</td><td>m^2</td><td>37.35</td><td></td><td></td></tr>
<tr><td colspan="4">分部小计</td><td>m^2</td><td>174.19</td><td></td><td></td></tr>
<tr><td colspan="4">总计</td><td>略</td><td></td><td></td><td></td></tr>
<tr><td colspan="6">其中综合工日(定额分析)</td><td colspan="2"></td></tr>
</table>

单元七 措施项目费

知识目标 1.了解措施项目费的构成及含义；
2.理解措施项目费的计量规则；
3.掌握措施项目费的计算方法。

能力目标 1.能解释措施项目费的含义及计量规则；
2.能够熟练计算所提供的实际案例的措施项目费。

项目一 措施项目计量

《房屋建筑与装饰工程工程量计算规范》(GB 50854—2013)中给出了脚手架工程、混凝土模板及支架(撑)、垂直运输、超高施工增加、大型机械设备进出场及安拆、施工排水及降水、安全文明施工及其他措施项目的计算规则或应包含范围。除安全文明施工及其他措施项目外,前6项都详细列出了项目编码、项目名称、项目特征、工程量计算规则、工作内容,其清单的编制与分部分项工程一致。

一、脚手架

(1)综合脚手架。按建筑面积计算,单位:m^2。用综合脚手架时,不再使用外脚手架、里脚手架等单项脚手架。综合脚手架适用于能够按“建筑面积计算规则”计算建筑面积的建筑工程脚手架,不适用于房屋加层、构筑物及附属工程脚手架。

定额基价脚手架项目特征包括建设结构形式、檐口高度,同一建筑物有不同的檐高时,按建筑物竖向切面分别按不同檐高编列清单项目。

(2)外脚手架、里脚手架、整体提升架、外装饰吊篮。按所服务对象的垂直投影面积计算,单位 m^2。整体提升架包括 2 m 高的防护架体设施。

(3)悬空脚手架、满堂脚手架。按搭设的水平投影面积计算,单位:m^2。

(4)挑脚手架。按搭设长度乘以搭设层数以延长米计算,单位:m。

【例 7-1】某建筑物外墙外边线总长为 92.4 m,檐高为 18.6 m,外墙抹灰需搭设手动吊篮脚手架(悬空脚手架),计算其工程量。

解:悬空篮脚手架工程量 = 外墙面垂直投影面积 = $L_{外}$ × 外墙面高度 = 92.4×18.6 = 1718.64(m^2)

二、混凝土模板及支架(撑)

混凝土模板及支架(撑)项目,只适用于以"m^2"计量,按模板与混凝土构件的接触面积计算,采用清水模板时应在项目特征中说明。

1.基础、柱、梁、墙、板模板

混凝土基础、柱、梁、墙、板等主要构件模板及支架工程量按模板与现浇混凝土构件的接触面积计算,单位:m^2。原槽浇灌的混凝土基础不计算模板工程量。当现浇混凝土梁、板支撑高度超过 3.6 m 时,项目特征应描述支撑高度。

(1)现浇钢筋混凝土墙、板单孔面积≤0.3 m^2 的孔洞不予扣除,洞侧壁模板亦不增加;单孔面积>0.3 m^2 时应予扣除,洞侧壁模板面积并入墙、板工程量内计算。

(2)现浇框架分别按梁、板、柱有关规定计算,附墙柱、暗梁、暗柱并入墙内工程量内计算。

(3)柱、梁、墙、板相互连接的重叠部分,均不计算模板面积。

(4)构造柱按图示外露部分计算模板面积。

2.现浇楼梯模板

楼梯按楼梯(包括休息平台、平台梁、斜梁和楼层板的连接梁)的水平投影面积计算,不扣除宽度≤500 mm 的楼梯井所占面积,楼梯踏步、踏步板、平台梁等侧面模板不另计算,伸入墙内部分亦不增加。当整体楼梯与现浇板无梯梁连接时,以楼梯的最后一个踏步边缘加 300 mm 为界。

【例 7-2】计算如图 7-1 所示的条形基础模板工程量。

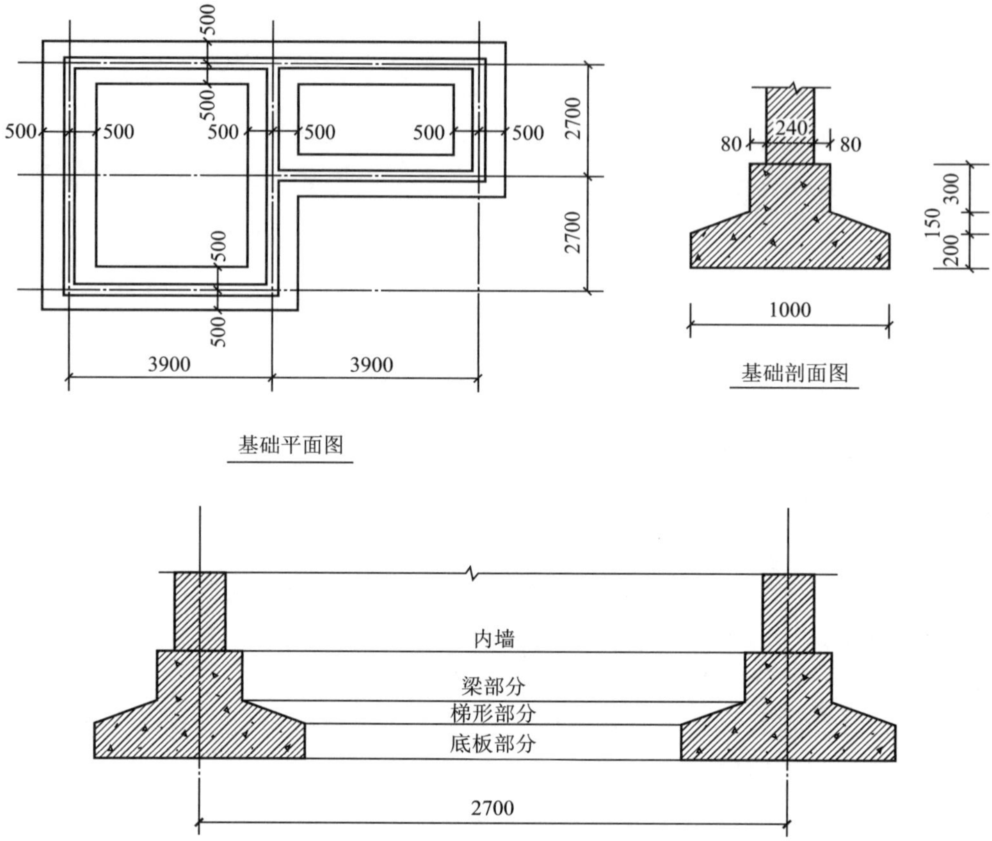

图 7-1 条形基础示意图

解:由图可以看出,本基础为有梁式条形基础,其支模位置在基础底板(厚 200 mm)的两侧和梁(高 300 mm)的两侧。所以,混凝土与模板的接触面积应是:基础底板的两侧面积和梁两侧面积。

外墙下:

基础模板=基础底板模板+基础梁模板

$=L_{中}\times$支模高度$-$内外墙下基础交接处模板面积

$=(3.9\times2+2.7\times2)\times2\times(0.2+0.3)\times2-(1.0\times0.2+0.4\times0.3)\times2$

$=25.76(\mathrm{m}^2)$

内墙下:

基础底板模板=底板间净长×支模高度×2

$=(2.7-0.5\times2)\times0.2\times2$

$=0.68(\mathrm{m}^2)$

基础梁模板=梁间净长×支模高度×2

$=(2.7-0.2\times2)\times0.3\times2$

$=1.38(m^2)$

基础模板工程量 $=25.76+0.68+1.38$

$=27.82(m^2)$

【例 7-3】某现浇框架结构房屋的二层结构平面示意图如图 7-2 所示。已知一层板顶标高为 3.9 m，二层板顶标高为 7.2 m，板厚为 100 mm，构件断面尺寸：KZ 400 mm×400 mm、KL1 250 mm×550 mm（宽×高）、KL2 300 mm×600 mm（宽×高）、L1 250 mm×500 mm（宽×高）。试对图中所示二层钢筋混凝土构件列项并计算其模板工程量。

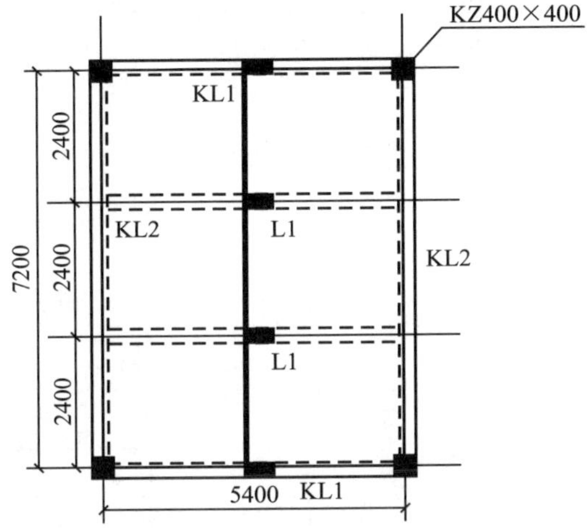

图 7-2　二层结构平面示意图

解：由已知条件可知，本例涉及的钢筋混凝土构件有框架柱（KZ）、框架梁（KL）、梁（L）及板，且支模高度 $=7.2-3.9=3.3$ m<3.6 m，故本例应列项目为：矩形柱（KZ），单梁（KL1、KL2、L1），平板。模板工程量 = 混凝土与模板的接触面积。

（1）矩形柱。

矩形柱模板工程量 = 柱周长×柱高度 − 柱与梁交接处的面积 − 柱与板交接处的面积

$=0.4\times4\times(7.2-3.9)\times4$（根）$-[0.25\times0.45\times4$（KL1）$+0.3\times0.5\times4$（KL2）$]-0.1\times0.4\times2\times4$

$=21.12-(0.45+0.6)-0.32$

$=19.75(m^2)$

（2）单梁。

单梁模板工程量 = 梁支模展开宽度×梁支模长度×根数

KL1 模板工程量 $=(0.25+0.55+0.55-0.1)\times(5.4-0.2\times2)\times2$（根）

$=1.25\times5.0\times2=12.50(m^2)$

KL2 模板工程量 $=(0.3+0.6+0.6-0.1)\times(6.4-0.2\times2)\times2-0.25\times(0.5-0.1)\times2$（与 L1 交接处）

$=1.4\times6.0\times2-0.2=16.60(m^2)$

L1 模板工程量 $=[0.25+(0.5-0.1)\times2]\times(5.4-0.1\times2)$

$=1.05\times5.2=5.46(\text{m}^2)$

单梁模板工程量=KL1、KL2、L1 模板工程量之和

$=12.50+16.60+5.46=34.56(\text{m}^2)$

(3)板模板。

板模板工程量=板长度×板宽度−柱所占面积−梁所占面积

$=(5.4+0.2\times2)\times(6.4+0.2\times2)-0.4\times0.4\times4-[0.25\times(5.4-0.2\times2)\times 2(\text{KL1})+0.3\times(6.4-0.2\times2)\times2(\text{KL2})+0.25\times(5.4-0.1\times2)(\text{L1})]$

$=39.44-0.64-(2.5+3.6+1.3)=31.4(\text{m}^2)$

注:以上计算规则是按《2013 工程量清单计价规范》计算的,若按《河南省房屋建筑与装饰工程预算定额(2016)》计算,梁板柱重叠的部分不一样。

【例 7-4】某房屋阳台平面图及剖面图如图 7-3 所示。试对图中所示钢筋混凝土构件列项并计算其模板工程量。

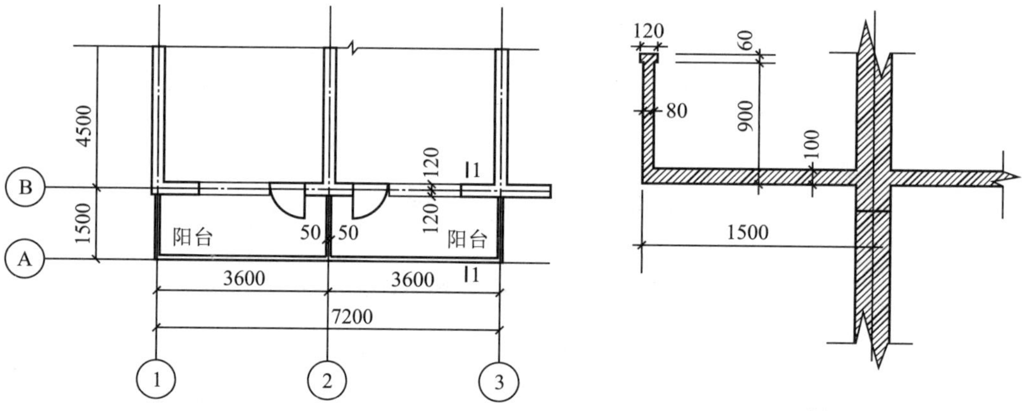

图 7-3 阳台平面图及剖面图

解:由已知条件可知,本例涉及的钢筋混凝土构件有阳台底板、阳台栏板、阳台压顶,故本例应列项目为:阳台底板、阳台栏板、阳台压顶。

(1)阳台底板模板。

阳台底板模板工程量=外挑部分的水平投影面积

$=(1.5-0.12)\times(3.6+3.6)=9.94(\text{m}^2)$

(2)阳台栏板模板。

阳台栏板模板工程量=混凝土与模板的接触面积

=栏板中心线×支模高度×2 侧

$=[3.6+3.6+(1.5-0.12)\times2-0.04\times4]\times(0.9-0.1)\times2$

$=9.80\times0.8\times2$

$=15.68(\text{m}^2)$

(3)阳台压顶模板。

阳台压顶模板工程量=混凝土与模板的接触面积

=栏板中心线×支模展开宽度

$=[3.6+3.6+(1.5-0.12)\times2-0.04\times4]\times[0.06\times2+(0.12-0.08)]$

$=9.80\times0.16$

$=1.57(m^2)$

三、垂直运输

垂直运输指施工工程在合理工期内所需垂直运输的机械。垂直运输可按建筑面积计算,也可以按施工工期日历天数计算,单位:m^2 或天。

项目特征包括建筑物建筑类型及结构形式、地下室建筑面积、建筑物檐口高度及层数。其中建筑物的檐口高度是指设计室外地坪至檐口滴水的高度(平屋顶系指屋面板底高度),突出主体建筑物屋顶的电梯机房、楼梯出口间、水箱间、瞭望塔、排烟机房等不计入檐口高度。同一建筑物有不同檐高时,按建筑物的不同檐高做纵向分割,分别计算建筑面积,以不同檐高分别编码列项。

四、超高施工增加

单层建筑物檐口高度超过 20 m,多层建筑物超过 6 层时(不包括地下室层数),可按超高部分的建筑面积计算超高施工增加。其工程量计算按建筑物超高部分的建筑面积计算,单位:m^2。同一建筑物有不同檐高时,可按不同高度的建筑面积分别计算建筑面积,以不同檐高分别编码列项。

其工作内容包括:①由超高引起的人工工效降低以及由于人工工效降低引起的机械降效;②高层施工用水加压水泵的安装、拆除及工作台班;③通信联络设备的使用及摊销。

【例 7-5】某高层建筑如图 7-4 所示,框剪结构,女儿墙高度为 1.8 m,由某总承包公司承包,施工组织设计中,垂直运输采用自升式塔式起重机及单笼施工电梯。列出该高层建筑物的垂直运输、超高施工增加的分部分项工程量清单。

解:

(1)垂直运输(檐高 94.20 m 以内)。

$S=26.24\times36.24\times5+36.24\times26.24\times15$

$=19018.75(m^2)$

(2)垂直运输(檐高 22.50 m 以内)。

$S=(56.24\times36.24-36.24\times26.24)\times5$

$=5436.00(m^2)$

(3)超高施工增加。

$S=36.24\times26.24\times14$

$=13313.13(m^2)$

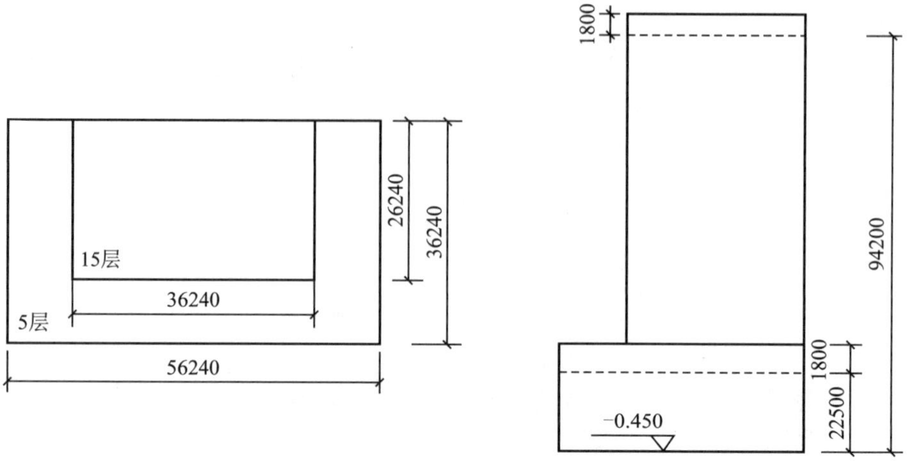

图 7-4　某高层建筑示意图

五、大型机械设备进出场及安拆

安拆费包括施工机械、设备在现场进行安装拆卸所需的人工、材料、机械和试运转费用以及机械辅助设施的折旧、搭设、拆除等费用;进出场费包括施工机械、设备整体或分体自停放地点运至施工现场或由一施工地点运至另一施工地点所发生的运输、装卸、辅助材料等费用。工程量按使用机械设备的数量计算,单位:台次。

六、施工排水、降水

(1)成井,按设计图示尺寸以钻孔深度计算,单位:m。

(2)排水、降水,按排水、降水日历天数计算,单位:昼夜。

项目二　措施项目费计算

一、措施项目费的概念

措施项目计量 1

措施项目计量 2

措施项目:完成工程项目施工,发生于该工程施工前和施工过程中技术、生活、安全等方面的非过程实体项目。措施项目费即实施措施项目所发生的费用。

措施项目费由组织措施费和技术措施费组成。

组织措施费包括现场安全文明施工措施费、材料二次搬运费、夜间施工增加费、冬雨季施工增加费,分别按《河南省建设工程工程量清单综合单价》措施项目费规定的费率计取。

技术措施费包括施工排水降水费、大型机械设备进出场安拆费、现浇混凝土及预制构件模板使用费、脚手架使用费、垂直运输费、现浇混凝土泵送费。

二、施工排水、降水费

当建筑物或构筑物的基础埋置深度在地下水位以下时，为保证土方施工的顺利进行，确保土方边坡的稳定，需将地下水位降到基础埋置深度以下，这项工作就是施工排水、降水。其中降水方法一般包括集水坑降水和井点降水两大类。

1.施工排水工程量计算

排水管道安拆及摊销工程量按设计尺寸以长度计算，抽水机抽水工程量按抽水机机械台班数量计算。

2.井点降水

井点降水又称人工降水，包括轻型井点、大口径井点、电渗井点、水泥管井井点等降水方法。

井点降水综合单价设置了安拆和使用两个子目，在编制预算时，应将安装、拆除合并列项，单独列项计算。

井点降水应区分轻型井点、大口径井点、电渗井点，按不同井管深度的井管安装、拆除，以“根”为单位计算；水泥管井井点按井深以长度计算，井点的使用按“套・天”计算。

井点套组成：轻型井点 50 根为一套，大口径井点 45 根为一套，水泥管井井点每一管井为一套。如施工组织设计没有规定井管间距时，轻型井点管距可按 0.8~1.6 m 布置；使用天以每昼夜 24 h 为一天，井点降水总根数不足一套时，可按一套计算使用费。

【例 7-6】某工程基础外围降水井点布置尺寸为 46.2 m×16.8 m（矩形），采用轻型井点降水，井点间距为 1 m，降水时间为 30 天，求降水的定额基价合计。

解：

（1）成井（含安装、拆除）：（17-155）基价＝3735.47 元/10 根

（2）共计：（46.2+16.8）×2/1＝126（根）

（3）排水降水（使用）：（17-165）基价＝341.20 元/（套・天）

（4）共计：126/50×30＝75.60（套）

则定额基价合计：3735.47×126/10+341.20×75.60＝72861.64（元）

三、大型机械设备进出场安拆费

大型机械设备进出场安拆费分三种情况考虑：一种是不应考虑这两项费用的机械；另一种是应考虑这两项费用的机械，但其费用已包括在机械台班单价中；最后一种是应考虑这两项费用的机械，但不适于按台班摊销的机械。对于最后一种情况的机械，按《河南省房屋建筑与装饰工程预算定额（2016）》的规定列项计算这两项费用。

在列项计取这两项费用时，应注意机械型号、台数，应以实际发生为准。实际发生时，方可计取。一般情况下，一台机械只能够计取一次这两项费用。机械在停滞期间，可按《河南省统一施工机械台班费用定额》中的“停滞费”单价乘以实际停滞时间，计取停滞费。如确需多次进出场者，在征得业主同意后，可按实际进出场次数，计取这两项

费用。

固定式塔吊基础工程量,按“座”计算。

行走式塔吊基础工程量,按轨道铺设长度以“m”计算。

大型机械安装、拆卸费中,混凝土搅拌站工程量按“座”计算,其余工程量均按“台次”计算。

定额基价中凡列有大型机械安装、拆卸费子目者,可列项计算其大型机械安装、拆卸费。否则,均不能另列项目计算。

大型机械场外运输费是指机械整体或分件自停放场地运至施工现场,或由一个工地运到另一工地,运距在 25 km 以内的机械进场和出场运输及转移费用(包括机械的装卸、运输、辅助材料及架线费等)。

大型机械设备场外运输费中,混凝土搅拌站工程量按“座”计算,其余工程量均按“台次”计算。

定额基价中,凡列有大型机械场外运输费子目者,可列项计算其大型机械场外运输费。否则,均不能另列项目计算。

四、模板使用费

模板分为组合钢模板、大钢模板、复合模板、木模板,定额未注明模板类型的,均按木模板考虑。

1.现场浇混凝土构件模板使用费定额基价有关换算

(1)本分部的现浇混凝土梁(不包括圈梁)、板、柱、墙的模板是按层高 3.6 m 编制的,层高超过 3.6 m 时可计算超过增加费。

执行本分部超过增加费子目;每超过 1 m 计算一次超高增加费,不足 1 m 者按 1 m 计算。

【**例 7-7**】某单层工业厂房层高 5.7 m,有 C25 钢筋混凝土现浇梁 600 mm×300 mm×4500 mm 共 10 根,C25 钢筋混凝土现浇柱 400 mm×300 mm×6000 mm 共 20 根,试计算现浇梁、柱模板的定额基价合计。

解:5.7−3.6=2.1(m),三次超高。

现浇柱:$V=(0.4+0.3)\times2\times6\times20=168(m^2)$

套用:(5−220)基价+(5−226)基价×3=9125.71(元/100m^2)

现浇梁:$V=(0.6\times2+0.3)\times4.5\times10=67.5(m^2)$

套用:(5−232)基价+(5−242−87)基价×3=8218.15(元/100 m^2)

现浇梁、柱模板的定额基价合计=9125.71×1.68+8218.15×0.675=20878.44(元)

2.模板使用费工程量计算

场浇混凝土构件模板使用费及现场预制混凝土构件模板使用费工程量是现浇混凝土及预制构件混凝土的工程量,其计算规则和混凝土与钢筋混凝土分部相同,但以下情况,可按本条规定计算。

(1)混凝土圈梁中的过梁模板可单独列项,按门窗洞口的外围宽度加 500 mm 乘以截面积的体积计算。

(2)弧形板的计算范围为变形处两点连线一侧的弧状图形。

(3)设备基础体积大于 20 m^3 者,执行基础的相应子目。

(4)以投影面积或长度计算的构件,不得因混凝土增减而调整其模板子目或增加工程量。

五、脚手架使用费

脚手架是建筑安装工程施工中不可缺少的临时设施,供工人操作、堆置建筑材料以及作为建筑材料的运输通道等使用。

脚手架

脚手架使用费的综合单价子目分综合脚手架、单项脚手架、外墙装饰脚手架等。

本分部的脚手架适用于一般工业与民用建筑工程的建筑物(构筑物)所搭设的脚手架,无论钢管、木制、竹制均按本分部执行。脚手架子目中已综合了斜道、防护栏杆、上料平台以及挖土、现场水平运输等的费用。

1.综合脚手架

综合脚手架适用于能够按《建筑工程建筑面积计算规范》计算建筑面积的建筑工程的脚手架,不适用于房屋加层、构筑物及附属工程的脚手架。

综合脚手架子目综合考虑了施工主体、一般装饰和外墙抹灰脚手架,不包括无地下室的满堂基础架、室内净高超过 3.6 m 的天棚和内墙装饰架、挑脚手架、设备安装脚手架、人防通道和基础高度超过 1.2 m 的脚手架,该内容可执行单项脚手架子目。

综合脚手架分地下室脚手架和正负零以上脚手架两类子目。地下室脚手架分一层、二层及以上子目;正负零以上脚手架又分单层建筑物和多高层建筑物,根据檐高不同设置子目。同一建筑物有不同檐高时,按建筑物竖向切面分别计算建筑面积,套用相应子目。

【例 7-8】图 7-5 所示为某新建单层建筑物平面和剖面示意图,求该单层建筑物的脚手架使用费(不包括基础部分)。

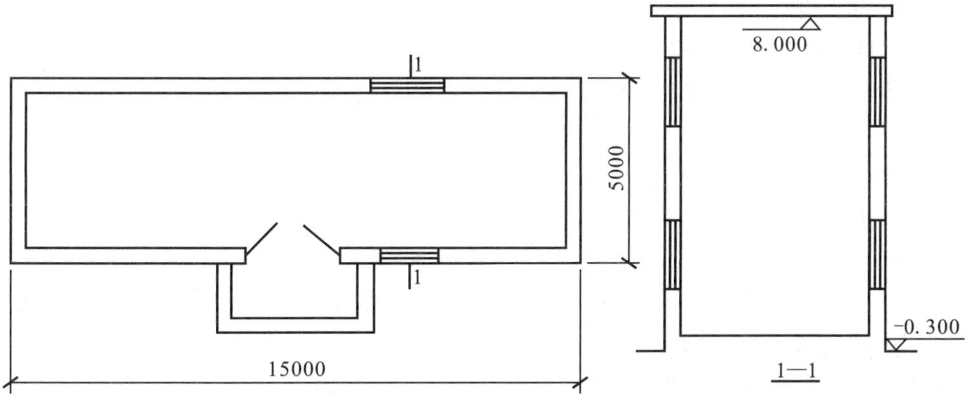

图 7-5 单层建筑物示意图

解：定额基价脚手架适用于能够按《建筑工程建筑面积计算规范》计算建筑面积的建筑工程的脚手架。综合脚手架工程量应以建筑面积计算。

其建筑面积：$S=15\times5=75(\text{m}^2)$

套用：(17-5)基价=1843.35 元/100 m^2

则定额基价合计=1843.35×75/100=1382.51(元)

【例 7-9】图 7-6 所示为某新建多层建筑物示意图，已知室外地坪标高为-0.450 m，各层平面相同，求该单层建筑物的脚手架使用费(不包括基础部分)。

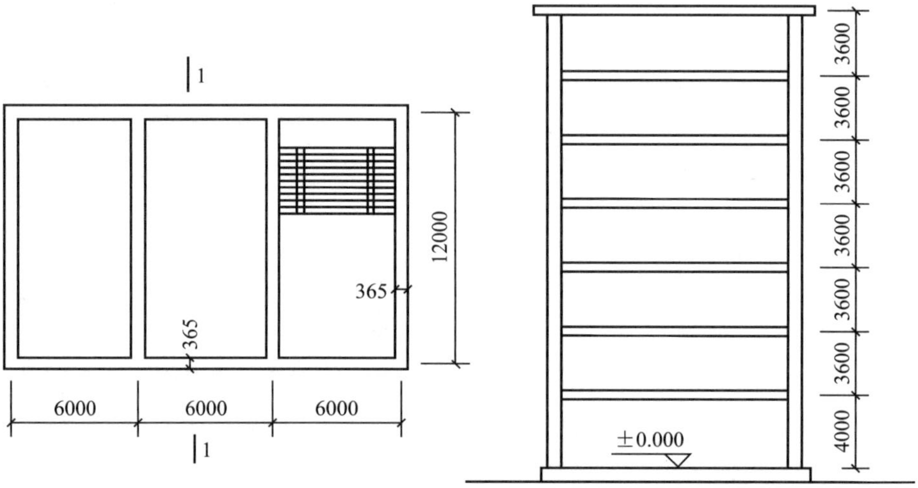

图 7-6 多层建筑物示意图

解：由图 7-6 知，该多层建筑物檐高：

$0.45+4+3.6\times6=26.05(\text{m})$

则套用(17-8)基价=3105.5 元/100 m^2

其建筑面积为：

$S=(18+0.24)\times(12+0.24)\times7=1562.80(\text{m}^2)$

则定额基价合计=3105.5×1562.80/100=48532.75(元)

2.单项脚手架

单项脚手架适用于不能够按《建筑工程建筑面积计算规范》计算建筑面积的建筑工程的脚手架。

单项脚手架子目设置有：外墙脚手架、混凝土单梁脚手架、里脚手架、满堂基础脚手架、满堂脚手架、网架安装脚手架、室外管道脚手架。

按其用途分为砌筑脚手架、现浇混凝土脚手架、装饰脚手架等。

(1)砌筑脚手架

砌筑脚手架是指供砌筑各种墙、柱所用的脚手架。

砌筑脚手架一般包括外墙脚手架和里脚手架两种。外墙脚手架在综合单价分为单排架和双排架两个分项,每个分项中又按墙高不同划分为若干子目,以适应各种不同情况的需要。

外墙脚手架、里脚手架均按墙体的设计图示尺寸以垂直投影面积计算。计算砌筑脚手架工程量时,门窗洞口及空圈洞口(包括通过建筑物的通道)等所占内积均不予扣除。

围墙按墙体的设计图示尺寸以垂直投影面积计算,凡自然地坪至围墙顶面高度在3.6 m以下的,执行里脚手架子目;高度超过3.6 m以上的,执行单排外墙脚手架子目。

独立砖柱按图示柱结构外围周长加3.6 m,乘以设计高度以面积计算,套用单排外脚手架子目。

(2)现浇混凝土脚手架

现浇钢筋混凝土结构构件并不是均可计取脚手架的。当结构构件可利用砌筑脚手架时,不得计取脚手架,如现浇圈梁、过梁、构造柱等;另一种情况,当结构构件施工无须另外搭设脚手架时,不得计取脚手架,如现浇基础梁、地圈梁、雨篷、阳台、楼梯、楼板(包括有梁板、无梁板、平板等)、挑檐、天沟等。

若梁与楼板整浇为一体,则梁不能再按上述规则计算脚手架。

现浇钢筋混凝土梁按梁顶面至地面(或楼面)间高度乘以梁净长以面积计算,执行双排外墙脚手架定额项目乘以系数。

现浇混凝土独立柱按图示柱结构外围周长另加3.6 m,乘以设计高度以面积计算,套用单排外脚手架子目。

满堂脚手架按室内净面积算,其高度在3.6~5.2 m时计算基本层,5.2 m以上,每增加1.2 m计算一个增加层,不足0.6 m按一个增加层乘以0.5计算。计算公式如下:

$$满堂脚手架增加层=(室内净高-5.2)/1.2 \tag{7-1}$$

六、垂直运输费

1.垂直运输费计费说明

(1)垂直运输工作内容,包括单位工程在合理工期内完成全部工程项目所需要的垂直运输机械台班,不包括机械的场外往返运输,一次铺拆及路基铺垫和轨道铺拆等的费用。

(2)檐高3.6 m以内的单层建筑,不计算垂直运输机械台班。

(3)本定额层高按3.6 m考虑,超过3.6 m者,应另计层高垂直运输增加费,每超过1 m,其超高部分按相应定额增加10%,超高不足1 m按1 m计算。

(4)垂直运输费是按现行工期定额中规定的Ⅱ类地区标准编制的,Ⅰ、Ⅲ类地区按相应定额分别乘以系数0.95和1.1。

2.垂直运输费计算规则

(1)建筑物垂直运输机械台班用量。区分不同建筑物结构及檐高,按建筑面积计算(地下室而积与地上面积合并计算)。

(2)本章按泵送混凝土考虑,如采用非泵送,垂直运输费按以下方法增加:相应项目乘以调整系数5%~10%,再乘以非泵送混凝土数量占全部混凝土数量的百分比。

七、现浇混凝土泵送费

若现浇混凝土采用商品混凝土，且商品混凝土出厂价格中包括泵送者，不得再重复计算泵送费。

使用非商品混凝土需泵送时，除混凝土配比和价格可按附录中现场搅拌泵送混凝土配合比调整外，另计算泵送增加费。

现浇混凝土泵送费工程量，按实际泵送的图示构件体积计算。

装饰工程成品保护费工程量按所保护面积计算。

八、建筑物超高施工增加费

1.建筑物超高施工增加费的计取条件

《河南省房屋建筑与装饰工程预算定额(2016)》是按六层或檐高 20 m 以内编制的。如果建筑物的层数或檐高超过上述限值，考虑到操作工人的工效降低、机械降效、自来水加压及附属设施和其他等有关因素的影响，可按《河南省建筑房屋与装饰工程预算定额(2016)》列项计取建筑物超高增加费用。

单层工业厂房檐高超过 20 m 时，亦应列项计算建筑物超高增加费。

构筑物(如烟囱、水塔)不论其高度如何，均不得列项计取建筑物超高费用。

2.建筑物层数的确定

(1)地下室：不计入层数。

(2)半地下室：其地上部分，从设计室外地坪算起，向上超过 1 m 时，可按一层计入层数内；否则，不计入层数。

(3)突出屋顶的水箱间、电梯机房、楼梯间等，不计入层数。

(4)同一建筑物高度不同时，按不同高度的建筑，分别确定其层数。

(5)技术层：不论技术层层高多少，均可按一层计入层数内。

3.建筑物檐高的确定

(1)同一建筑物的檐高不同时，应分别计算其檐高。

(2)多层建筑物的檐高，自设计室外地坪至檐口屋面结构板面。突出屋顶的楼梯间、电梯机房、水箱间等，不计入高度。

(3)加层工程，仍自设计室外地坪起算。

4.多、高层建筑物超高增加费

超高增加费中的机械费用由多种机械组合取定，施工时不论采用何种机械，均按相应综合单价子目执行，费用包干，不做调整。

仅负责结构的主体施工而不做装饰者，按相应综合单价子目乘以系数 0.95。

同一建筑物高度不同时，应按不同高度分别列项计算，套用相应综合单价子目。

在套用多层建筑物超高增加费综合单价子目时，若檐高和层数不在同一档时，套用较高档的综合单价子目。

一般应以第六层作为超高工程量起算点。若自设计室外地坪算起 20 m 线低于第六层，则以 20 m 线所在楼层作为超高工程量起算点。超高工程量起算点所在楼层及以上各自然层(包括技术层)的建筑物外围水平面积总和以“m^2”计算。

突出屋顶的楼梯间、电梯机房、水箱间、塔楼、主望台可计算超高面积;但屋顶上装饰用的棚架、葡萄架、花台等特殊构筑物,不得计算超高面积;加层工程的建筑超高增加费工程量,按加层超过 20 m 以上的加层部分的面积以“m^2”计算;同一建筑物高度不同时,以高低相邻的竖向切面为分界线,分别计算各自的超高增加费工程量。

单层建筑物超高增加费工程量,按其建筑面积以“m^2”计算。

单独承包装饰工程的超高增加费,按装饰工程的合计定额工日为基数计算。

【例 7-10】已知某建筑物共 18 层,其中一层层高 4.5 m,二、三层层高各 4.2 m,四至十八层为标准层,层高 3.0 m,室外地坪标高-0.45 m,又知一至三层每层建筑面积为 4502 m^2,四至十八层每层建筑面积为 3842 m^2,求该建筑物的超高增加费。

解:如图 7-7 所示,室外地坪算起 20 m 线位于第六层,故从第六层开始,计算超高增加费。

超高面积:

$S=(18-6+1)\times 3842=49946(m^2)$

套用:(17-105)基价=8356.35 元/100 m^2

故该建筑物超高增加费为:

$S\times$(17-105)基价$=49946.00\times 8356.35/100=4173662.57$(元)

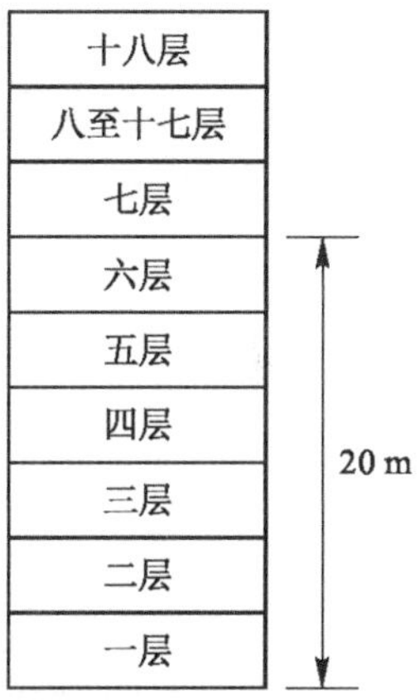

图 7-7　建筑物超高增加费计算示意图

单元八 建筑工程工程量清单计价实训

知识目标

1.熟悉清单规范的组成及有关规定；
2.熟悉措施费、其他项目费、规费和税金的计价方法；
3.掌握各种费用的组价方法；
4.掌握分部分项工程项目费的计价方法。

能力目标

1.掌握《建筑工程工程量清单计价规范》(GB 50500—2013)的有关规定；
2.能够用各种费用进行组价；
3.能够掌握工程量清单计价的过程。

项目一　工程费用(按造价形成)的编制实例

一、分部分项工程工程量清单计价的概念

分部分项工程工程量清单计价,是工程量清单计价中最为复杂同时也是最主要的一部分内容,是投标人按招标文件中分部分项工程量清单提供的工程数量,依据企业定额和市场价格信息,逐项以“综合单价”的形式,计算拟建工程中所有分部分项工程造价的过程。

分部分项工程工程量清单为不可调整的闭口清单,计价时投标人对招标人提供的工程量清单内的工程数量、工程内容除招标人另有通知、答疑纪要要求修改外,清单计价人不允许做任何更改和变动。投标人如果认为清单内容有不妥或遗漏,只能通过质疑的方式由清单编制人做统一的修改、更正,并把修正后的工程量清单发给所有的投标人。投标人对招标文件提出的分部分项工程量清单必须逐一计价,未计价的均视为此项费用已

包含在工程量清单的其他单价和合价中。

分部分项工程工程量清单综合单价组价时,不包括招标人自行采购材料的价款(应在其他项目清单中列项并计算)。分部分项工程费用应该按招标文件中分部分项工程量清单项目的特征描述确定计价综合单价,综合单价中应考虑招标文件中要求投标人承担的风险费用,招标文件中提供了暂估单价的材料,按暂估的单价计入综合单价。

二、分部分项工程费用的计算过程

1.计算前的数据准备

工程量清单由招标人提供后,还需要计算方案工程量,并校核工程量清单中的工程量。工程量清单中的各分部分项工程量并不一定十分准确,若涉及深度不够则可能有较大的误差,而工程量的多少是选择施工方法、安排人力和机械、准备材料必须考虑的因素,也自然影响分项工程的单价,因此一定要对工程量进行复核。

2.定额子目的确定

企业可以按反映企业水平的企业定额或参照政府消耗量定额确定人工、材料、机械台班的消耗量,按清单项目内的工程内容确定定额子目。分部分项清单项目是按建筑物的实体量来划分的,一个清单项目包含若干个工作项目,要完成工作内容有很多的施工工序,因此进行组价时要注意工作内容和消耗量定额子目的对应关系,有时是一对一的关系,但有时一个工作内容要套用多个定额子目或一个定额子目完成多个工作内容,再对清单项目进行分析、汇总。

3.市场调查和询价

根据工程项目的具体情况,考虑是否要求特殊工种的人员上岗,市场劳务来源是否充沛,价格是否平稳,采用市场价格作为参考且考虑一定的调价系数,分析该工程使用的施工机械是否为正常机械,投标人能否自行配备,根据市场情况考虑调整施工机械费。

4.调整定额中的单价

按确定的定额含量及查询到的人工、材料、机械台班的单价,对应计算出定额子目单位数目的人工费、材料费和机械费。

计算公式:

$$\text{人工费}=\sum(\text{人工工日数}\times\text{对应人工单价}) \tag{8-1}$$

$$\text{材料费}=\sum(\text{材料定额含量}\times\text{对应材料综合材料预算单价}) \tag{8-2}$$

$$\text{机械费}=\sum(\text{机械台班定额含量}\times\text{对应的机械台班单价}) \tag{8-3}$$

5.计算综合单价

《建筑工程工程量清单计价规范》(GB 50500—2013,以下简称《规范》)规定,综合单价必须包括清单项目内的全部费用,但招标人提供的工程量是不能变动的,施工方案、施工技术的增量全部包含在报价内。

这就存在一个分摊的问题,就是把实际完成此清单项的费用计算出来后折算到招标人提供工程量的综合单价中或折算工程量,即“正算”和“反算”。

6.填写表格

《规范》规定工程量清单计价表必须按规定的格式书写,计算完成后,按规范要求的格式填报分部分项工程量清单计价表、工程量清单综合单价分析表,表内的项目编码、项目名称、项目特征描述、单位、数量必须按工程量清单填写,不能做任何改动。

三、计算分部分项工程费的注意事项

(1)逐项计价,不漏项,不添项;

(2)不改动清单工程量;

(3)组成清单项目的工程量计算应准确;

(4)人工、材料、机械消耗量的确定应符合实际;

(5)管理费、利润计算应合理;

(6)分部分项工程量清单计价表中的综合单价应与分部分项工程量清单综合单价分析表中的综合单价完全相符;

(7)投标报价中,数字保留小数点后的位数应符合招标文件要求,招标文件没有规定的应按常规执行。

四、措施费的构成及计算

措施费是指为完成建设工程施工,发生于该工程施工前和施工过程中的技术、生活、安全、环境保护等方面的费用。包括内容如下。

1.安全文明施工费

按照国家现行的建筑施工安全、施工现场环境与卫生标准和有关规定,购置和更新施工安全防护用具及设施、改善安全生产条件和作业环境及因施工现场扬尘污染防治标准提高所需要的费用。

(1)环境保护费。指施工现场为达到环保部门要求所需的各项费用。

(2)文明施工费。指施工现场文明施工所需要的各项费用。

(3)安全施工费。指施工现场安全施工所需要的各项费用。

(4)临时设施费。指施工企业为进行建设施工所必须搭设的生活和生产用的临时建筑物、构筑物和其他临时设施费用,包括临时设施的搭设、维修、拆除、清理或摊销费等。

(5)扬尘污染防治增加费。根据河南省实际情况,施工现场扬尘污染防治标准提高所需增加的费用。

2.单价类措施费

单价类措施费是指计价定额中规定的,在施工过程中可以计量的措施项目。内容包括:

(1)脚手架费。指施工需要的各种脚手架搭、拆、运输费用及脚手架购置费的摊销(或租赁)费用。

(2)垂直运输费。

(3)超高增加费。

(4)大型机械设备进出场及安拆费。指计价定额中列项的大型机械设备进出场及安拆费。

(5)施工排水费及井点降水费。

(6)其他费用。

3.其他措施费(费率类,见表8-1)

其他措施费是指计价定额中规定的,在施工过程中不可计量的措施项目。内容包括:

(1)夜间施工增加费。指因夜间施工所发生的夜班补助费、夜间施工降效、夜间施工照明设备摊销及照明用电等费用。

(2)二次搬运费。指因施工场地条件限制而发生的材料、构配件、半成品等一次运输不能到达堆放地点,必须进行二次或者多次搬运所发生的费用。

(3)冬雨季施工增加费用。指在冬季施工需增加的临时设施,防滑、除雪,人工及施工机械效率降低等增加的费用。

表8-1 措施费费率表

序号	费用名称	所占比例(占定额其他措施费的比例)
1	夜间施工增加费	25%
2	二次搬运费	50%
3	冬雨季施工增加费	25%

五、措施费的调整原则

因分部分项工程工程量清单漏项或非承包人原因的工程变更,引起措施项目发生变化,影响施工组织设计或施工方案发生变更,造成措施费变化的调整原则:原措施费中已有的措施项目,按原措施费的组价方法调整;原措施费中没有的措施项目,由承包人根据措施项目变更情况,提出适当的措施费变更,经发包人确认后调整。

在合同履行过程中,非承包人原因引起的工程量增减与招标文件中提供的工程量可能有偏差,该偏差对工程量清单项目的综合单价将产生影响,是否调整综合单价以及如何调整应在合同中约定。若合同未做约定按以下原则办理:当工程量清单项目工程量的变化幅度在10%以内时,其综合单价不做调整,执行原有综合单价;当工程量清单项目工程量的变化幅度在10%以上,且其影响分部分项工程费超过0.1%时,其综合单价以及对应的措施费(如有)均应做调整。调整的方法是由承包人对增加的工程量或减少的工程量提出新的综合单价和措施项目费,经发包人确认后调整。

六、其他项目费的构成及计算

投标人填写部分,投标人不得随意更改招标人提供的项目、数量,且必须报价。如不报价,招标人有权认为投标人就未报价内容无偿为自己服务。当投标人认为招标人列项不全时,投标人可自行增加列项并确定工程数量及计价。

(1)暂列金额应按招标人在其他项目清单中列出的金额填写,不得变动,投标人只需要直接将工程量清单中所列的暂列金额纳入投标总价,并且不需要在工程量清单中所列的暂列金额以外再考虑任何其他费用。暂列金额尽管包含在投标总价中(所以也将包含在中标人的合同总价中),但不属于承包人所有和支配,是否属于承包人所有受合同约定的开支程序的制约;暂列金额可根据工程的复杂程度、设计深度、工程环境条件(包括地质、水文、气候条件等)进行估算,一般可以分部分项工程费的10%~15%作为参考。

(2)暂估价在招标阶段肯定要发生,只是因为标准不明确或需要由专业承包人完成,暂时无法确定具体价格。招标人针对每一类暂估价给出相应的拟用项目,即按照材料设备的名称分别给出,这样的材料设备暂估价应该纳入到项目综合单价中。

材料暂估价应按招标人在其他项目清单中列出的单价计入综合单价。专业工程暂估价是指分包人实施专业分包工程的含税金后的完整价,除了合同约定的承包人应承担的总包管理、协调、配合和服务责任所对应的总承包服务费以外,承包人为履行其总包管理、配合、协调和服务等所需发生的费用应该包括在投标价格中,专业工程暂估价应按招标人在其他项目清单中列出的金额填写。

(3)计日工按招标人在其他项目清单中列出的项目和数量,编制投标报价时,人工、材料、机械台班单价由投标人自主确定,按已给的暂估数量计算合价计入投标总价中。

在编制招标控制价时,对计日工中的人工单价和施工机械台班单价,应按省级、行业建设主管部门或其授权的工程造价管理机构公布的单价计算;材料应按工程造价管理机构发布的工程造价信息中的材料单价计算,未发布单价的材料价格应按市场调查确定的单价计算。

(4)总承包服务费应依据招标人在招标文件中列出的分包专业工程内容和供应材料、设备情况,按照招标人提出的协调、配合与服务要求和施工现场管理需要自主确定、编制投标报价,由投标人根据工程量清单中的总承包服务内容,自主决定报价。

编制招标控制价时,总承包服务费应按照省级或行业建设主管部门的规定计算,计价规范列出的标准仅供参考。招标人仅要求对分包的专业工程进行总承包管理和协调时,按分包的专业工程估算造价的1.5%计算;招标人要求对分包的专业工程进行总承包管理和协调,并同时要求提供配合服务时,根据招标文件列出的配合服务内容和提出的要求,按分包的专业工程估算造价的3%~5%计算;招标人自行供应材料的,按招标人供应材料价值的1%计算。

七、规费和税金的计算

规费是指按照国家法律、法规规定,由省级政府和省级有关权力部门规定必须缴纳或计取的费用。内容如下。

1.社会保险费

(1)养老保险费。指企业按照规定标准为职工缴纳的基本养老保险费。

(2)失业保险费。指企业按照规定标准为职工缴纳的失业保险费。

(3)医疗保险费。指企业按照规定标准为职工缴纳的基本医疗保险费。

(4)生育保险费。指企业按照规定标准为职工缴纳的生育保险费。

(5)工伤保险费。指企业按照规定标准为职工缴纳的工伤保险费。

2.住房公积金

住房公积金是指企业为职工缴纳的长期住房储金。

3.工程排污费

工程排污费是指企业按规定缴纳的施工现场工程排污费。

4.其他应列而未列入的规费

按实际发生计取。

5.增值税

增值税是根据国家有关规定,计入建筑安装工程造价内的增值税。

八、组价的应用及费用的计算

【综合训练 1】某土石方工程,基础为 C25 混凝土条形基础,垫层为 C15 混凝土垫层,垫层底宽度为 1400 mm,挖土深度为 1800 mm,基础总长为 220 m。室外设计地坪以下基础的体积为 227 m^3,垫层体积为 31 m^3,试用清单计价法计算挖基础土方、土石方回填、余土外运等分项工程的清单项目费。

解:

本例的清单项目有两个:挖基础土方,工程内容包括挖沟槽土方、场内外运输土方;土石方回填,工程内容为回填土夯填。

清单工程量(招标人根据施工图计算):

基础挖土底面积:$1.4\times220=308(m^2)$

基础土方挖方总量:$308\times1.8=554.40(m^3)$

基础回填土工程量:$554.40-(227+31)=296.40(m^3)$

土石方工程分部分项工程量清单与计价表见表 8-2。

表 8-2 土石方工程分部分项工程量清单与计价表

工程名称:某土石方工程　　标段:　　第　页 共　页

序号	项目编码	项目名称	项目特征描述	计量单位	工程量	金额/元	
						综合单价	合价
A.1 土石方工程							
1	略	挖基础土方	三类土,条形基础,垫层底宽1.4 m,挖土深度 2 m 以内,弃土运距为 3 km	m^2	554.40		
2	略	土石方回填	人工夯填,弃土运距:3 km 分层夯实	m^3	296.40		

投标人报价计算:

根据地质资料和施工方案,该基础工程土质为三类土,人工挖土、人工装自卸汽车运卸土方。

在进行综合单价计算时,可先按各定额子目计算规则计算相应工程量,再折算为综合单价分析表中的数量来确定综合单价。

(1)计价工程量

根据施工组织设计要求,需在垫层底面增加操作工作面,其宽度每边为 0.40 m,并且需从垫层底面放坡,放坡系数为 0.33。

基础挖土截面积：$(1.4+2\times0.40+0.33\times1.8)\times1.8=5.03(m^2)$

基础土方挖方总量：$5.029\times220=1106.38(m^3)$

基础回填：$1106.38-(227+31)=848.38(m^3)$

剩余弃土：258 m^3，人工装自卸汽车运卸，运距为 3 km。

(2)综合单价分析(表 8-3~表 8-5)

按照《河南省房屋建筑与装饰工程预算定额(2016)》，进行套价计算和换算。

表 8-3　土石方工程工程量清单综合单价分析表(一)

工程名称：某土石方工程　　　　标段：　　　　第 1 页　共 1 页

项目编码	略		项目名称	人工挖基槽		计量单位		m^3	工程量		554
清单综合单价组成明细											
定额编号	定额项目名称	定额单位	数量	单价/元				合价/(元/m^3)			
				人工费	材料费	机械费	管理费和利润	人工费	材料费	机械费	管理费和利润
1-11	人工挖沟槽土方(槽深)三类土≤2 m	10 m^3	0.1	379.1			88.84	37.91			8.88
1-27	人工装车土方	10 m^3	0.1	91.46			21.37	9.15			2.14
1-65+(1-66)×2	自卸汽车运土方 运距≤1 km，实际运距为 3 km	10 m^3	0.1	1.95		86.24	3.53	0.20		8.62	0.35
人工单价		小计						47.26		8.62	11.37
66.18 元/工日 普工 87.1 元/工日		未计价材料费									
清单项目综合单价/(元/m^3)								67.25			

表 8-4　土石方工程工程量清单综合单价分析表(二)

工程名称：某土石方工程　　　　标段：　　　　第 1 页　共 1 页

项目编码	略		项目名称	回填方		计量单位		m^3	工程量		296
清单综合单价组成明细											
定额编号	定额项目名称	定额单位	数量	单价/元				合价/(元/m^3)			
				人工费	材料费	机械费	管理费和利润	人工费	材料费	机械费	管理费和利润
1-131	夯填土人工槽坑	10 m^3	0.1	128.46	0.8		30.2	12.85	0.08		3.02
人工单价		小计						12.85	0.08		3.02
66.19 元/工日 普工 87.1 元/工日		未计价材料费									
清单项目综合单价/(元/m^3)								15.95			

表 8-5　　土石方分部分项工程工程量清单与计价表

工程名称:某土石方工程　　　　　　　　标段:　　　　　　　　第　　页 共　　页

序号	项目编码	项目名称	项目特征描述	计量单位	工程量	金额/元	
						综合单价	合价
A.1 土石方工程							
1	略	挖基础土方	三类土,条形基础,垫层底宽 1.4 m,挖土深度 2 m 以内,弃土运距为 3 km	m^3	554	92.83	51427.82
2	略	土石方回填	人工夯填,弃土运距为 3 km,分层夯实	m^3	296	41.09	12162.64
		分部小计					63590.46

【综合训练 2】某工程采用喷粉桩进行地基加固,设计桩顶距自然地面 1.5 m,基础垫层距自然地面 2.0 m,桩径为 0.5 m,桩长 12 m,水泥掺量为每米桩长加水泥 50 kg,共 2000 根桩。试计算喷粉桩工程的费用。

解:首先确定水泥掺入百分比。

每米桩的体积 $V = \frac{\pi}{4} \times 0.5^2 \times 1.0 = 0.196(m^3)$

假定桩身密度为 2000 kg/m^3,则每米桩长质量:

$G = 2000 \times V = 392(kg)$

水泥掺量百分比为:

$\eta = 50/392 = 12.8\%$,可以近似按 13%计算。

(1)喷粉桩

工程量 $=3.14\times0.25^2\times12.5\times2000=4906.25(m^3)>100\ m^3$

(2-52)基价+(2-54)基价×3=1988.00+70.28×3=2198.84(元/10m^3)

费用(1)= 4906.25×2198.84/10=1078805.88(元)

(2)截桩头

工程量 $=3.14\times0.25^2\times0.5\times2000=196.25(m^3)$

(2-61)基价=2052.42(元/10 m^3)

费用(2)= 2052.42×196.25=402787.43(元)

(3)合计费用=1481593.31 元

【综合训练 3】某单层建筑物檐口高度为 3.6 m,经计算需要砌筑多孔砖(规格为 240 mm×115 mm×90 mm)外墙为 68 m^3,其中有 8 m^3 为圆弧墙;空心砖(规格为 240 mm×240 mm×115 mm)内墙共 46 m^3。所有墙体均为 1 砖厚,砂浆全部采用 M10 干混砌筑砂浆。试计算砌筑工程的综合单价合计,并用清单计价法计算综合单价。

解：

(1)空心砖内墙(4-18)基价

$V=46\ m^3$

定额基价=3708.27 元/10 m^3

(2)多孔砖外墙(4-14)基价

$V=60\ m^3$

综合单价=3970.28 元/10 m^3

(3)圆弧形多孔砖外墙(4-14)基价

$V=8\ m^3$

综合单价=3970.28+1243.65×0.10+2006.70×0.03=4154.85 元/10 m^3

(4)本砌筑工程综合单价合计=4.6×3708.27+6.0×3970.28+0.8×4154.85=44203.60(元)

(5)综合单价见表 8-6~表 8-8。

表 8-6 综合单价分析表(一)

工程名称:单位工程　　　　标段:

项目编码	010401005001	项目名称		空心砖墙		计量单位		m^3	工程量		46
清单综合单价组成明细											
定额编号	定额项目名称	定额单位	数量	单价/元				合价/(元/m^3)			
				人工费	材料费	机械费	管理费和利润	人工费	材料费	机械费	管理费和利润
4-18	空心砖墙 1 砖	10 m^3	0.1	922.42	2029.89	28.64	336.83	92.24	202.99	2.86	33.68
人工单价		小计						92.24	202.99	2.86	33.68
高级技工 201 元/工日,普工 87.1 元/工日,一般技工 134 元/工日		未计价材料费									
清单项目综合单价								331.77			
材料费明细	主要材料名称、规格、型号					单位	数量	单价/元	合价/元	暂估单价/元	暂估合价/元
	水					m^3	0.103	5.13	0.53		
	烧结煤矸石空心砖 240 mm×240 mm×115 mm					千块	0.137	1300	178.10		
	干混砌筑砂浆 DM M10					m^3	0.1332	180	23.98		
	其他材料费					元	0.3849	1	0.38		
	材料费小计								202.99		

注: 1.如不使用省级或行业建设主管部门发布的计价依据,可不填定额编号、名称等。

2.招标文件提供了暂估单价的材料,按暂估的单价填入表内“暂估单价”栏及“暂估合价”栏。

表 8-7 综合单价分析表(二)

工程名称:单位工程　　　　　　　　　　标段:

项目编码	010401004001		项目名称		多孔砖墙		计量单位	m³		工程量	60
清单综合单价组成明细											
定额编号	定额项目名称	定额单位	数量	单价/元				合价/(元/m³)			
				人工费	材料费	机械费	管理费和利润	人工费	材料费	机械费	管理费和利润
4-14	多孔砖墙 1 砖	10 m³	0.1	1075.71	2006.7	40.7	392.56	107.57	200.67	4.07	39.26
人工单价		小计						107.57	200.67	4.07	39.26
高级技工 201 元/工日,普工 87.1 元/工日,一般技工 134 元/工日		未计价材料费									
清单项目综合单价								351.57			
材料费明细	主要材料名称、规格、型号					单位	数量	单价/元	合价/元	暂估单价/元	暂估合价/元
	水					m³	0.117	5.13	0.60		
	干混砌筑砂浆 DM M10					m³	0.1892	180	34.06		
	其他材料费					元	0.2405	1	0.24		
	烧结多孔砖 240 mm×115 mm×90 mm					千块	0.3397	488	165.77		
	材料费小计								200.67		

注:1.如不使用省级或行业建设主管部门发布的计价依据,可不填定额编号、名称等。

2.招标文件提供了暂估单价的材料,按暂估的单价填入表内“暂估单价”栏及“暂估合价”栏。

表 8-8 综合单价分析表(三)

工程名称:单位工程　　　　　　　　　　标段:

项目编码	010401004002		项目名称		多孔砖墙		计量单位	m³		工程量	8
清单综合单价组成明细											
定额编号	定额项目名称	定额单位	数量	单价/元				合价/(元/m³)			
				人工费	材料费	机械费	管理费和利润	人工费	材料费	机械费	管理费和利润
4-14 换	多孔砖墙 1 砖。如为砌筑者,人工×1.10;砖、砌块及石砌体及砂浆(黏结剂)×1.03	10 m³	0.1	1183.28	2066.65	40.7	392.56	118.33	206.67	4.07	39.26

续表 8-8

人工单价	小计			118.33	206.67	4.07	39.26
高级技工 201 元/工日，普工 87.1 元/工日，一般技工 134 元/工日	未计价材料费						
清单项目综合单价				368.33			
材料费明细	主要材料名称、规格、型号	单位	数量	单价/元	合价/元	暂估单价/元	暂估合价/元
	水	m^3	0.117	5.13	0.60		
	干混砌筑砂浆 DM M10	m^3	0.1949	180	35.08		
	其他材料费	元	0.2405	1	0.24		
	烧结多孔砖 240 mm×115 mm×90 mm	千块	0.3499	488	170.75		
	材料费小计				206.67		

注：1.如不使用省级或行业建设主管部门发布的计价依据，可不填定额编号、名称等。

2.招标文件提供了暂估单价的材料，按暂估的单价填入表内“暂估单价”栏及“暂估合价”栏。

【综合训练 4】某工程层面示意图如图 8-1 所示，屋面卷材防水工程量清单为 314.9 m^2，屋面做法（图中虚线为外墙的外边线）：

（1）20 mm 厚 1∶3水泥砂浆找平层，314.9 m^2；

（2）干铺 1∶8水泥炉渣，最薄处厚度为 60 mm，52.9 m^2；

（3）100 mm 厚加气混凝土块，31.5 m^2；

（4）20 mm 厚 1∶2.5 水泥砂浆找平层，314.9 m^2；

（5）3 mm 厚溶剂型 SBS 改性沥青防水卷材，314.9 m^2。

试用清单计价法计算屋面卷材防水分项工程的综合单价。

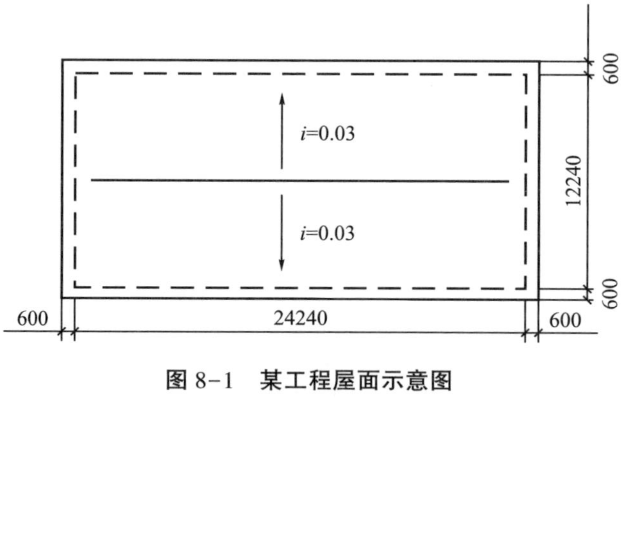

图 8-1 某工程屋面示意图

解：见表 8-9。

表 8-9 分部分项工程量清单综合单价分析表

工程名称:单位工程　　标段:　　第 1 页 共 1 页

项目编码	略	项目名称		屋面卷材防水		计量单位	m²	工程量		314.9	
清单综合单价组成明细											
定额编号	定额项目名称	定额单位	数量	单价/元				合价/(元/m²)			
				人工费	材料费	机械费	管理费和利润	人工费	材料费	机械费	管理费和利润
11-1	平面砂浆找平层混凝土或硬基层上 20 mm	100 m²	0.01	839.68	369.25	68.49	254.38	8.40	3.69	0.68	2.54
10-11+10-12×7	屋面水泥炉渣厚度 100 mm,实际厚度 170 mm	100 m²	0.01	1099.82	2028.78		352.33	11	20.29		3.52
10-1-10-2×8	屋面加气混凝土块干铺厚度 180 mm,实际厚度 100 mm	100 m²	0.01	282.65	1911		89.5	2.83	19.11		0.90
11-2	平面砂浆找平层填充材料上 20 mm	100 m²	0.01	1003.6	461.05	85.61	304.71	10.04	4.61	0.86	3.05
9-34	卷材防水改性沥青卷材热熔法一层平面	100 m²	0.01	235.3	3814.6		82.84	2.35	38.15		0.83
人工单价		小计						34.62	85.85	1.54	10.84
106.55 元/工日		未计价材料费									
清单项目综合单价/(元/m²)								132.85			

【综合训练 5】某房间天棚吊顶采用在混凝土板下吊方木龙骨(双层楞 450 mm×450 mm),面层采用钢板网钉在龙骨上,天棚水平投影面积为 380 m²,面层同为 380 m²,板方木材单价为 1550.00 元/m³,网钉 70 mm 的单价为 5.30 元/kg。求其综合单价合计。

解:

(1)天棚方木龙骨工程量=380 m²,套用(13-25)子目:6087.53 元/100 m²,需对其进行换算:

(13-25)基价换=6087.53+1.855×(1550-1450)+8.392×(7-5.30)
=6287.30(元/100 m²)

方木龙骨基价合计=3.8×6287.30
=23891.73(元)

(2)钢板网钉在木龙骨上工程量 = 380 m^2,套用(13-92)子目:3825.97 元/100 m^2

钢板网基价合计 = 3.8×3825.97

= 14538.69(元)

(3)基价合计 = 23891.73+14538.69

= 38430.42(元)

【综合训练 6】某工程墙裙采用木龙骨(断面 30 cm^2,中距 50 cm 以内)基层,面层为铝合金扣板,现已知墙裙的面积为 630 m^2,墙裙刷聚氨酯漆 3 遍。试计算上述做法的综合单价合计。

解:

(1)木龙骨基层工程量 = 630 m^2

木龙骨基层基价合计 = 6.3(100 m^2)×(12-127)基价 = 6.3×5523.08 = 34795.40(元)

(2)铝合金扣板工程量 = 630 m^2

铝合金扣板基价合计 = 6.3(100 m^2)×(12-158)基价 = 6.3×11491.36 = 72395.57(元)

(3)墙裙油漆工程量 = 630 m^2

(14-109)基价+(14-110)基价 = 2941.28+637.48

= 3578.76(元/100 m^2)

墙裙油漆基价合计 = 6.3(100 m^2)×3578.76 = 22546.19(元)

(4)基价合计 = 133315.90(元)

【综合训练 7】某工程基础外围降水井点布置尺寸为 46.2 m×16.8 m(矩形),采用轻型井点降水,井点间距为 1 m,降水时间为 30 天。求降水的综合单价合计。

解:

(1)井点套组成:轻型井点以 50 根为一套,喷射井点以 30 根为一套,使用时累计根数轻型井点少于 25 根,喷射井点少于 15 根,使用费按相应定额乘以系数 0.7。

(2)井管间距应根据地质条件和施工降水要求,按施工组织设计确定,施工组织设计未考虑时,可按轻型井点管距 1.2 m、喷射井点管距 2.5 m 确定。使用天以每昼夜 24 h 为一天,井点降水总根数不足一套时,可按一套计算使用费。

①成井　(17-155)基价 = 3735.47 元/10 根

(46.2+16.8)×2/1 = 126(根)

②排水、降水　(17-165)基价 = 341.2 元/(套·天)

126/50 根

按 3 套×30 = 90(套·天)

则综合单价合计 = 3735.47×126/10+341.2×90 = 77774.92(元)

【综合训练 8】某工程现浇框架结构,其首层结构平面图如图 8-2 所示,已知设计室内地坪±0.000 m，柱基顶面标高−0.900 m，楼面结构标高为 6.5 m，柱、梁、板均采用 C20 现浇混凝土，板厚度 120 mm。试计算柱、有梁板的混凝土工程量和模板措施项目费。

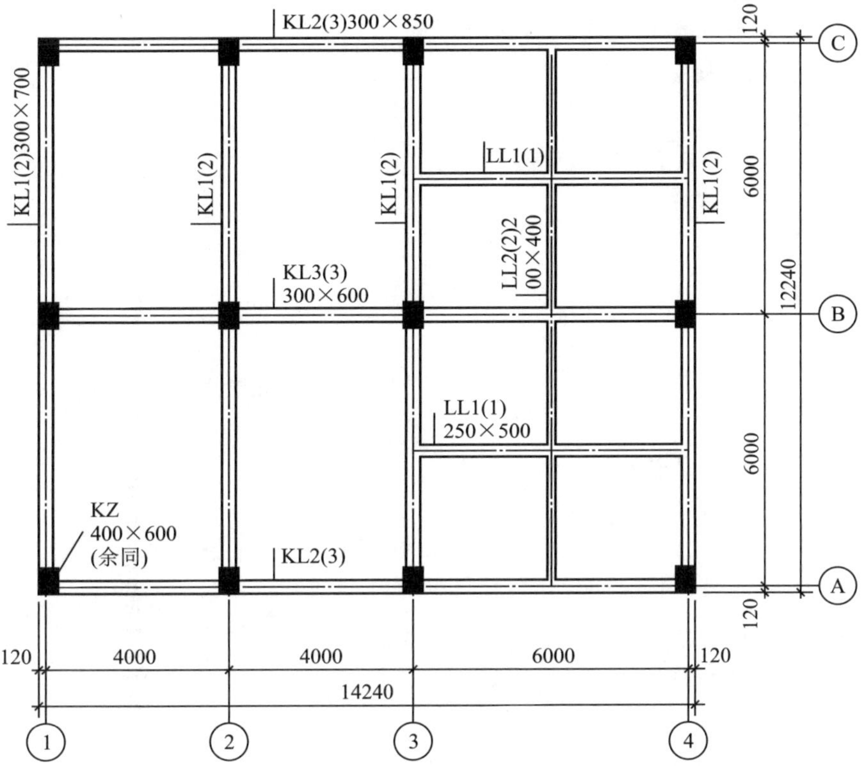

图 8-2 现浇框架结构首层结构平面图

解：

(1) 柱、梁、板的混凝土工程量

C20 现浇混凝土框架柱：

$(6.5+0.9)\times0.4\times0.6\times12=21.31(m^3)$

C20 现浇混凝土框架梁、连系梁：

KL1：

$(12.24-0.6\times3)\times0.3\times0.58\times4=10.44\times0.3\times0.58\times4=7.266(m^3)$

KL2：

$(14.24-0.4\times4)\times0.3\times0.73\times2=12.64\times0.3\times0.73\times2=5.536(m^3)$

KL3：

$(14.24-0.4\times4)\times0.3\times0.48=12.64\times0.3\times0.48=1.820(m^3)$

LL1：

$(6-0.18-0.15)\times0.25\times0.38\times2=5.67\times0.25\times0.38\times2=1.077(m^3)$

LL2：

$(12.24-0.6-0.5-0.3)\times0.2\times0.28=10.84\times0.2\times0.28=0.607(m^3)$

框架梁、连系梁混凝土工程量=16.31(m^3)

C20 现浇混凝土楼板:

12.24×14.24×0.12=20.92(m^3)

总计:现浇钢筋混凝土有梁板 37.23 m^3。

(2)柱、梁、板的模板工程量

框架柱模板:

(6.5+0.9)×(0.4+0.6)×2×12=177.60(m^2)

框架梁、连系梁模板:

KL1:

(12.24−0.6×3)×(0.58×2+0.3)×4=60.97(m^2)

KL2:

(12.24−0.4×4)×(0.73×2+0.3)×2=37.45(m^2)

KL3:

(14.24−0.4×4)×(0.48×2+0.3)= 15.93(m^2)

LL1:

(6−0.18−0.15)×(0.38×2+0.25)×2=11.45(m^2)

LL2:

(12.24−0.3×3−0.25×2)×(0.28×2+0.2)= 8.24(m^2)

框架梁、连系梁模板工程量=134.04(m^2)

楼板模板:

(12.24+14.24)×2×0.12+12.24×14.24=180.65(m^2)

有梁板模板工程量=134.04+180.65=314.69(m^2)

柱、有梁板混凝土清单与计价见表 8-10。

表 8-10 柱、有梁板混凝土清单与计价表

工程名称: 标段: 第 页 共 页

序号	项目编码	项目名称	项目特征描述	计量单位	工程量	金额/元	
						综合单价	合价
1	略	现浇钢筋混凝土柱	矩形柱,断面尺寸:400 mm×600 mm	m^3	21.31	370.95	7904.94
2	略	现浇钢筋混凝土有梁板	矩形梁	m^3	37.23	316.86	11796.70
本页小计							19701.64
合计							19701.64

(3)清单项目综合单价确定

见表 8-11~表 8-14。

表 8-11　模板工程量清单综合单价分析表(一)

工程名称:单位工程　　　　标段:　　　　第 1 页　共 1 页

项目编码	略		项目名称		矩形柱		计量单位	m^2	工程量		177.60
清单综合单价组成明细											
定额编号	定额项目名称	定额单位	数量	单价/元				合价/(元/m^2)			
				人工费	材料费	机械费	管理费和利润	人工费	材料费	机械费	管理费和利润
5-220+5-226×4	现浇混凝土模板矩形柱复合模板钢支撑实际高度为 7.4 m	100 m^2	0.01	3122.13	2938.68	1.38	1727.33	31.22	29.39	0.01	17.27
人工单价		小计						31.22	29.39	0.01	17.27
96.22 元/工日		未计价材料费									
清单项目综合单价/(元/m^2)								77.89			

表 8-12　模板工程量清单综合单价分析表(二)

工程名称:单位工程　　　　标段:　　　　第 1 页　共 1 页

项目编码	略		项目名称		有梁板		计量单位	m^2	工程量		314.69
清单综合单价组成明细											
定额编号	定额项目名称	定额单位	数量	单价				合价			
				人工费	材料费	机械费	管理费和利润	人工费	材料费	机械费	管理费和利润
5-256+5-278×4	现浇混凝土模板有梁板复合模板钢支撑实际高度(m):7.4	100 m^2	0.01	3147.65	2759.67	0.93	1741.16	31.48	27.60	0.01	17.41
人工单价		小计						31.48	27.60	0.01	17.41
96.22 元/工日		未计价材料费									
清单项目综合单价								76.50			

表 8-13 模板工程量清单综合单价分析表(三)

工程名称:单位工程　　　　　　　　　　　　　　　标段:　　　　　　　　　　　　　　　第 1 页　共 1 页

项目编码	略		项目名称	矩形柱		计量单位	m^3	工程量		21.31
清单综合单价组成明细										
定额编号	定额项目名称	定额单位	数量	单价/元				合价/(元/m^3)		
				人工费	材料费	机械费	管理费和利润	人工费	材料费	机械费	管理费和利润
5-11	现浇混凝土矩形柱	10 m^3	0.1	693.82	2631.85		383.91	69.38	263.19		38.39
人工单价		小计						69.38	263.19		38.39
96.22 元/工日		未计价材料费									
清单项目综合单价/(元/m^3)								370.96			

表 8-14 模板工程量清单综合单价分析表(四)

工程名称:单位工程　　　　　　　　　　　　　　　标段:　　　　　　　　　　　　　　　第 1 页　共 1 页

项目编码	略		项目名称	有梁板		计量单位	m^3	工程量		37.23	
清单综合单价组成明细											
定额编号	定额项目名称	定额单位	数量	单价/元				合价/(元/m^3)			
				人工费	材料费	机械费	管理费和利润	人工费	材料费	机械费	管理费和利润
5-30	现浇混凝土有梁板	10 m^3	0.1	291.72	2713.1	2.51	161.34	29.17	271.31	0.25	16.13
人工单价		小计						29.17	271.31	0.25	16.13
96.21 元/工日		未计价材料费									
清单项目综合单价/(元/m^3)								316.86			

(4)措施项目工程费

措施清单项目采用综合单价方式报价,列出项目编码、项目名称、项目特征、计量单位和工程量计算规则。河南省定额说明:技术措施项目费包括施工排水、降水费,大型机械设备进出场及安拆费,现浇混凝土及预制构件模板使用费,脚手架使用费,垂直运输费,现浇混凝土泵送费,分别按定额相应的子目计算,见表 8-15。

表 8-15 措施项目清单与计价表

工程名称:　　　　　　　　　　　　标段:　　　　　　　　　　　　　　　第　　页　共　　页

序号	项目编码	项目名称	项目特征描述	计量单位	工程量	金额/元	
						综合单价	合价
1	略	现浇钢筋混凝土柱模板费	矩形柱,断面尺寸:400 mm×600 mm,支模高度为 7.28 m	m^2	177.60	77.9	13835.04

续表 8-15

2	略	现浇钢筋混凝土有梁板模板费	矩形梁，板底支模高度为 7.28 m	m^2	314.69	76.5	24073.79
本页小计							37908.83
合计							37908.83

项目二　房屋建筑与装饰工程工程量清单计价实训

设计总说明如下。

(1)本工程为地上二层框架结构，基础为梁板式筏形基础，1 级抗震，二类土。

(2)混凝土标号：基础垫层 C10；±0.000 以下 C30；±0.000 以上 C25。

(3)混凝土保护层厚度：板 15 mm，梁和柱 25 mm，基础底板 40 mm。

(4)钢筋直径小于 18 mm 的采用搭接形式，其他为机械连接。

(5)图中未注明的分布筋均为ϕ 8@ 200。

(6)砖墙与框架柱及构造柱连接处应设连续筋，须每隔 500 mm 高度配 2 根直径 6 mm 的拉接筋，深入墙内 1 m。

(7)砖材料为 M10 标准砖。

门窗过梁见表 8-16，工程做法见表 8-17，各类建筑图见图 8-3~图 8-15。

表 8-16　门窗过梁

编号	宽度/mm	高度/mm	离地高/mm	名称	数量	过梁高/mm	过梁宽	过梁长
M-1	2400	2700		镶板门	1	240	同墙厚	洞口宽度加 500 mm
M-2	900	2400		胶合板门	4	120		
M-3	900	2100		胶合板门	2	120		
M-4	750	2100		胶合板门	1	120		
C-1	1500	1800	900	塑钢窗	8	180		
C-2	1800	1800	900	塑钢窗	2	180		
MC-1	窗宽 1500 门宽 900	窗高 1800 门高 2700	900	塑钢门联窗	1	240		

表 8-17　工程做法

序号	做法名称	工程做法	施工部位
1	玻化砖地面	(1)10 mm 厚玻化砖，稀水泥浆擦缝 (2)6 mm 厚建筑胶水泥砂浆黏结层 (3)20 mm 厚 1∶3水泥砂浆找平 (4)素水泥浆一道 (5)50 mm 厚 C10 混凝土 (6)150 mm 厚 3∶7灰土垫层 (7)素土夯实	一层地面 台阶

续表 8-17

序号	做法名称	工程做法	施工部位
2	玻化砖楼面	(1)10 mm 厚玻化砖,稀水泥浆擦缝 (2)6 mm 厚建筑胶水泥砂浆黏结层 (3)素水泥浆一道 (4)35 mm 厚 C15 细石混凝土找平层 (5)素水泥浆一道 (6)钢筋混凝土楼板	二层楼面 楼梯面层
3	铺地砖地面	(1)10 mm 厚耐磨地砖,干水泥擦缝 (2)6 mm 厚建筑胶水泥砂浆黏结层 (3)60 mm 厚 C20 细石混凝土向地漏找坡,最薄处 30 mm (4)聚氨酯涂膜防水层厚 1.5~1.8 mm,周边卷起高 150 mm (5)20 mm 厚 1:3水泥砂浆找平 (6)150 mm 厚 3:7灰土垫层 (7)素土夯实	卫生间地面
4	釉面砖墙面	(1)贴 5 mm 厚釉面砖,白水泥擦缝 (2)6 mm 厚 1:0.2:2.5 水泥石灰膏砂浆 (3)12 mm 厚 1:3水泥砂浆打底扫毛	卫生间墙面
5	内墙 涂料	(1)白色乳胶漆 (2)2 mm 厚麻刀灰抹面 (3)9 mm 厚 1:3石灰膏砂浆 (4)5 mm 厚 1:3:9水泥石灰膏砂浆打底,划出纹理	卫生间以外 其他房间墙面
6	水泥砂浆墙面	(1)6 mm 厚 1:2.5 水泥砂浆罩面 (2)12 mm 厚 1:3水泥砂浆打底扫毛	女儿墙内墙面
7	水泥砂浆顶棚	(1)白色乳胶漆 (2)5 mm 厚 1:2.5 水泥砂浆抹面 (3)5 mm 厚 1:2.5 水泥砂浆打底 (4)素水泥浆结合层一道(掺建筑胶)	卫生间顶棚
8	混合砂浆顶棚	(1)白色乳胶漆 (2)5 mm 厚 1:0.3:2.5 水泥石灰膏砂浆 (3)5 mm 厚 1:0.3:3水泥石灰膏砂浆打底扫毛 (4)素水泥浆结合层一道(掺建筑胶)	卫生间以外 其他房间顶棚
9	花岗岩踢脚	(1)10 mm 厚花岗岩踢脚板,稀水泥浆擦缝 (2)12 mm 厚 1:2水泥砂浆黏结层 (3)5 mm 厚 1:3水泥砂浆打底扫毛(掺建筑胶)	卫生间 以外房间
10	贴彩色釉面砖	(1)1:1水泥砂浆勾缝 (2)贴 6~10 mm 厚彩釉面砖 (3)6 mm 厚 1:0.2:2.5 水泥石灰膏砂浆(掺建筑胶) (4)12 mm 厚 1:3水泥砂浆打底扫毛	外墙面及阳台 栏板外立面
11	散水	80 mm 厚混凝土 C10 垫层 散水面层一次抹光	散水

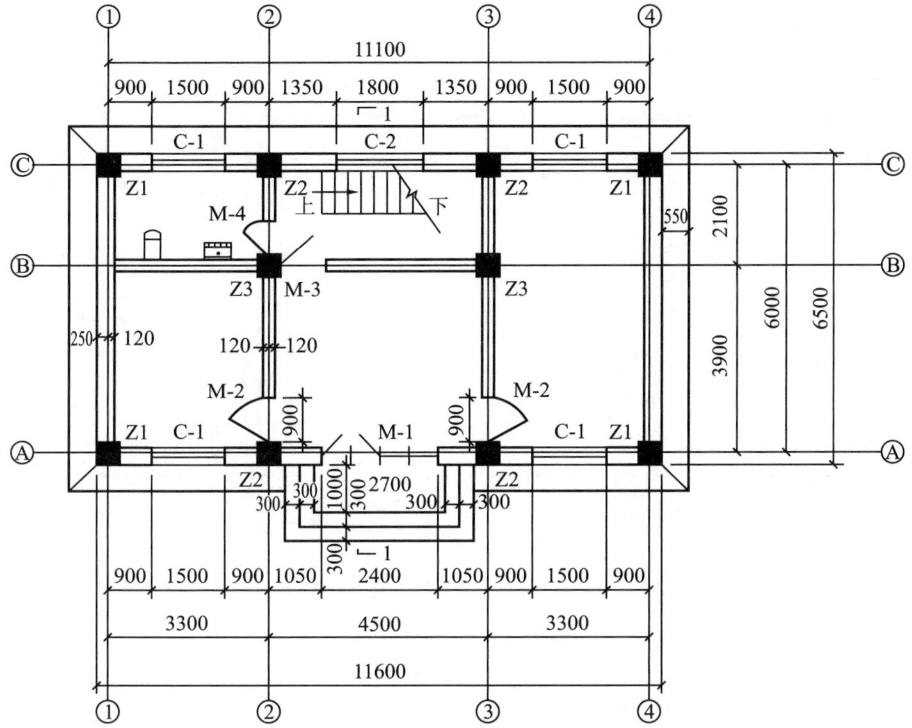

图 8-3　一层平面图

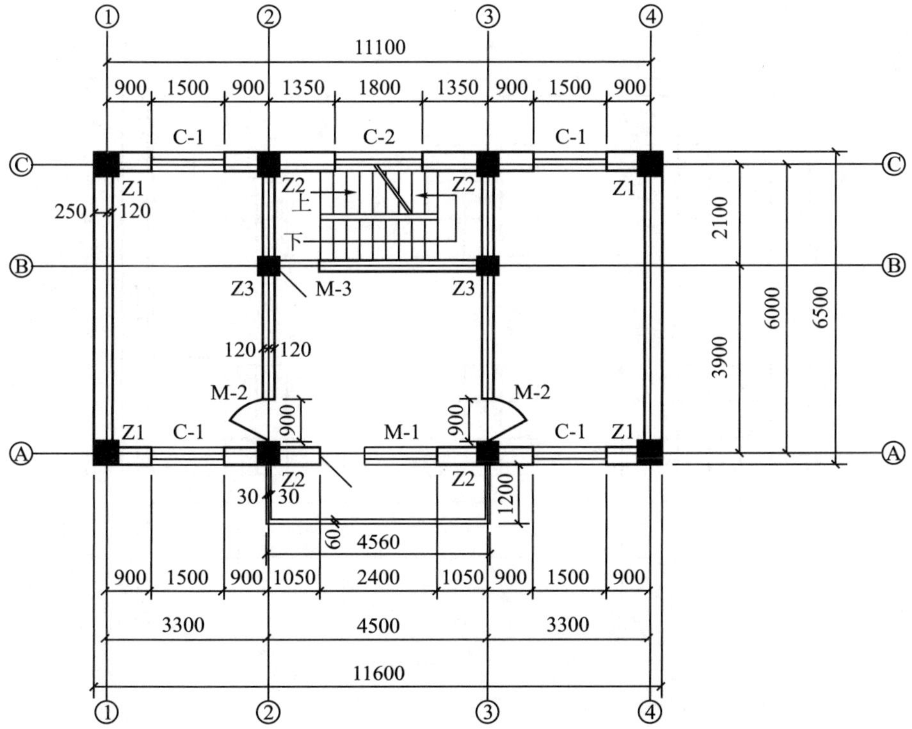

图 8-4　二层平面图

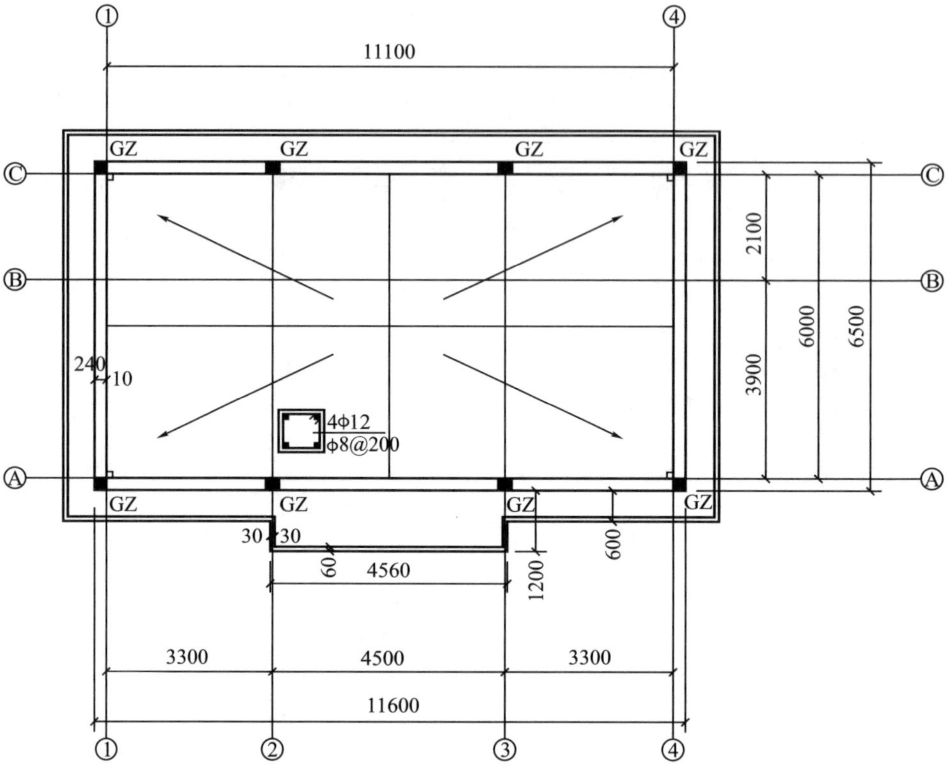

图 8-5 屋顶平面图

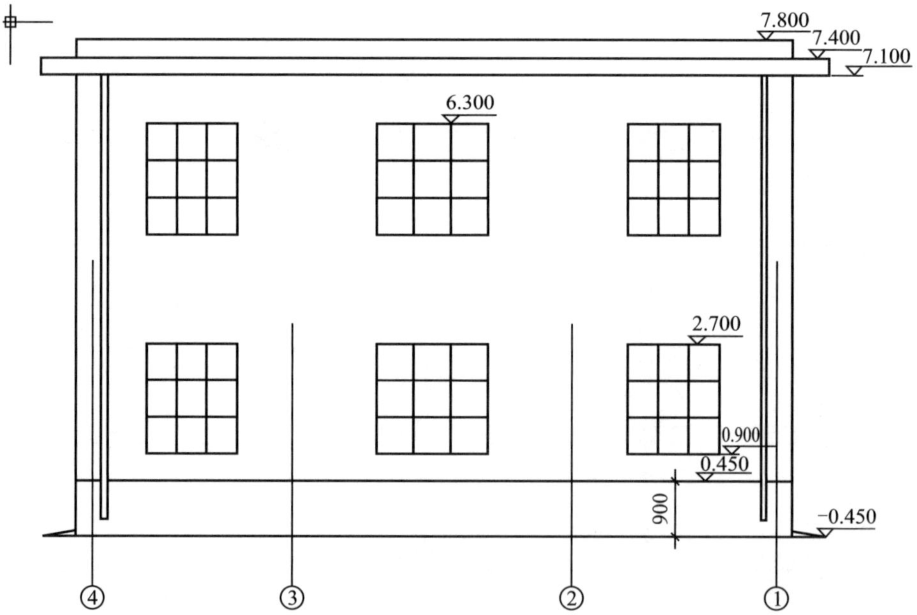

图 8-6 北立面图

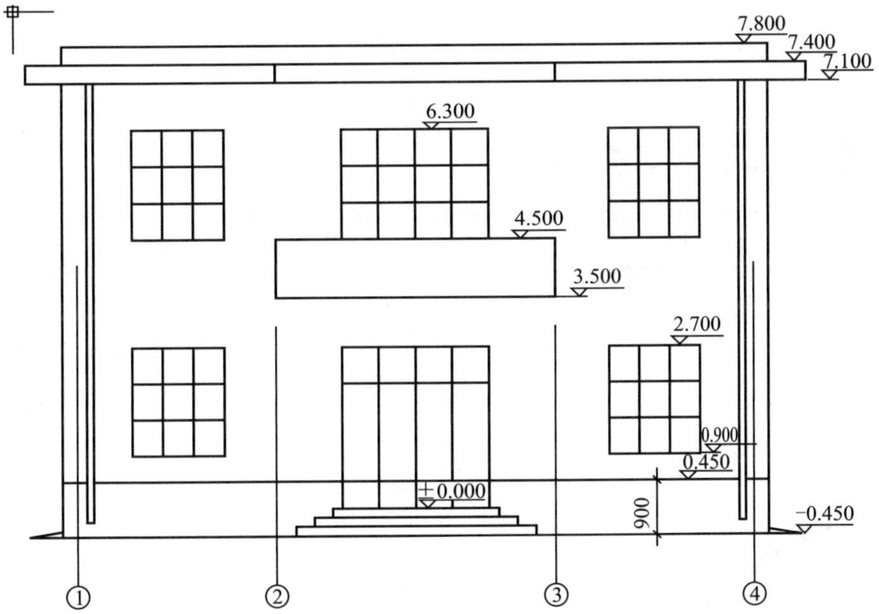

图 8-7　南立面图

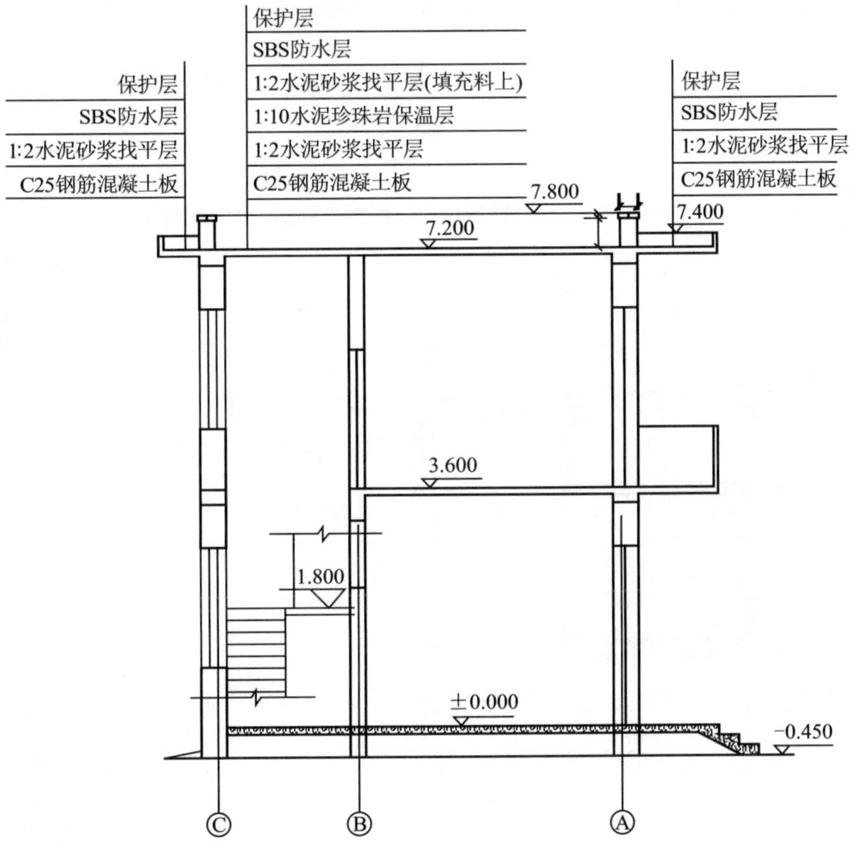

图 8-8　剖面图

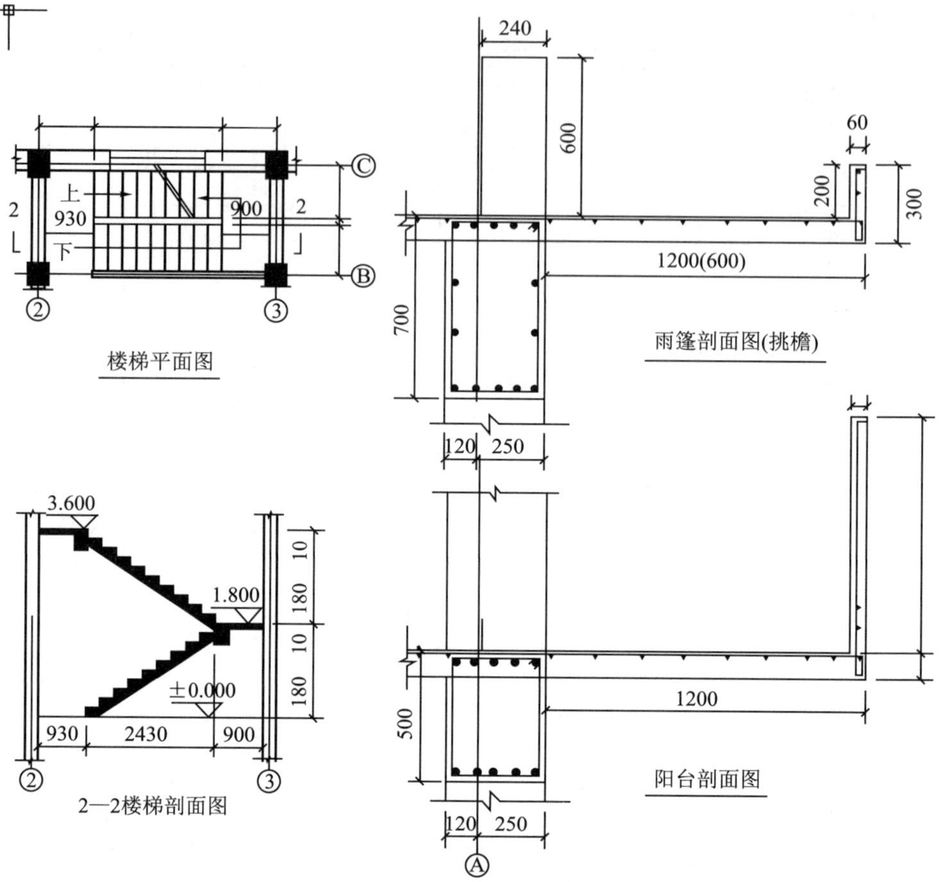

图 8-9　楼梯平面图和剖面图、雨篷剖面图、阳台剖面图

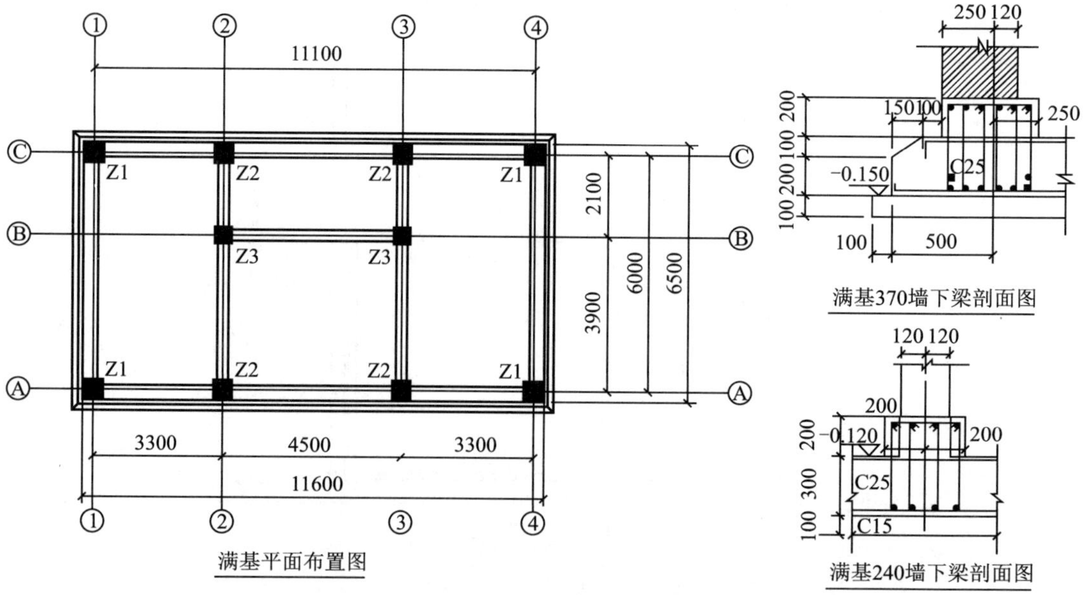

图 8-10　基础平面布置图、基础详图

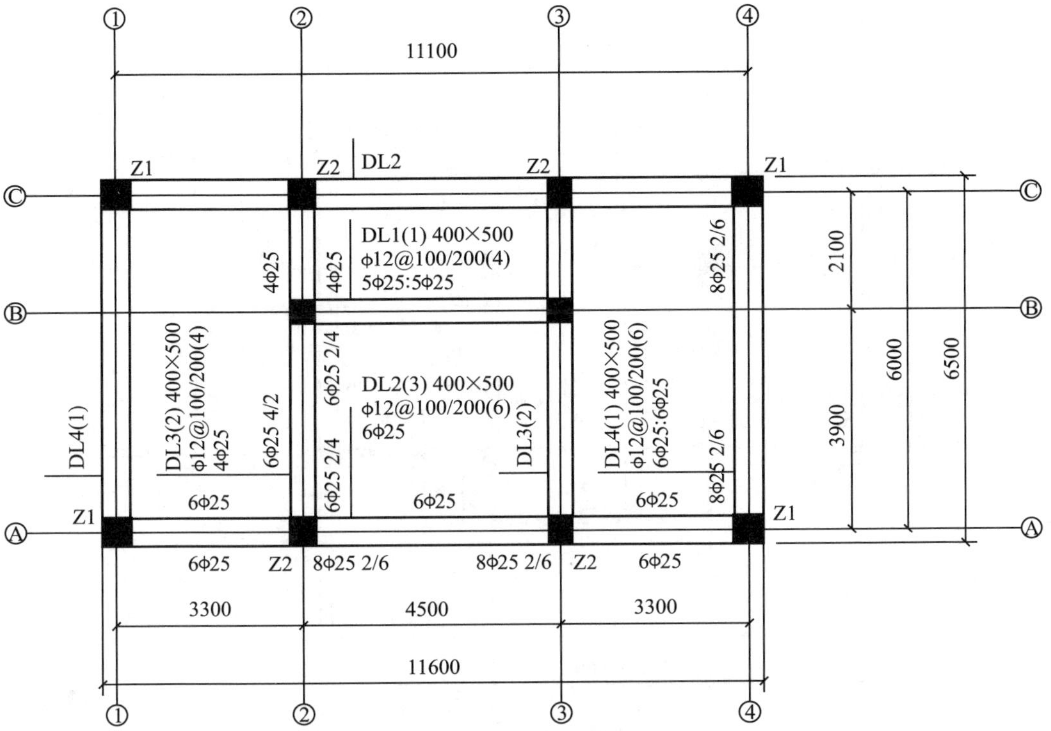

图 8-11　基础梁配筋图

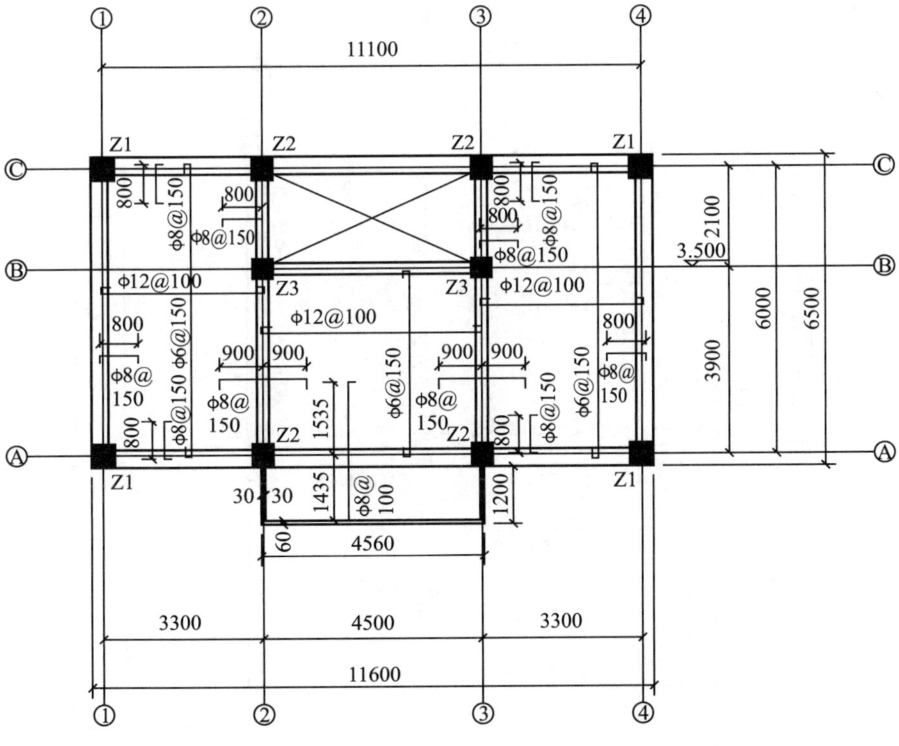

图 8-12　3.6 m 楼板配筋图(板厚均为 100 mm)

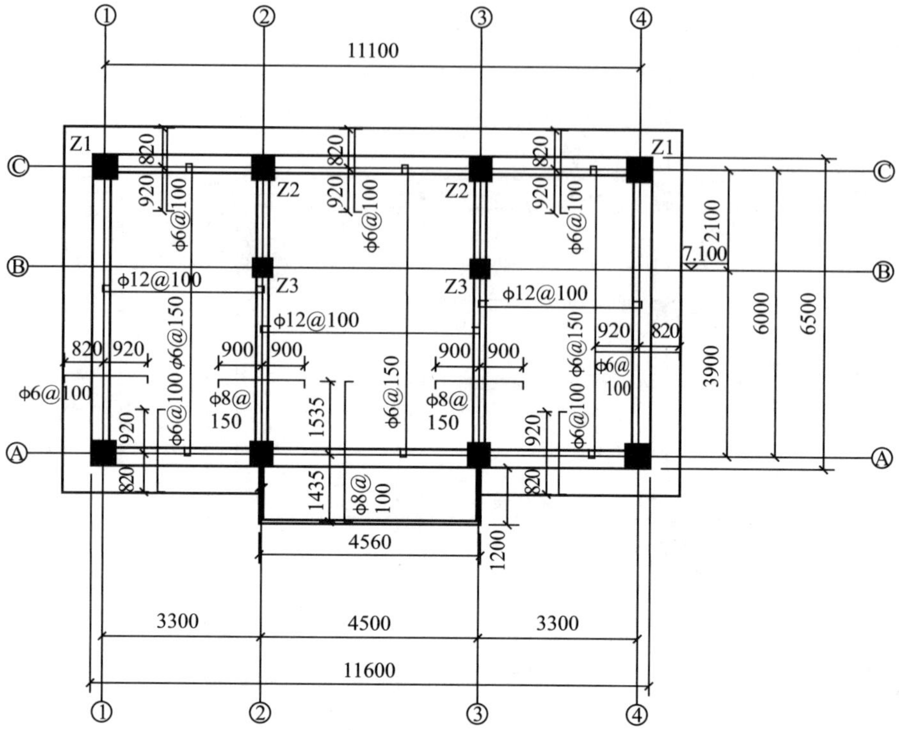

图 8-13　7.2 m 楼板配筋图(板厚均为 100 mm)

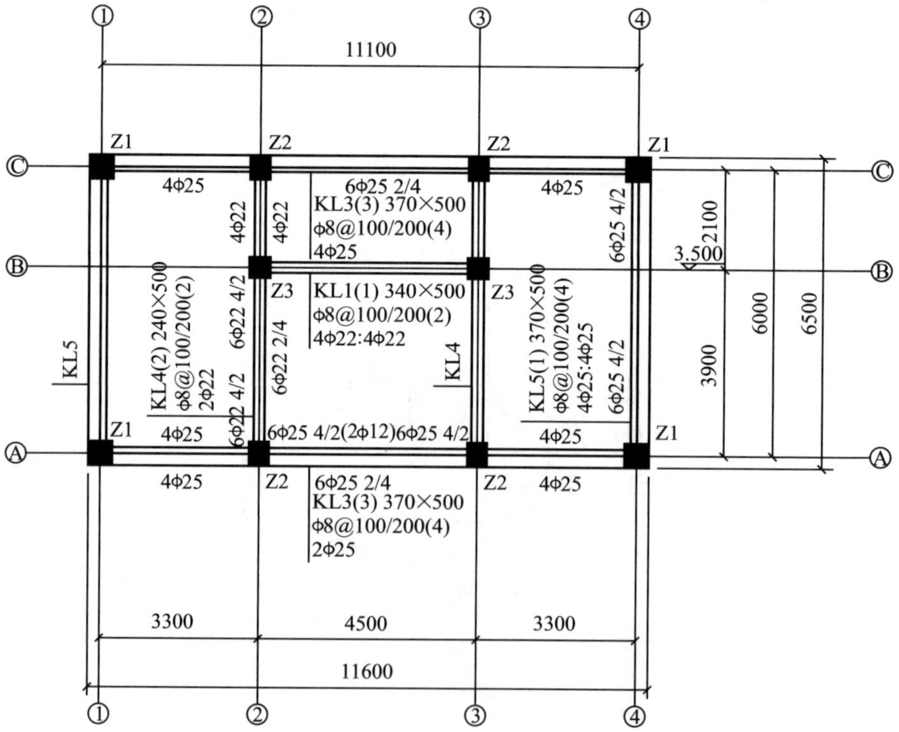

图 8-14　3.6 m 框架梁配筋图

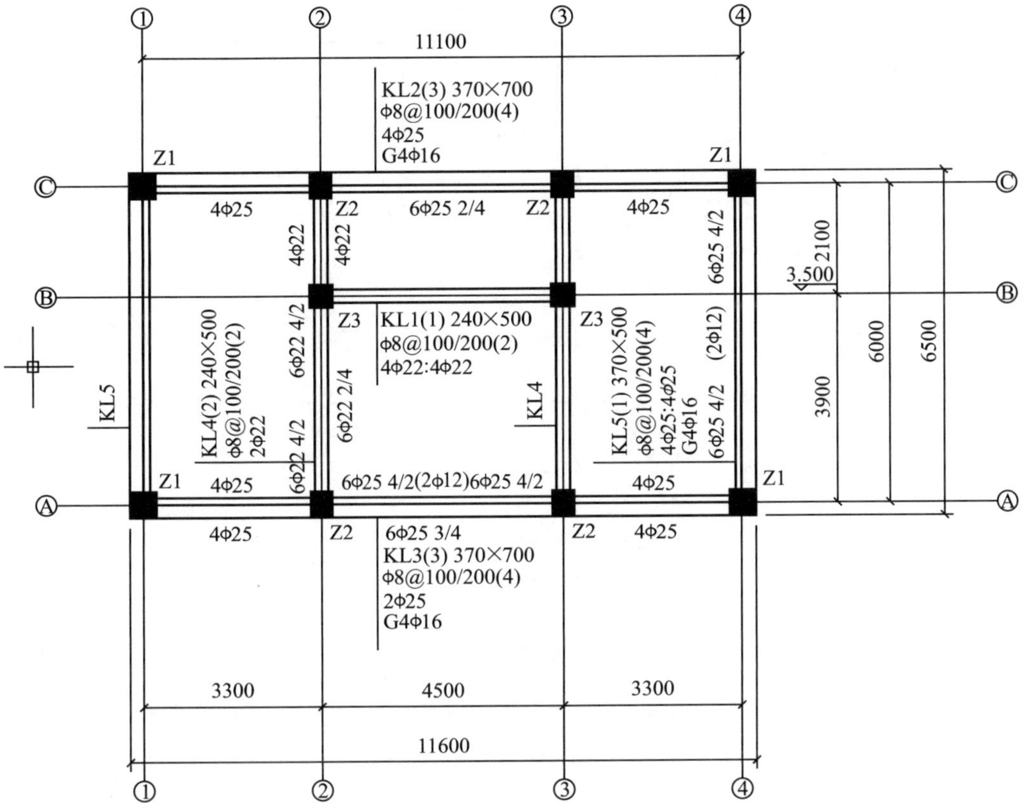

图 8-15　7.2 m 框架梁配筋图

一、分部分项工程工程量清单

分部分项工程工程量清单见表 8-18。

表 8-18　分部分项工程工程量清单

工程名称:某办公楼建筑工程　　　　标段:　　　　第　　页 共　　页

序号	项目编码	项目名称	项目特征描述	计量单位	工程量
A.1 土石方工程					
1	略	平整场地	土壤类别二类土; 挖填就地找平	m^2	75.40
2	略	挖基础土方	土壤类别:二类土; 基础类型:满堂基础; 人工挖地槽垫层底面积为 88.56 m^2,挖深 1.15 m, 运距为 3 km	m^3	101.84
3	略	土方回填	土质要求:二类土 土方夯填 运距在 100 m 以内	m^3	66.28

续表 8-18

序号	项目编码	项目名称	项目特征描述	计量单位	工程量
A.3 砌筑工程					
4	略	砖基础	烧结黏土砖 砖强度等级:MU10; 240 mm×115 mm×53 mm; 基础类型:满堂基础; 基础深度:1000 mm; 水泥砂浆强度等级:M5	m^3	14.60
5	略	实心砖墙	烧结黏土砖 MU100,240 mm×115 mm×53 mm; 墙体类型:外墙; 墙体厚度:1 砖半; 墙体高度:3.6 m 内; 砖强度等级:MU10; 原浆勾缝; 砂浆强度等级:混合 M7.5	m^3	50.87
6	略	实心砖墙	烧结黏土砖 MU100,240 mm×115 mm×53 mm; 墙体类型:内墙; 墙体厚度:1 砖; 砖强度等级:MU10; 墙体高度:7.2 m; 原浆勾缝; 砂浆强度等级:混合 M7.5	m^3	18.99
7	略	实心砖墙	烧结黏土砖 MU100,240 mm×115 mm×53 mm; 墙体类型:女儿墙; 墙体厚度:1 砖; 砖强度等级:MU10; 墙体高度:0.54 m; 原浆勾缝; 砂浆强度等级:混合 M7.5	m^3	4.25
A.4 混凝土及钢筋混凝土工程					
8	略	基础混凝土垫层	混凝土强度等级:C10 现场搅拌混凝土	m^3	8.86
9	略	满堂基础	混凝土强度等级:C30 商品混凝土	m^3	30.04
10	略	矩形柱	C30 框架柱±0.000 m 下,±0.000~7.200 m 截面为 500 mm×500 mm 商品混凝土	m^3	8.2

续表 8-18

序号	项目编码	项目名称	项目特征描述	计量单位	工程量
11	略	矩形柱	C25 框架柱±0.000 m 下,±0.000~7.200 m 截面为 400 mm×500 mm,400 mm×400 mm 商品混凝土	m^3	9.18
12	略	矩形柱	C25 构造柱,柱高 0.54 mm; 截面为 240 mm×240 mm; 商品混凝土	m^3	0.35
13	略	过梁	混凝土强度等级:C25; 截面为 370 mm×240 mm,370 mm×180 mm,240 mm×120 mm 商品混凝土	m^3	2.14
14	略	现浇有梁板	板底标高 3.50 m,7.10 m; 板厚 100 mm; 混凝土强度等级:C25; 商品混凝土	m^3	28.71
15	略	挑檐	混凝土强度等级:C25; 商品混凝土	m^3	2.48
16	略	现浇雨篷	混凝土强度等级:C25; 商品混凝土	m^3	0.61
17	略	阳台板	混凝土强度等级:C25; 商品混凝土	m^3	0.92
18	略	现浇楼梯	混凝土强度等级:C25; 商品混凝土	m^2	7.92
19	略	台阶	现浇台阶; 混凝土强度等级:C25; 150 mm 厚 3:7灰土垫层; 商品混凝土	m^2	6.24
20	略	现浇压顶	女儿墙压顶; 混凝土强度等级:C25; 商品混凝土	m	34.24
21	略	散水、坡道	C10 混凝土垫层 80 mm 厚; 混凝土强度等级:C25; 伸缩缝间隔为 8 m 散水混凝土一次抹光	m^2	18.98
22	略	现浇混凝土钢筋	现浇构件钢筋制作、安装直径 10 mm 以内	t	3.61
23	略	现浇混凝土钢筋	现浇构件钢筋制作、安装直径 10 mm 以上	t	18.69

续表 8-18

序号	项目编码	项目名称	项目特征描述	计量单位	工程量
A.7 屋面及防水工程　A.8 防腐、隔热、保温工程					
23	略	屋面卷材防水	SBS 防水层，1∶2水泥砂浆找平在硬基层，1∶2水泥砂浆找平填充料上	m^2	75.51
24	略	屋面卷材防水	挑檐板平立面防水 SBS 防水层，1∶2水泥砂浆找平	m^2	40.75
25	略	保温屋面水泥炉渣保温层 50 mm 厚	挑檐 水泥炉渣找坡平均厚 50 mm	m^2	40.75
26	略	保温隔热屋面	屋面 1∶10 水泥珍珠岩保温层厚 100 mm	m^2	66.94

二、装饰装修工程工程量清单编制实例

根据图 8-3～图 8～15 建筑图及表 8-17 工程做法，其分部分项工程工程量清单见表 8-19。

表 8-19　分部分项工程工程量清单

工程名称：某办公楼建筑工程　　　　标段：　　　　第　　页　共　　页

序号	项目编码	项目名称	项目特征描述	计量单位	工程量
B.1 楼地面工程					
1	略	块料地面	10 mm 厚玻化砖，稀水泥浆擦缝； 6 mm 厚建筑胶水泥砂浆黏结层； 20 mm 厚 1∶3水泥砂浆找平； 素水泥浆一道； 50 mm 厚 C10 混凝土； 150 mm 厚 3∶7灰土垫层； 素土夯实	m^2	52.34
2	略	块料楼面	10 mm 厚玻化砖，稀水泥浆擦缝； 6 mm 厚建筑胶水泥砂浆黏结层； 素水泥浆一道； 35 mm 厚 C15 细石混凝土找平层； 素水泥浆一道	m^2	52.12
3	略	块料地面	卫生间地面 10 mm 厚耐磨地砖，干水泥擦缝； 6 mm 厚建筑胶水泥砂浆黏结层； 60 mm 厚 C20 细石混凝土向地漏找坡，最薄处 30 mm； 聚氨酯涂膜防水层厚 1.5～1.8 mm，周边卷起高 150 mm； 20 mm 厚 1∶3水泥砂浆找平； 150 mm 厚 3∶7灰土垫层； 素土夯实	m^2	5.69

续表 8-19

序号	项目编码	项目名称	项目特征描述	计量单位	工程量
4	略	块料台阶平台	10 mm 厚玻化砖,稀水泥浆擦缝; 6 mm 厚建筑胶水泥砂浆黏结层; 20 mm 厚 1:3水泥砂浆找平; 素水泥浆一道	m^2	1.47
5	略	块料楼梯面层	10 mm 厚玻化砖,稀水泥浆擦缝; 6 mm 厚建筑胶水泥砂浆黏结层; 素水泥浆一道; 35 mm 厚 C15 细石混凝土找平层; 素水泥浆一道	m^2	6.64
6	略	块料台阶面	10 mm 厚玻化砖,稀水泥浆擦缝; 6 mm 厚建筑胶水泥砂浆黏结层; 20 mm 厚 1:3水泥砂浆找平	m^2	4.77
7	略	花岗岩踢脚	10 mm 厚花岗岩踢脚板,稀水泥浆擦缝; 12 mm 厚 1:2水泥砂浆黏结层; 5 mm 厚 1:3水泥砂浆打底扫毛(掺建筑胶)	m^2	11.58
B.2 墙、柱面工程					
8	略	内墙抹灰	2 mm 厚麻刀灰抹面; 9 mm 厚 1:3石灰膏砂浆; 5 mm 厚 1:3:9水泥石灰膏砂浆打底,划出纹理	m^2	295.38
9	略	内墙抹灰	女儿墙内墙面 6 mm 厚 1:2.5 水泥砂浆罩面; 12 mm 厚 1:3水泥砂浆打底扫毛	m^2	18.51
10	略	压顶抹灰	6 mm 厚 1:2.5 水泥砂浆罩面	m^2	16.92
11	略	块料外墙面	贴 6~10 mm 厚彩釉面砖; 6 mm 厚 1:0.2:2.5 水泥石灰膏砂浆(掺建筑胶); 12 mm 厚 1:3水泥砂浆打底扫毛	m^2	251.35
12	略	釉面砖内墙面	卫生间内墙面 贴 5 mm 厚釉面砖,白水泥擦缝; 6 mm 厚 1:0.2:2.5 水泥石灰膏砂浆; 12 mm 厚 1:3水泥砂浆打底扫毛	m^2	30.16
B.3 天棚工程					
13	略	天棚抹灰	天棚抹混合砂浆 5 mm 厚 1:0.5:3水泥石灰膏砂浆; 7 mm 厚 1:1:4水泥石灰膏砂浆打底扫毛; 素水泥浆结合层一道(掺建筑胶)	m^2	103.19

续表 8-19

序号	项目编码	项目名称	项目特征描述	计量单位	工程量
14	略	天棚抹灰	卫生间天棚抹水泥砂浆； 5 mm 厚 1:2.5 水泥砂浆抹面； 5 mm 厚 1:2.5 水泥砂浆打底； 素水泥浆结合层一道(掺建筑胶)	m^2	5.69
B.4 门窗工程					
15	略	镶板门	洞口尺寸:2400 mm×2700 mm	m^2	6.48
16	略	胶合板门	洞口尺寸:900 mm×2400 mm	m^2	8.64
17	略	胶合板门	洞口尺寸:900 mm×2100 mm	m^2	3.78
18	略	胶合板门	洞口尺寸:750 mm×2100 mm	m^2	1.58
19	略	塑钢门连窗	门尺寸:900 mm×2700 mm,窗尺寸:1500 mm×1800 mm	m^2	5.13
20	略	塑钢窗	洞口尺寸:1500 mm×1800 mm	m^2	21.60
21	略	塑钢窗	洞口尺寸:1800 mm×1800 mm	m^2	6.48
B.5 油漆、涂料、裱糊工程					
22	略	内墙涂料	白色乳胶漆	m^2	295.38
23	略	天棚涂料	白色乳胶漆	m^2	108.88

三、一般土建工程工程量清单计价实例

（一）报价工程量计算表

一般土建工程报价工程量清单见表8-20（按河南省定额规则及项目施工图编制，采用商品混凝土，零星混凝土采用自拌）。

表8-20　一般土建工程报价工程量清单

序号	清单编号	名称	单位	工程量计算规则	计算式	数量
A.1 土石方工程						
1	略	平整场地	m^2	按设计图示尺寸以建筑物首层面积计算。 平整场地子目已综合考虑了各种因素，与实际不同时不能换算	同清单工程量	75.40
2	略	挖基础土方 1.15 m	m^3	满堂基础应按不同底面面积和深度分别列项。其工程量均按设计图示尺寸以基础垫层底面积乘以挖土深度计算。其中挖沟槽长度、外墙按图示中心线长度计算；内墙按图示基础垫层底面之间净长线长度计算。 定额子目内未考虑挖土工作面和放坡应增加的费用。如施工组织设计要求增加工作面和放坡时，增加的土方工程量可依据本分部计算规则的相应规定计算。增加土方工程量的费用可考虑在综合单价内	清单工程量：挖基础土方 101.84 m^3， 运土方=挖土方-填土方 =101.84-53.75-12.54 =35.55（m^3） 一般土放坡起点 1.35 m，混凝土工作面 300 mm。 报价工程量：挖基础土方 =（3.3×2+4.5+0.6×2+0.3×2）×（6+0.6×2+0.3×2）×（1.6-0.45）= 115.71（m^3） 运土方=挖土方-填土方=115.71-80.16=35.55（m^3） 槽底打夯： S=（3.3×2+4.5+0.6×2）×（6+0.6×2）= 88.56（m^3）	115.71
3	略	土方回填（人工）	m^3	基础回填：挖方体积减去设计室外地坪以下埋设的基础体积（包括基础垫层及其他构筑物）。 室内回填：主墙间净面积乘以回填厚度	清单基础回填土=53.28 m^3 清单室内回填土=12.54 m^3 定额基础回填土 =115.71-30.6×0.365×0.55-14.3×0.24×0.55-8.86（垫层）-30.04（满堂基础）-（0.55+0.44+0.18）（柱）= 67.61（m^3） 室内回填土=［75.4-（30.6×0.365）-14.3×0.24-2.2（柱）］×（0.45-0.236）= 12.54（m^3） 合计：80.16 m^3	80.16

续表 8-20

序号	清单编号	名称	单位	工程量计算规则	计算式	数量
A.3 砌筑工程						
4	略	M7.5 水泥砂浆砖基础	m^3	基础:按设计图示尺寸以体积计算,包括附墙垛基础宽出部分体积,扣除地梁(圈梁)、构造柱所占体积,不扣除基础大放脚T形接头处的重叠部分及嵌入基础内的钢筋、铁件、管道、基础砂浆防潮层和单个面积0.3 m^2以内的孔洞所占体积,靠墙暖气沟的挑檐不增加。基础长度:外墙按中心线,内墙按净长线计算	同清单工程量	14.60
5	略	M7.5 混合砂浆砌1砖半外墙	m^3	按设计图示尺寸以体积计算,扣除门窗洞口、过人洞、空圈、嵌入墙内的钢筋混凝土柱、梁、圈梁、挑梁、过梁及凹进墙内的壁龛、管槽、暖气槽、消火栓箱所占体积,不扣除梁头、板头、檩头、垫木、木楞头、沿缘木、木砖、门窗走头、砖墙内加固钢筋、木筋、铁件、钢管及单个面积0.3 m^2以内的孔洞所占体积。凸出墙面的腰线、挑檐、压顶、窗台线、虎头砖、门窗套的体积不增加,凸出墙面的砖垛并入墙体体积内	同清单工程量	50.87
6	略	M7.5 混合砂浆1砖内墙	m^3	同上	同清单工程量	18.99
7	略	M7.5 混合砂浆1砖女儿墙	m^3	女儿墙:从屋面板上表面算至女儿墙顶面(如有混凝土压顶时算至压顶下表面)的高度	同清单工程量	4.25
A.4 混凝土及钢筋混凝土工程						
8	略	混凝土垫层	m^3	现浇基础垫层与基础,按设计图示尺寸以体积计算,不扣除构件内钢筋、预埋铁件和伸入承台的桩头所占体积	同清单工程量	8.86

续表 8-20

序号	清单编号	名称	单位	工程量计算规则	计算式	数量
9	略	满堂基础	m^3	现浇基础垫层与基础,按设计图示尺寸以体积计算,不扣除构件内钢筋、预埋铁件和伸入承台的桩头所占体积	同清单工程量	30.04
10	略	矩形柱 ±0.000 m 下	m^3	现浇柱,按设计图示尺寸以体积计算,不扣除构件内钢筋、预埋铁件所占体积。柱高按以下规定计算: (1)有梁板的柱高,应自柱基上表面(或楼板上表面)至上一层楼板上表面的高度计算; (2)无梁板的柱高,应自柱基上表面(或楼板上表面)至柱帽下表面的高度计算; (3)框架柱的柱高,应自柱基上表面至柱顶的高度计算; (4)构造柱按全高计算,嵌接墙体的部分并入柱身计算; (5)依附柱上的牛腿和升板的柱帽,并入柱身计算	同清单工程量	500 mm×500 mm:1.0; 400 mm×500 mm:0.8; 400 mm×400 mm:0.32
11	略	矩形柱 ±0.000~7.200 m	m^3	同上	同清单工程量	500 mm×500 mm:7.2; 400 mm×500 mm:5.76; 400 mm×400 mm:2.3; 240 mm×240 mm 构造柱:0.35
12	略	过梁 (预制安装)	m^3	按设计图示尺寸以体积计算,不扣除构件内钢筋、预埋铁件所占体积	同清单工程量	370 mm×240 mm:0.51; 370 mm×180 mm:1.35; 240 mm×120 mm:0.28

续表 8-20

序号	清单编号	名称	单位	工程量计算规则	计算式	数量
13	略	C25 现浇有梁板	m^3	按设计图示尺寸以体积计算，不扣除构件内钢筋、预埋铁件及单个面积 0.3 m^2 以内的孔洞所占体积。有梁板（包括主、次梁与板）按梁、板体积之和计算，无梁板按板和柱帽体积之和计算，各类板伸入墙内的板头并入板体积内计算，薄壳板的肋、基梁并入薄壳体积内计算	同清单工程量	28.71
14	略	现浇 C25 钢筋混凝土挑檐	m^3	现浇挑檐、天沟板、雨篷、阳台板（包括遮阳板、空调机板），按设计图示尺寸以墙外部分体积计算，包括伸出墙外的牛腿和反挑檐的体积	同清单工程量	2.48
15	略	现浇雨棚 C25	m^3	按设计图示尺寸以墙外部分体积计算	同清单工程量	0.61
16	略	现浇阳台板 C25	m^3	现浇挑檐、天沟板、雨篷、阳台与板（包括屋面板、楼板）连接时，以外墙外边线为分界线	同清单工程量	0.92
17	略	现浇楼梯 C25	m^3	现浇楼梯，按设计图示尺寸以水平投影面积计算，不扣除宽度小于 500 mm 的楼梯井，伸入墙内部分不计算。整体楼梯（包括直形楼梯、弧形楼梯、螺旋楼梯）水平投影面积包括休息平台、平台梁、斜梁和楼梯的连接梁。当整体楼梯与现浇楼板无梯梁连接时，以楼梯的最后一个踏步边缘加 300 mm为界	同清单工程量	楼梯：6.64 楼梯平台：1.28 合计：7.92
18	略	台阶	m^2	台阶按设计图示尺寸以水平投影面积计算，如台阶与平台连接时，其分界线应以最上层踏步外沿加 30 cm 计算	同清单工程量	4.77
19	略	台阶（含平台）灰土垫层 150 mm	m^3	垫层按设计图示尺寸以体积计算		0.41

续表 8-20

序号	清单编号	名称	单位	工程量计算规则	计算式	数量
20	略	台阶(含平台)底打夯	m^2	台阶按水平投影面积计算	同清单工程量	6.24
21	略	平台	m^2	一步台阶、三步台阶项目按水平投影以“m^2”计算,台阶的平台面积并入台阶内计算(按规定应该计入楼地面)	同清单工程量	1.47
22	略	现浇压顶 34.24 m	m^3	门框、压顶、后浇带,按设计图示尺寸以体积计算	同清单工程量	0.58
23	略	散水混凝土(C25)散水、坡道	m^2	散水、防滑坡道按图示尺寸以水平投影面积计算(不包括翼墙、花池等)	同清单工程量	18.98
24	略	散水混凝土(C10)垫层 80 mm	m^3	地面、散水和坡道垫层按设计图示尺寸以体积计算,应扣除凸出地面的构筑物、设备基础、室内铁道、地沟等所占体积,不扣除间壁墙和 0.3 m^2 以内的柱、垛、附墙烟囱及孔洞所占体积	$18.98\times0.08=1.52$	1.52
25	略	散水底打夯	m^2	打夯按图示尺寸以垫层底面积计算	同清单工程量	18.98
26	略	散水伸缩缝(间距 8 m)	m	散水清单项目的组成子目为:素土夯实、垫层、面层、伸缩缝等。变形缝(伸缩缝)按设计图示尺寸以长度计算	$18.98+\frac{18.98}{8}\times0.55+1.414\times4\times0.55+0.55\times2=24.50$	24.50
27	略	混凝土钢筋钢筋Φ10以内	t	按设计图示钢筋(网)长度(面积)乘以单位理论质量计算;本分部钢筋、铁件子目中,已包括钢筋、铁件的制作、安装损耗,不得另行计算损耗量	同清单工程量	3.61
28	略	钢筋Φ10以上	t	按设计图示钢筋(网)长度(面积)乘以单位理论质量计算	同清单工程量	18.69
A.7 屋面及防水工程						
29	略	屋面 10 mm 厚 1:2水泥砂浆找平(在硬基层上)	m^2	找平层按设计图示主墙间的净空面积计算	$(11.6-0.48)\times(6.5-0.48)=66.94$	66.94

续表 8-20

序号	清单编号	名称	单位	工程量计算规则	计算式	数量
30	略	屋面 10 mm 厚 1:2水泥砂浆找平(在填充料上)	m^2	找平层按设计图示主墙间的净空面积计算	同上	66.94
31	略	挑檐 20 mm 厚 1:2水泥砂浆找平(在硬基层上)	m^2	找平层按设计图示主墙间的净空面积计算	同清单工程量	23.21
32	略	屋面卷材防水	m^2	屋面的女儿墙、伸缩缝和天窗等处的弯起部分,按图示尺寸计算并入屋面工程量内。如图纸无规定时,伸缩缝、女儿墙的弯起部分可按 250 mm 计算;天窗弯起部分可按 500 mm 计算	同清单工程量	75.51
33	略	挑檐卷材防水	m^2	屋面天沟、檐沟按设计图示尺寸以面积计算	同清单工程量	40.75
A.8 保温、防腐、隔热工程						
34	略	保温屋面水泥炉渣保温层 50 mm 厚	m^2	保温隔热屋面应区别不同保温隔热材料,分别按设计图示尺寸以体积或面积计算,不扣除柱、垛所占体积或面积。 楼地面隔热层按围护结构墙体间净面积乘以设计厚度以体积计算,不扣除柱、垛所占的体积	若按体积计算,为: $66.94\times0.05=3.35(m^3)$	66.94
35	略	隔热屋面、挑檐水泥珍珠岩 100 mm 厚	m^2	同上	若按体积计算,为: $(66.94+23.21)\times0.1=9.02(m^3)$	90.15

(二)工程量清单综合单价分析表

详见表 8-21(工料分析略,由计价软件自动生成,摘其中一项)。

表 8-21　一般土建工程工程量清单综合单价分析表

工程名称:办公楼　　　　　　标段:　　　　　　　　　第　　页　共　　页

项目编码		略		项目名称		平整场地		计量单位		m^2	
清单综合单价组成明细											
定额编号	定额名称	定额单位	数量	单价				合价			
				人工费	材料费	机械费	管理费和利润	人工费	材料费	机械费	管理费和利润
1-123	平整场地	100 m^2	0.01	246.2	0	0	62.51	2.46	0	0	0.63
人工单价		小计						2.46	0	0	0.63
普工 87.1 元/工日		未计价材料费						0			
清单项目综合单价								3.09			
项目编码		略		项目名称		挖基础土方		计量单位		m^3	
清单综合单价组成明细											
定额编号	定额名称	定额单位	数量	单价/元				合价/(元/m^3)			
				人工费	材料费	机械费	管理费和利润	人工费	材料费	机械费	管理费和利润
1-46	挖掘机挖装一般土方一、二类土	10 m^3	0.1	18.3		43.11	6.11	1.83		4.31	0.61
1-65	自卸汽车运土方运距≤1 km	10 m^3	0.1	1.78		57.01	2.44	0.18		5.70	0.24
1-66	自卸汽车运土方每增运1 km	10 m^3	0.2			13.77	0.52			2.75	0.10
1-129	原土夯实 2 遍机械	100 m^2	0.001	43.89		18.23	11.18	0.04		0.02	0.01
人工单价		小计						2.05		12.78	0.96
普工 87.1 元/工日		未计价材料费									
清单项目综合单价/(元/m^3)								15.79			

四、装饰装修工程工程量清单计价实例

(一)报价工程量计算表

见表 8-22(按河南省定额规则及项目施工图编制,采用商品混凝土,零星的采用自拌)。

表 8-22 装饰装修工程报价工程量清单

序号	清单编号	名称	单位	工程量计算规则	计算式	数量
B.1 楼地面工程						
1	略	块料地面	m^2	按设计图示尺寸以面积计算,扣除凸出地面构筑物、设备基础、室内铁道、地沟等所占面积,不扣除间壁墙和 0.3 m^2 以内的柱、垛、附墙烟囱及孔洞所占面积。门洞、空圈、暖气包槽、壁龛的开口部分不增加面积	若按体积计算,为: 灰土垫层 = 52.34×0.15 = 7.85(m^3) 同清单工程量	52.34
2	略	块料地面(台阶平台)	m^2	同上	同清单工程量	1.47
3	略	块料地面(卫生间)	m^2	同上	若按体积计算,为: 灰土垫层 = 5.69×0.15 = 0.85(m^3) 平面防水:5.69 m^2 立面防水:1.57 m^2	5.69
4	略	块料楼面(含楼层平台 1.28 m)	m^2	楼地面整体和块料面层按设计图示尺寸以面积计算。扣除凸出地面构筑物、设备基础、室内铁道、地沟等所占面积,不扣除间壁墙和 0.3 m^2 以内的柱、垛、附墙烟囱及孔洞所占面积	同清单工程量	52.12
5	略	块料楼梯面层	m^2	按设计图示尺寸以楼梯(包括踏步、休息平台及宽 500 mm 以内的楼梯井)水平投影面积计算。楼梯与楼地面相连时,算至梯口梁内侧边沿;无梯口梁者,算至最上一层踏步边缘加 300 mm 为界	同清单工程量	6.64
6	略	块料台阶面层	m^2	按设计图示尺寸以台阶(包括最上层踏步边缘加 300 mm)水平投影面积计算	同清单工程量	4.77

续表 8-22

序号	清单编号	名称	单位	工程量计算规则	计算式	数量
7	略	花岗岩踢脚线	m^2	按设计图示长度乘以高度以面积计算。除楼梯整体面层外,楼地面中的整体面层和块料面层子目均未包括踢脚线费用,踢脚线应单独列项,执行相应子目	同清单工程量	11.58
B.2 墙、柱面工程						
8	略	墙面一般抹灰(内墙)	m^2	按设计图示尺寸以面积计算,扣除墙裙、门窗洞口及单个 0.3 m^2 以上的孔洞面积,不扣除踢脚线、挂镜线和墙与构件交接处的面积,门窗洞口和孔洞的侧壁及顶面不增加面积。附墙柱、梁、垛、烟囱侧壁并入相应的墙面面积内。 外墙抹灰面积按外墙垂直投影面积计算	同清单工程量	295.38
9	略	墙面一般抹灰(女儿墙)	m^2	内墙抹灰面积按主墙间的净长乘以高度计算 (1)无墙裙的,高度按室内楼地面至天棚底面计算; (2)有墙裙的,高度按墙裙顶至天棚底面计算; 内墙裙抹灰面积按内墙净长乘以高度计算	同清单工程量	18.51
10	略	压顶抹灰	m^2	零星抹灰按饰面设计图示尺寸以面积计算	同清单工程量	16.92
11	略	块料外墙面	m^2	墙、柱面镶贴块料、零星镶贴块料和零星抹灰按饰面设计图示尺寸以面积计算	同清单工程量	251.35
12	略	釉面砖内墙面(卫生间)	m^2	内墙抹灰面积按主墙间的净长乘以高度计算;无墙裙的,高度按室内楼地面至天棚底面计算;有墙裙的,高度按墙裙顶至天棚底面计算	同清单工程量	30.16

续表 8-22

序号	清单编号	名称	单位	工程量计算规则	计算式	数量
B.3 天棚工程						
13	略	天棚抹灰	m^2	按设计图示尺寸以水平投影面积计算，不扣除间壁墙、垛、柱、附墙烟囱、检查口和管道所占的面积。带梁天棚、梁两侧抹灰面积并入天棚面积内；板式楼梯底面抹灰按斜面积计算；锯齿形楼梯底板抹灰按展开面积计算	同清单工程量	103.19
14	略	天棚抹灰 （卫生间）	m^2	同上	同清单工程量	5.69
B.4 门窗工程						
15	略	镶板木门 2400 mm×2700 mm	樘/m^2	按设计图示数量或设计图示洞口尺寸面积计算	同清单工程量	6.48
16	略	胶合板门 4 900 mm×2400 mm	樘/m^2	同上	同清单工程量	8.64
17	略	胶合板门 2 900 mm×2100 mm	樘/m^2	同上	同清单工程量	3.78
18	略	胶合板门 1 750 mm×2100 mm	樘/m^2	同上	同清单工程量	1.58
19	略	连窗门 1 门 900 mm× 2700 mm 窗 1500 mm× 1800 mm	樘/m^2	各类门、窗工程量除特别规定者外，均按设计图示尺寸以门、窗洞口面积计算	同清单工程量	5.13
20	略	塑钢窗 8 1500 mm×1800 mm	樘/m^2	铝合金、塑钢纱窗制作安装按其设计图示尺寸以扇面积计算	同清单工程量	21.6
21	略	塑钢窗 2 1800 mm×1800 mm	樘/m^2	铝合金、塑钢纱窗制作安装按其设计图示尺寸以扇面积计算	同清单工程量	6.48
B.5 油漆、涂料、裱糊工程						
22	略	刷喷涂料 （内墙）	m^2	墙、柱、天棚抹灰面油漆、刷涂料按设计图示尺寸以面积计算	同上	295.38
23	略	刷喷涂料 （天棚）	m^2	墙、柱、天棚抹灰面油漆、刷涂料按设计图示尺寸以面积计算	同上	108.88

(二)工程量清单综合单价分析表

见表 8-23(工料分析略,由计价软件自动生成,摘其中一项)。

表 8-23 装饰装修工程工程量清单综合单价分析表

工程名称:单位工程　　　　　　标段:　　　　　　　　　　第　　页 共　　页

项目编码	略	项目名称		块料楼地面		计量单位		m²	工程量		52.34
清单综合单价组成明细											
定额编号	定额项目名称	定额单位	数量	单价/元				合价/(元/m²)			
				人工费	材料费	机械费	管理费和利润	人工费	材料费	机械费	管理费和利润
11-34	块料面层激光玻璃砖 8 mm 厚,单层钢化砖 0.36 m² 以内	100 m²	0.01	3520.35	17178.98		984.67	35.20	171.79		9.85
11-25	块料面层勾缝	100 m²	0.01	488.94	564.52		136.75	4.89	5.65		1.37
11-4	细石混凝土地面找平层 30 mm	100 m²	0.01	1231.63	789.85		344.63	12.32	7.90		3.45
11-5	细石混凝土地面找平层每增减 1 mm	100 m²	0.02	19.55	26.26		5.48	0.39	0.53		0.11
1-128	原土夯实 2 遍人工	100 m²	0.01	87.78			22.34	0.88			0.22
人工单价		小计						53.68	185.87		15.00
高级技工 201 元/工日;普工 87.1 元/工日;一般技工 134 元/工日		未计价材料费									
清单项目综合单价/(元/m²)								254.55			

材料费明细	主要材料名称、规格、型号	单位	数量	单价/元	合价/元	暂估单价/元	暂估合价/元
	激光玻璃 600 mm×600 mm×8 mm	m²	1.03	156	160.68		
	玻璃胶 335 g/支	支	0.84	12	10.08		
	棉纱头	kg	0.02	12	0.24		
	麻袋布	m²	0.22	3.59	0.79		
	密封剂	kg	0.3	8	2.40		
	棉布 400 g/m²	kg	0.12	25.36	3.04		
	毛刷	把	0.1	2.02	0.22		

续表 8-23

材料费明细	主要材料名称、规格、型号	单位	数量	单价/元	合价/元	暂估单价/元	暂估合价/元
	预拌细石混凝土 C20	m^3	0.0323	260	8.40		
	水	m^3	0.004	5.13	0.02		
	其他材料费			—	0.00	—	
	材料费小计			—	185.87	—	

参考文献

[1]中华人民共和国住房和城乡建设部.房屋建筑与装饰工程工程量计算规范:GB 50854—2013[S].北京:中国计划出版社,2013.

[2]中华人民共和国住房和城乡建设部.建设工程工程量清单计价规范:GB 50500—2013[S].北京:中国计划出版社,2013.

[3]中华人民共和国住房和城乡建设部.工程造价术语标准:GB/T 50875—2013[S].北京:中国计划出版社,2013.

[4]河南省建筑工程标准定额站.河南省房屋建筑与装饰工程预算定额(2016):HA 01-31-2016[S].北京:中国建材工业出版社,2016.

[5]中华人民共和国住房和城乡建设部,财政部.建筑安装工程费用项目组成:建标〔2013〕44号[Z].2013-03-21.

[6]中华人民共和国住房和城乡建设部.工程建设标准强制性条文(房屋建筑部分)[M].北京:中国建筑工业出版社,2013.

[7]全国造价工程师执业资格考试培训教材编审委员会.建设工程计价[M].北京:中国计划出版社,2017.

[8]全国造价工程师执业资格考试培训教材编审委员会.建设工程造价案例分析[M].7版.北京:中国城市出版社,2018.

[9]中华人民共和国住房和城乡建设部标准定额研究所.建筑工程建筑面积计算规范:GB/T 50353—2013[S].北京:中国计划出版社,2015.